东亚文化之都·泉州论坛丛书

东亚文化之都·泉州建设发展委员会 编

城市规划历史与理论

董 卫 ◎ 主编

李百浩 王兴平 ◎ 执行主编

厦门大学出版社 国家一级出版社
XIAMEN UNIVERSITY PRESS 全国百佳图书出版单位

图书在版编目(CIP)数据

城市规划历史与理论/董卫主编. —厦门:厦门大学出版社,2016.1
(东亚文化之都·泉州论坛丛书)
ISBN 978-7-5615-6280-2

Ⅰ.①城… Ⅱ.①董… Ⅲ.①城市规划-城市史-研究-世界 Ⅳ.①TU984

中国版本图书馆 CIP 数据核字(2016)第 254989 号

出 版 人　蒋东明
责任编辑　薛鹏志
封面设计　李嘉彬
印制人员　朱　楷

出版发行　厦门大学出版社
社　　址　厦门市软件园二期望海路 39 号
邮政编码　361008
总 编 办　0592-2182177　0592-2181406(传真)
营销中心　0592-2184458　0592-2181365
网　　址　http://www.xmupress.com
邮　　箱　xmupress@126.com
印　　刷　泉州刺桐印务有限公司

开本　720mm×1000mm　1/16
印张　22.25
插页　3
字数　350 千字
印数　1～3 000 册
版次　2016 年 1 月第 1 版
印次　2016 年 1 月第 1 次印刷
定价　78.00 元

厦门大学出版社
微信二维码

厦门大学出版社
微博二维码

·学术研讨会开幕式

·东南大学董卫教授演讲

· 泉州规划局刘克华副局长演讲

· 北方工业大学建筑与艺术学院许方副教授演讲

委员：

段　进（东南大学）

何　依（华中科技大学）

刘奇志（武汉市国土资源和规划局）

刘晓东（杭州市规划局）

吕　斌（北京大学）

吕传廷（广州市城市规划编制研究中心）

邱晓翔（苏州市住房和城乡建设局）

任云英（西安建筑科技大学）

孙施文（同济大学）

谭纵波（清华大学）

田银生（华南理工大学）

童本勤（南京城市规划设计研究院）

王西京（西安市人民政府）

武廷海（清华大学）

相秉军（苏州市规划局）

姚亦峰（南京师范大学）

叶　斌（南京市规划局）

俞滨洋（中华人民共和国住房和城乡建设部）

张京祥（南京大学）

张玉坤（天津大学）

张正康（南京城市规划设计研究院）

赵　辰（南京大学）

周　岚（江苏省住房和城乡建设厅）

总　　序

　　文化是活的生命,持久的生命力有赖于其影响力。2013 年 9 月,泉州与韩国光州、日本横滨共同当选首届"东亚文化之都",代表中国文化与世界对话。

　　泉州因"海丝"而繁盛,多元文化在此交相辉映。泉州是海上丝绸之路重要的起点城市,宋元时期,这里帆樯云集,是马可·波罗笔下描绘的东方第一大港。泉州古城完整而长久地保留着中华传统,几乎每条小街小巷都蕴含着闽南文化独特的韵味。泉州以"和而不同"的中国智慧,包容世界各大宗教,让青砖白石、红墙翠瓦的各色殿堂庙宇共同扎根于古城的宽街窄巷中。千百年来的泉州城,中原文明与海洋文明、工商文化与农耕文化、儒道释与亚非欧宗教和谐相处、共生共荣,成为中外文化交流融合的典范。"活态"的南音、南拳、南戏,有着直撼人心的艺术魅力,堪当国际交流的"大使",镌刻着中华民族和"海丝"沿线各国人民友好交往的永恒记忆。

　　泉州内蕴的城市精神,不断升华着文化的境界与品位。富有区域特色的泉州文化,孕育了泉州人豪迈拼搏、包容豁达、吃苦耐劳、乐观向上的性格,塑造了"躺下去是洛阳桥,站起来是东西塔"的气概。勇立改革开放潮头的泉州人,敢闯敢试,创造出"泉州模式"、"晋江经验",以弘扬传统、融合创新的全新气魄,保持经济总量连续 17 年领跑福建,民营经济风生水起,谱写出一首首"敢为天下先"、"爱拼会赢"的时代乐章。从这里出海闯荡南洋的泉州人,带回东南亚的海洋气息,助推侨乡的贸易投资,珍藏于泉州华侨历史博物馆的一件件展品,诉说着一个个艰辛创业、回报家乡的故事,饱含着海外游子的爱国情怀。在今天,948 万泉州籍华侨华人,约 900 万祖籍泉州台湾同胞、76万旅港旅澳同胞，续写着血浓于水的动人诗篇，踊跃在"一带一路"建设中当好桥梁和纽带。

文化与经济的潜移默化、良性循环，更推动着泉州向前发展。"东亚文化之都"光环映照的不仅仅是泉州的荣耀，更是沉甸甸的使命与责任。按照国家文化部"扩大开放、提升交流、留下遗产、造福民众"的总要求，泉州立足于融合传统与现代，构筑经济与文化协调共进的新型发展模式，着力增强文化自信，重塑现代城市精神，以历久弥新的泉州文化书写"泉州品牌"、"泉州故事"和"泉州价值"的时代内涵。2015年9月，泉州建设"东亚文化之都"的5年规划（2015—2020年）出台，绘就"古城—古港—新区—全域联动"美好前景，不仅有了路线图，也有了时间表。梳理泉州一路走来的历史脉络，正是有幸经历千年文化与时俱进的锤炼，砥砺前行继而厚积薄发，方才成就今日泉州的蓬勃激扬。

"东亚文化之都·泉州论坛丛书"由东亚文化之都·泉州建设发展委员会办公室总协调，结集出版相关学者的访谈、讲话、论文及有关著述。学者们走进泉州、深入泉州，以独特的视角、理性的笔触，追溯泉州历史文化的深厚积淀，畅论文化传承发展的路径，展望文化之都建设的远景，篇篇锦绣，足以为资政之鉴。

纵览人文之光，放飞"海丝"梦想。如今，中央提出"一带一路"的伟大战略构想，描绘了与世界各国共建共享的蓝图愿景，为我们开启了重振丝路辉煌的新征程。在大航海时代之前，敢为天下先的泉州人率先走向海洋，开辟航线；在21世纪全球化的今天，更广阔的舞台已搭起，新的精彩长卷正在铺开，泉州被赋予了建设21世纪海上丝绸之路先行区的光荣使命，让我们发挥"东亚文化之都"和"海丝先行区"的叠加效应，以经济滋养城市的躯体，以文化茁壮城市的灵魂，凝聚海内外泉州人的力量，演绎"创新、智造、海丝、美丽、幸福"的现代化泉州的新传奇。

是为序。

东亚文化之都·泉州建设发展委员会

2015年12月

前　言

　　"文化是城市的生命"，在悠久的城市演化史中，城市的物质环境在历史的进程中不断重复"建设、形成、衰落、消亡、再生"的过程，但城市永不停歇的变化史却使城市的独特性越发凸显，而这种内化于城市的真实存在便是城市文化。然而，城市文化并不是一成不变的，而是与城市物质环境的变化协同变化的，两者相互影响形成了当下的城市景观和城市形态。"城市"与"文化"均为包容性极强的概念，不同的学科、不同的学者都有不同的界定，而概念的包容性亦使其更有利于各学科之间的整合，使城市研究更为异彩纷呈。基于此，第六届城市规划历史与理论高级学术研讨会以"文化交流视野下的城市变迁"为主题，以实现"文化解读城市"和"城市体现文化"的目标。此外，以"文化交流视野下的城市变迁"为研讨主题对提升社会各界对当前中国的城市建设与发展的理解具有重要意义。中国的城市历史可上溯到殷周时代，在漫长的农业文明时期，中国本土文化对城市形制、城市建筑、城市生活等均产生了深远的影响，并形成独特的城市与文化关系。然而，自1840年鸦片战争后，与战争、殖民、经贸等相伴的西方文化开始加速进入中国，并对中国城市与传统城市文化产生深刻的改变。如果认同鸦片战争后到改革开放前是中国城市与文化受西方影响相对缓慢的阶段，那么改革开放后则是中国城市与文化发生剧烈转变的阶段。一方面，中国自上而下推动改革，以城市为载体主动融入世界经济体系；另一方面，网络时代下全球化进程加速，使中国的城市迅速成为世界城市体系中的重要一环。因此，我们对当前中国城市的解读已不能再局限于本土文化的视野，更应以全球化的视角展开对城市的解读，而将本土与西方的两套话语体系融入到对当下中国城市建设与发展的理解之中，则对中国城市研究界提出了更高的要求。

1

在此背景下,第六届城市规划历史与理论高级学术研讨会选定在我国首批国家级历史文化名城、东亚文化之都——福建泉州召开。泉州是中国本土城市的代表,也处处体现出全球化时代下中国城市的新特征。本届会议于 2014 年 5 月举办,在"文化交流视野下的城市变迁"主题下提出"探究城市规划历史、构建城市规划理论、推动城市规划实践"的要求,以通过对历史的研究、对历史理论的建构丰富和完善中国本土城市规划理论,以加强城市理论对规划实践的指导。另外,"文化交流视野下的城市变迁"主题下还设置了"城市规划史学研究理论与方法"、"学科建设视角的城市规划历史与理论"、"当代中国城市规划实践的理论思考"、"中外城市规划思想史"、"交流史研究"、"乡村规划历史、理论与方法"和"地域性城市规划历史与理论研究"等具体议题。

本届会议受到了社会各界的高度关注,并收到来自高校、研究机构、规划设计单位、规划管理部门等专家、学者的积极反馈,也得到了来自地理学、经济学、政治学、管理学等相关学科学者的大力支持。在会议论文上,本届会议共收到论文摘要 125 篇,论文全文 86 篇。经专家组对论文的筛选,共有 23 篇入选为会议宣读论文、63 篇入选为会议交流论文,本文集由本届会议的优秀论文编纂而成。文集收录的论文基本反映了当前城乡规划界对"城市演变与文化融合"、"城市历史与城市文化"的思考。其中,既有对中国本土城市理论与规划实践的研究,也有对西方思潮影响下的中国城市实践的探讨;既有对中国沿海城市的研究,也有对中西部重要城市的研究;既有对中国古代城市规划的研究,也有对近现代中国城市演变的分析,等等。

最后,感谢中国城市规划学会,感谢福建省城市规划学会和福建省泉州市城乡规划局,感谢中共泉州市委宣传部、泉州市社会科学界联合会,感谢在会议筹备和组织过程中给予热情关心和支持的各单位和同行专家们。正是有了来自规划行业内外的专家学者的关注、支持,立足中国本土城乡规划建设发展的理论实践研究才能得以不断推进。城市规划历史与理论学术委员会将进一步利用高端学术会议的平台,搭建专业交流网络,不断推进立足中国本土的规划历史与理论研究,为进一步提高中国城市规划理论的研究水平添砖加瓦。

董 卫 李百浩 王兴平
2015 年 4 月 13 日

目 录

地界在中国传统城市肌理研究中的意义

◇ 郭 莉 赵 辰

前 言

中国悠久的文明史为我们留下了众多历史城市/街区，其价值和意义不言而喻。随着近年城市化进程的加快推进，历史城市/街区处于历史累积的困境和历史保护的失控状态。因此，如何保护与复兴中国传统的城市街区是目前的重要工作，而研究传统城市肌理是重中之重。在分清城市肌理的构成（地理因素、街巷网络、街坊建筑）的前提下，以地界作为关键而有效的空间分析与图示的手段，可以合理地解析街巷网络与街坊建筑之间的关系；从而能够在研究中模拟表述历史城市/街区的传统城市肌理之组织结构，并将地界结合地块（Plot）的作用而应用在历史城市/街区保护与复兴规划设计中，可织补似的修复或再造传统城市的肌理；并辅助以相应的：历史城市/街区当代社会生活可实际运行的内容（Program）考量、现代城市交通模式探讨等多项研究，最终完成真正能使中国历史城市/街区保护与复兴的整体理论与方法。

一、当下保护传统城市肌理中存在的问题
与中国传统城市肌理的构成

当下历史街区保护工作中逐渐认识到传统城市肌理的重要性，但存在的首要问题仍然是忽视传统城市肌理，主要体现在以下几个方面。

(一)强调保护建筑实物

中国自 1982 年颁布实施《中华人民共和国文物保护法》，后经 2002 年修订；2003 年 7 月 1 日施行《中华人民共和国文物保护法实施条例》。国家标准《历史文化名城名镇名村保护条例》亦已于 2008 年 7 月 1 日施行。这一系列的法规、规范仍以评定文物等级的方法来保存建筑单体或构件为主。固然，少数重要的历史建筑需要保护、修复，然而这样的保护力度有限，保护的方式单一，对于非文物保护单位的大量质量较差的传统民居并不适用，对历史城市/街区的保护与复兴也并不奏效。

(二)注重研究建筑形式

对于建筑与城市规划的专业工作者而言，我们习惯注重对建筑的样式、风格以及形制和功能的关注和研究，这样的后果是忽视匠人们遵循的建造方式。

1. 建筑样式与风格

至今，我们仍然习惯于依据建筑不同部分的比例关系对不同朝代的建筑样式进行分析；甚或用各个时期的风格加以评判保护工作是否设计到位。"中国建筑历史在相当大的成分上被诠释成一种立面风格的发展史。然而，这一诠释，与中国传统建筑之设计与建造的实际规律并不相符，也就是说，我们古代的工匠们在建造这些建筑时，所遵循的原则和手法，并不是西方古典主义的所谓'立面'法则。"①

2. 建筑形制或功能

"中国传统建筑的每一种类型,基本上是一组或者多组围绕着一个中心空间(院子)而组织构成的建筑群。"②中国的传统建筑不管是作为宫殿、寺庙、宅第等类型,不同种类的建筑表现出在大体上相同的布局和形式,建筑物都是由同一的原型发展而来的[1]。中国传统建筑的使用方式是灵活的,建筑的功能是其次的。因此,对于中国传统建筑的研究重点应该是建造方式。

(三)当前的规划方法与管理程序不利于传统城市肌理的保护与复兴

除重要的历史建筑以外,以大量建筑质量堪忧的民居为主的街区,如南京城南门东、门西以及南捕厅等街区,应在城市形态层面进行整体地保护与复兴。在整体性的保护逐渐成为社会共识的前提下,关键是对传统城市肌理的保护。而当前普遍的不合理的规划方法主要体现在以下两点:

1. 道路交通优先的规划方式是对传统城市肌理的破坏

以道路交通等市政设施为技术先导的地块划分方法在历史街区保护中是严重不合理的。现代的以满足车行要求的道路体系以及大型的公共设施在老城中的规划布置屡见不鲜,道路规划往往将全新的道路体系覆盖了原有的街巷网络,或者拓宽原有街巷宽度数倍,使得传统的街巷空间不复存在,几乎颠覆了传统城市肌理。

以南京中华门东地区为例,中华门地区自古一直是居住区,建筑以低层民居为主,占地面积较大,一直以来没有大的破坏,依然留存着较多历史街巷,保留着大量的清代民国时期的传统民居。根据 2007 年《南京城南老城区历史街区调查研究报告》③,门东保留相当面域的"有价值的传统城市肌理范围",如图 1 是根据历史资料绘制的历史街巷与 2005 年南京市秦淮区交

---

① 赵辰."立面"的误会[M]. 北京:三联书店,2007:120.

② 李允鉌. 华夏意匠[M]. 天津:天津大学出版社,2005:140.

③ 南京大学建筑学院赵辰教授工作室. 南京城南老城区历史街区调查研究报告[Z]. 2008.

通规划的叠合分析,如果按照上位规划路网进行实施建设,南京中华门东的传统城市肌理显然将受到巨大的破坏。

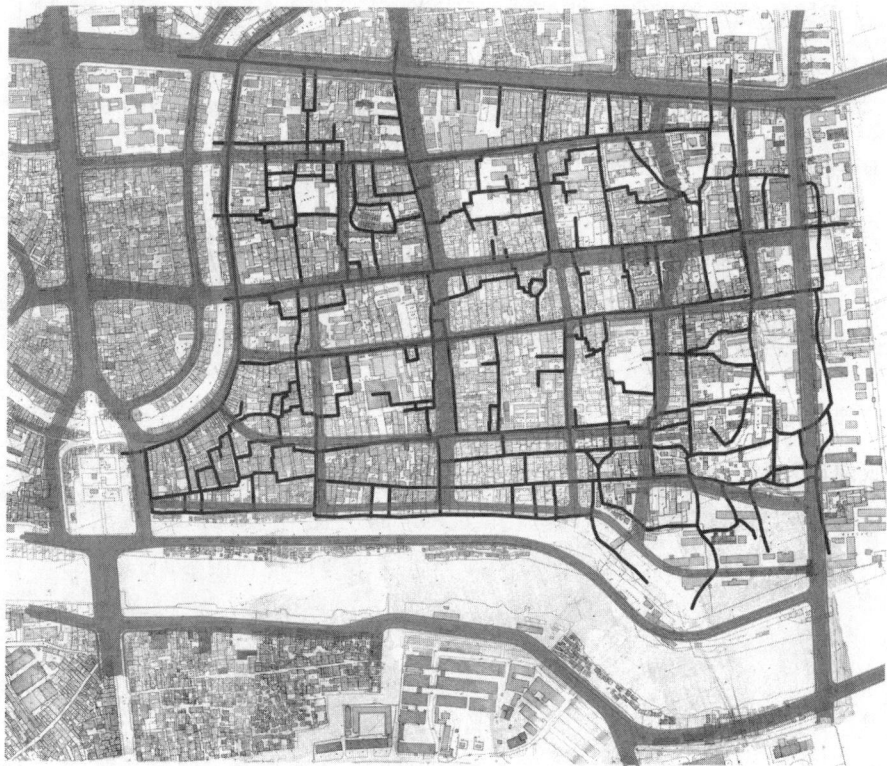

图1 南京城南门东上位道路规划与传统城市肌理叠合分析

资料来源:笔者自绘。

2. 一系列城市规划指标不适用于保护传统城市肌理

用地性质与功能、容积率、日照间距、公共绿地指标、消防要求等现代城市规划建设的指标不适合作为历史城市/街区保护与复兴的衡量指标。这些管理程序的先导必然使得传统肌理的保护成为空话。

正因为这些源自学术研究层面、规划管理体制层面的问题,亟需把传统城市肌理作为历史城市/街区保护与复兴的切入点,对其进行充分地研究。这样,每个历史城市才能具备能反映城市历史街区或地段的特色;具有一定空间尺度的面状的建成城市环境;具有清晰的结构性层次关系。

（四）中国传统城市肌理的构成

肌理是什么？"肌理"的原意是指物体表面的纹理及组织构造，它细致入微地反映了不同形象的差异，通过人的触觉或视觉而被感知。从肌理的视觉形态角度看，城市肌理体现了城市各种不同要素在空间上的结合方式，是明确城市空间特征的一种重要方法。

阿尔多·罗西认为："城市的肌理（Fabric）是两种元素构成，其一是由建筑物形成的街道和广场组成城市肌理（Texture）；其二是纪念性建筑（Monuments），即尺度较大的建筑。"[①]

菲利普·巴内翰认为："城市肌理是在不同尺度上起作用的多个结构的叠置，连接了城市各个部分，可以定义为这样三种逻辑的交织：

——道路的逻辑，具有移动和服务双重功能；

——地块划分的逻辑，建立了土地权属，表现出私人与公共的动机；

——建筑的逻辑，容纳了各种行为。"[②]

中国传统城市的结构与西方城市不同，其肌理构成亦有差异。中国的传统城市肌理有哪些要素呢？笔者认为中国传统城市肌理有以下三个要素构成：

1. 自然地理因素

自然地理因素包括河流水系、山丘土坡，中国的很多历史城市都有"山水城市"的美称，多数城市中有水系、山丘乃至城墙（自然与人文的结合），如图 2。

2. 街巷网络

街巷网络包括作为历史空间载体的历史性街巷和生成街区的结构性网络。传统城市肌理中的历史街巷顺应地形地貌、空间丰富，除贯通性的主要街巷外，往往包括和很多次级街巷和入户前的末端巷道（图 3）。

---

① 阿尔多·罗西. 城市建筑学[M].黄士钧,译.北京:中国建筑工业出版社,2006.

② 菲利普·巴内翰. 城市街区的解体——从奥斯曼到勒·柯布西耶[M].北京:中国建筑工业出版社,2012:165.

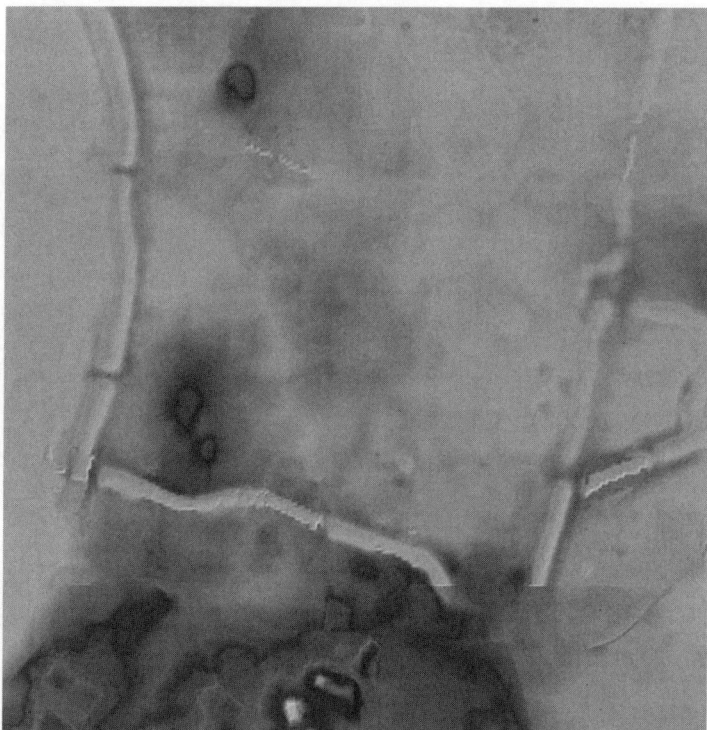

图 2   南京城南 GIS 地形分析图

资料来源:南京大学建筑学院赵辰教授工作室绘制。

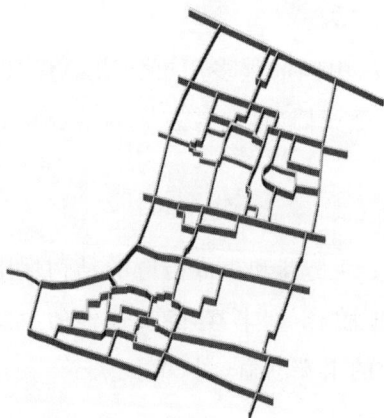

图 3   南京城南中华门东街巷网络

资料来源:笔者自绘。

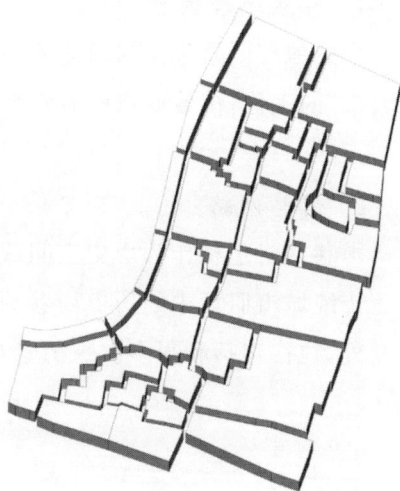

图 4   南京城南中华门东街坊建筑

资料来源:笔者自绘。

3. 街坊建筑

街坊建筑是街巷网络间(街廓内)的呈多进院落规律性布局的传统建筑,是传统肌理中最具体的物质呈现部分,大多呈匀质化,包含了具体的建造因素、建筑细部(图4)。

二、地界与传统城市肌理的关系及作用

(一)地界概念

所谓地界指:(1)两块土地之间的分界线,房地产的界址;(2)地区,管界。

地界是古代以私有制为基础的土地制度的产物。本文将"地界"定义为城市中以明确的所有权为依据而划分的土地边界。地界隐含着其与土地的所有权紧密挂钩,本文定义地界内界定的地块为"地界地块",是土地所有人生存、生活的稳定的经济基础,是家庭财产的构成,是隐藏的秩序。

(二)"地界地块"与"plot"的概念辨析

英国康泽恩(Conzen)学派对"Plot"的定义是具有明确边界的地块,是规划元素之一[2]。"地界地块"是由"地界"界定的地块,是明确产权的地块。因此,在具体的所指上,本文将"plot"与"地界地块"作为同义,均指代着城镇中的以产权为依据划分的地块。西方语境下,地块(plot)永远是决定城市发展演变的形成要素,他们充分地意识到保护城市分层体系中土地划分(plots)的重要性[3]。笔者在多次的保护规划实践中,将"地界地块"作为规划元素加以运用,织补传统城市肌理,并且将做进一步的研究总结。

从词源和词语的用法习惯上辨析,先有"地界",派生、创造了"地界地块"。在西方的语境下,则是先有"plot"一词,派生、创造了"plot boundary"。

(三)中国传统的土地制度(地籍、地契、丘号、宗地)

地界是中国古代私有制土地制度的产物,历史上出现了多种形式的土

地私有制。古时"营邑立城,制里割宅,通田作之道,正阡陌之界"的规划理念与中国传统社会的土地制度和等级制度密切相关。中国传统的居住环境与土地不可分离,社会内部的等级差别,首先表现在土地的占有大小;而表征其拥有土地面积大小的身份等级,又必须以其宅第所占有土地的规模大小而体现[4]。

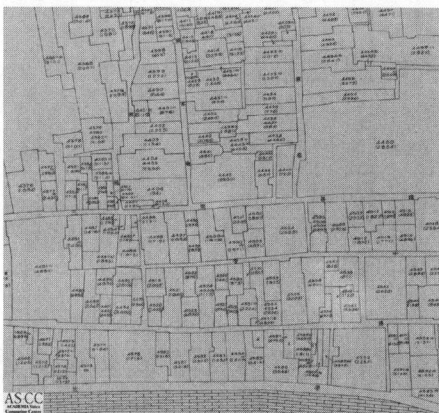

图 5　1936 年南京市地籍图局部

资料来源:中国第二历史档案馆。

图 6　地界与现状地形图叠合分析

资料来源:笔者自绘。

地籍是国家登记土地隶属关系的簿册。地籍最初是为征税而建立的记载土地的位置、界址、数量、质量、权属、用途(地类)等基本状况的田赋清册和薄册,亦称土地的户籍。其主要内容是应纳税的土地面积、土壤质量及土地税额的登记[5]。中国历史上很早就有田赋清册,宋代有砧基簿,明代有鱼鳞图册,民国开始进行大地测量和航空摄影测量,编制地籍图册。历史地籍资料正可以成为我们研究传统城市肌理的法宝之一,如 1936 年南京市地籍图(图 5、图 6)、1937 年慈城孝中镇地界图。

(四)地界与传统城市肌理的作用关系

地界与传统城市肌理的三要素密切相关。地界受自然地理因素的制约,地界划分街廊,限定街坊建筑。

1. 地界与街巷网络、街廊的关系

街巷网络内的空间即是街廊,地界划分了街廊。在土地私有制的作用下,地界把街廊进行较匀质地而又大小不一地划分,使街廊内形成了一套肌

理特征。若干"地界地块"组成了街廓,地界对街廓的划分有其重要的意义。在欧美日等发达国家的控制性规划中,以"plot"作为规划的基本单元,对其进行登记、编号,"plot"作为土地买卖、批租、开发的基本单元,甚至在政府的地理信息系统(GIS)中,也是以"plot"作为最重要的层面进行控制、管理和查询①。

2. 地界与街坊建筑的关系

(1)地界限定街坊建筑——地界与墙的关系

不同的地界地块尺寸促使产生不同的街坊建筑类型。地界是隐形的,而地界在传统城市肌理的物质形态上往往是以街坊建筑不同的"墙"呈现的,包括街坊建筑的院墙、山墙、檐墙。以宁波慈城竺巷东路 19 号、16 号两处街坊建筑为例,经过测绘研究发现,两处建筑之间的边界墙体与慈城 1937年地界图吻合(图 7)。事实上,这样的案例非常多,慈城的抱珠楼、南京城南蒋寿山旧居等。

(2)建造因素

中国传统建筑是以结构为主体的,这个结构框架作为传统街坊建筑最基本的构成单元[6]。结构框架可以在水平方向和垂直方向进行组合扩展,可以灵活地适应地界范围内地界地块的大小。

江南地区传统街坊建筑存在一定的比例模数关系,这些基本模数包括:开间,进深,步架,步架数,层高。这也是传统街坊建筑在街区、城市层面能保证统一的最根本的原因之一。传统木构架建造方式的限制,步架的灵活布置对开间进深等尺度的适应。

3. 地界的稳定作用

在城市形态的变迁历史中,建筑作为物质是容易变迁的,而地界地块受经济制度的约束更显稳定的作用。

《江宁府重建普育堂志》中记录了清同治年间(1872 年)在南京城南修建几处堂(公共建筑)的基本信息,是一份难得的文献资料。该文献显示了多方面信息:第一,各堂的图像内容为整体建筑轴测形象,体现了建筑的格局

---

① 梁江,孙晖.城市土地使用控制的重要层面:产权地块——美国分区规划的启示[J].城市规划,2000(24):40.

1937年地界

图 7 宁波慈城竺巷东路 16、19 号街坊建筑与 1937 年地界图叠合分析

资料来源:南京大学建筑学院赵辰教授工作室绘制。

和边界形状;第二,文字内容记录了建筑在城市中的具体位置四至关系;第三,文字内容提供了可以尺寸,经过换算,可以确定堂的边界尺寸。① 此外,个别还记载堂的经济权属状况。

以老妇堂为例,对其边界周至的介绍如下:

前界抵剪子巷官街,由东至西计宽伍丈,后界抵马道街路,由西至东计宽拾叁丈贰尺,左界抵汪姓住屋,由北至南计深叁拾贰丈伍尺,右界抵郑单两姓住屋,由南至北计深叁拾贰丈伍尺。

按上述信息,可知老妇堂南至剪子巷,北至马道街,东至汪姓人家的屋

① 涂宗瀛.江宁府重建普育堂志[M].刻本.江宁,1871 年(清同治辛未年).南京大学建筑学院萧红颜老师提供.

宅,西接郑、单两家屋宅。进一步利用老妇堂的建筑边界形状,与剪子巷和马道街之间的地界信息进行核对,可以确定其确切位置。因此,依据《江宁府重建普育堂志》,基本得出每个堂在街区内的大致位置,以及建筑地界,将这已知信息结合1936年的《南京市地籍图》的地界内容进行比对核实,每个堂的地界基本吻合(图8)。此外,利用地籍图与现状地形图的叠合,可以确定四堂在城市中的确切位置(图9)。

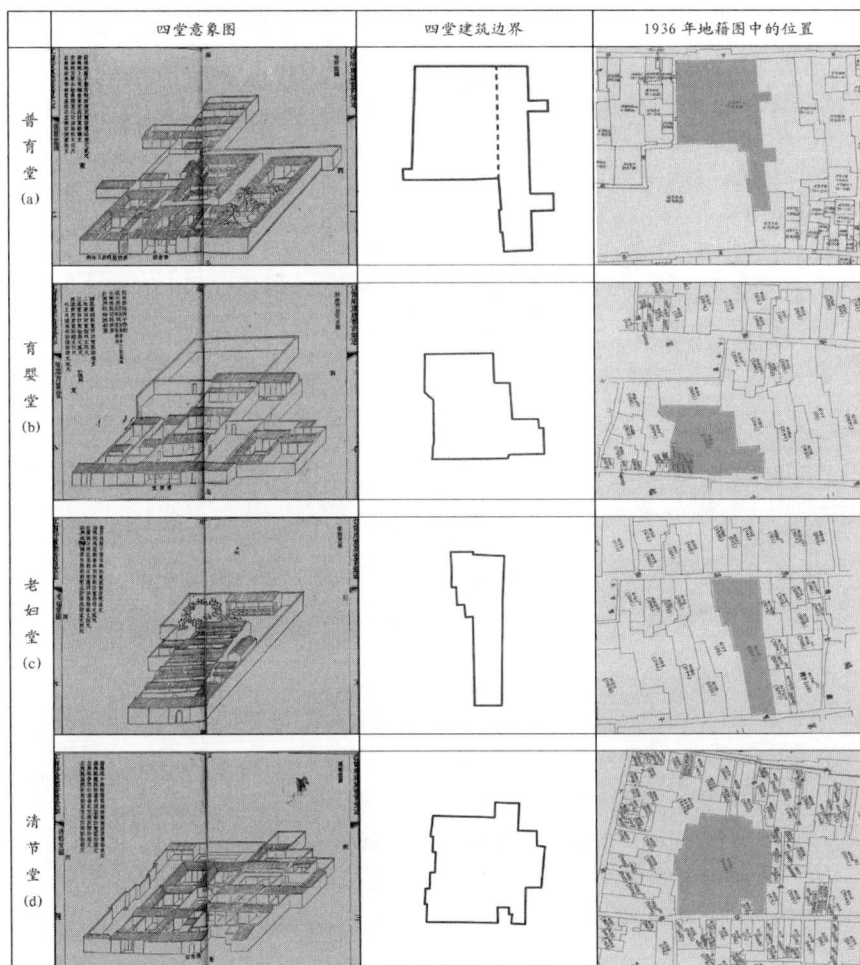

图8　南京门东四堂空间定位研究(一)

资料来源:笔者自绘。

图 9 南京门东四堂空间定位研究(二)

资料来源:笔者自绘。

三、地界在历史城市保护中现实意义与应用

(一)织补或再造传统肌理

在当下中国的土地制度下,运用地界图这一历史资料,厘清历史街巷与街坊建筑布局关系,利用地界所围合的"地界地块"(plot)作为规划要素,精确地模拟传统肌理走势,达到修复传统城市肌理这一目的。

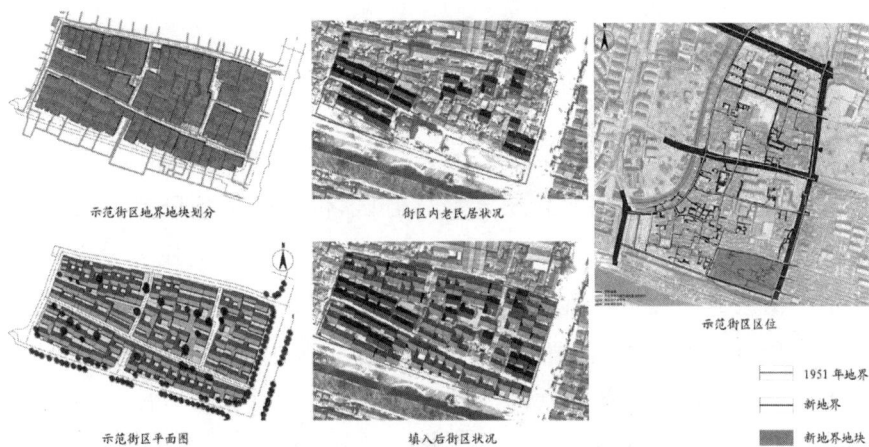

示范街区地界地块划分　　街区内老民居状况

示范街区平面图　　填入后街区状况

示范街区区位

—— 1951年地界
—— 新地界
▬ 新地界地块

图 10　南门老街项目示范街区的肌理织补

资料来源:南京大学建筑学院赵辰教授工作室绘制。

以南京"中华门东南门老街复兴项目"[①]为例(图 10),地块北侧为长乐路,南侧至新民坊路,东至箍桶巷,西临秦淮河,总用地面积约 16.8hm²。地块内有区级文物建筑等一些遗存,此外仍保留大量符合传统城市肌理的民居,部分有保留价值,大部分亟待更新。因此,以保护传统城市肌理为前提,如何进行更新或规划设计是关键问题。首先,厘清南门老街地块的传统城市肌理;在此基础上,保留或恢复历史街巷;再者,在历史街巷围合的街廊内,依据原有的地界划分和传统街坊建筑和地界的关系,对街区进行符合传

---

① 2006 年 12 月由南京市规划局委托南京大学建筑学院赵辰教授工作室规划设计。

统城市肌理的土地划分,即把把符合传统城市肌理的"地界地块"作为规划要素填入街区内;最后,在保留地块内有价值的街坊建筑基础上,在地基内填入传统街坊建筑或由其衍生的"类型建筑"[①],修复传统的城市肌理,并承担起新的城市发展功能[7]。

以其中的一个示范街区为例。该示范街区四至为:南起新民坊路,北至三条营巷,东临张家衖,西抵上江考棚。示范街区内当时现存仍然有多数传统肌理,但由于新民坊路拓宽以及街区内部分建筑被改建甚至拆除,因而与原有的传统肌理不相符合。因此,主要的工作是修复街区内的传统城市肌理。

(二)以宅地产权为依据的自主性保护和更新

自主性保护这一方法正是基于对地界的稳定作用和尊重之体现。绍兴仓桥直街历史街区处于绍兴传统老城核心区,位属越子城历史街区保护范围东部,占地面积 6.4hm^2,总建筑面积近 54000m^2,内有居民 858 户。仓桥直街历史街区保护改造工程是一个采取政府部门、个人共同出资的方式进行统一保护改造的历史名城保护项目。仓桥直街在保护政策、规划设计和施工上采取的措施和办法包括:(1)资金政策;(2)签订保护协议;(3)人口疏散政策;(4)房屋腾空政策;(5)拆违政策;(6)历史街区的管理。在这一系列政策中,特别值得一提的是资金政策和签订保护协议:

(1)资金政策:历史街区修缮的项目包括房屋的修缮、道路桥梁建设及河坎的整饬、配套设施的完善、白蚁防治、专业管线入地改造工程等。在所有建设项目中,住户在房屋修缮、户内污水管放置两个项目上与政府共同出资,比例为政府 55%,住户 45%。住户应出资金由房屋实际产权人承担,私房在修缮前预付 80 元/平方米,修缮后按实际结算。公房由房屋管理部门承担 45%,修缮后适当提高房租,并鼓励住户购买公房。沿街营业房签定营业房修缮协议,其面积大小按现状分隔间确定,营业房修缮由住户自行出资……

---

① 关于"类型建筑"的定义及具体演变方法参见:陶涛. 织补传统城市肌理——填入式建筑的方法研究[D].南京:南京大学,2007(7):20—33.

（2）签订保护协议：历史街区范围内保留的房屋，由产权人自行保护。产权人必须履行保护义务，与保护机构签订保护合同，配合保护机构实施统一修缮改造工作。在保护改造前产权人与保护机构统一签订保护合同。保护合同明确保护改造的内容：屋面翻修、进户门、窗（修理、更换）、墙、地面整修，厨卫设施安装等，并确定保护修缮标准和预算费用。①

此外，近年杭州的小河直街等历史街区的保护更新同样地参考了绍兴仓桥直街的自主性保护为主的更新策略。这类案例的共同点是尊重原有的房宅产权，遵循了地界作用于城市形态层面的规律。

结　　语

地界伴随着城市一同产生，是古代社会制度在城市形态上的反映。地界的存在和延续使得规划秩序得以建立。地界和传统城市肌理的三个要素（自然因素、街巷网络、街坊建筑）密切相关。因此，在研究与保护历史城市/街区的传统城市肌理中，地界不应被忽视，相反倒提供了一种研究思路和方法。目前中国城市的现有土地制度和开发模式所提供的是一种远远超过历史保护区原有"地界"的用地尺度和建设规模。在慈城太湖路街区、中华门东南门老街复兴等规划实践中，利用城市原有的"地界"，在城市的二维层面有效的控制了尺度，对历史城市/街区的保护与复兴规划设计行之有效，保护地界成为一种有效的手段。而不合理的规划设计会破坏原有的传统城市肌理，也未能创造新的城市肌理。

参考文献

[1] 李允鉌. 华夏意匠[M]. 天津：天津大学出版社，2005.

[2] M. R. G. Conzen. Alinwick, Northumberland—A study in Town-Plan Analysis [M]. London：1960.

---

① 绍兴市历史街区保护管理办公室. 绍兴仓桥直街历史街区保护[J]. 城市发展研究，2001(05).

［3］Nahoum Cohen. 城市规划的保护与保存［M］. 王少华，译. 北京：机械工业出版社，2004.

［4］王贵祥. 中国古代建筑基址规模研究［M］. 北京：中国建筑工业出版社，2008.

［5］赵冈. 中国土地制度史［M］. 上海：新星出版社，2006.

［6］赵辰."立面"的误会［M］. 北京：三联书店，2007.

［7］陶涛. 织补传统城市肌理——填入式建筑的方法研究［D］. 南京：南京大学，2007.

◎ 作者简介：郭莉，南京大学建筑与城市规划学院博士生；
　　　　　　　赵辰，南京大学建筑与城市规划学院教授。

对中国近代城市规划史研究的几点思考：以青岛为例

◆ 李东泉

前 言

由于历史原因和认识上的局限，中国长期以来忽视了对近代城市规划史的研究。李百浩教授曾在 2000 年专门撰文探讨如何研究中国近代城市规划史[1]，文中就研究现状、研究目的、研究的主要思想和观点、研究内容和重点难点，以及主要研究方法和一般研究流程等进行了比较全面的论述。这几年来，李百浩教授及其研究生一直从事该领域的研究，先后有武汉、南京、天津、济南、青岛等城市的近代规划史文章发表。其他具有典型代表意义的城市如南京、南通的近代城市规划与建设也有专著出版。近代城市规划史领域的研究起色不少。但总的说来，由于从事规划史研究的人数少，中国近代城市规划史的研究还有待深入，研究领域有待拓宽，研究方法有待更新，与城乡规划一级学科的地位不相匹配，不利于中国现代城市规划学科体系的发展完善。

本文结合对青岛 1897—1937 年三次重要城市规划实践的研究，就以下三个方面提出关于近代城市规划史研究内容和方法的思考。首先，为更好地应对当前的挑战，给当代城市规划决策提供借鉴，应将对城市规划的认识与城市发展实际相结合；其次，近代城市规划史研究与其他史学研究一样，应有严谨的史学态度；第三，由于近代特殊的历史背景，还应注意与国家的

社会经济发展背景密切联系起来,探讨中国城市规划思想的历史基础及其演变脉络。

一、青岛近代城市规划史的地位及其研究现状

青岛是中国近代完全按规划建设发展起来的现代城市。德国占领胶州湾,有争霸远东的长远战略目的,因此与一般通商口岸中的租界相比,对青岛实施的政策有很大不同。对于青岛的规划建设,殖民者的指导思想是与德国规划任何一个新城市没有区别[2]。而且,青岛最初的城市规划得到严格执行,在规划的指导下实现一个现代城市的从无到有,奠定了青岛此后的城市发展格局(图1)。

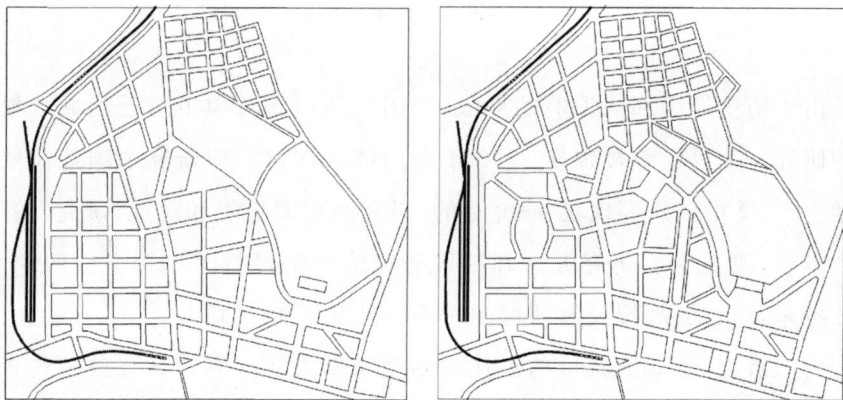

图1 1899 年的市区规划图局部(左)与 1906 年相应的市区建成图的比较,只有局部地段在实施时进行了调整,以使城市布局更趋合理

资料来源:作者根据历史地图绘制。

青岛的城市规划还具有难得的延续性。19 世纪末的德制青岛规划在 1906 年已基本实现,同年,为配合大港建成和胶济铁路全线通车,德国殖民当局在原市区基础上,制订了港埠区规划。1914 年日本人占领青岛,先按德国人的规划建设管理城市,1918 年前后,出于城市进一步发展的需要,制订了市区扩张规划,并按三期进行建设,至 1922 年中国政府收回青岛时,已完

图 2 从日占初期(1915 年)与日占后期(1922 年)青岛地图的比较看市区建设情况

资料来源:左:个人资料;右:(德)托尔斯藤·华纳. 近代青岛的城市规划与建设
[M]. 青岛市档案馆,译. 南京:东南大学出版社,2011:254.

成了二期(图 2)。

青岛也是近代中国人对城市规划进行尝试的典型代表。1922 年中国政府收回青岛主权后,城市得到进一步发展,局部地段的所谓"市街扩张规划"一直没有停止。在新形势下,青岛市工务局于 1935 年初制订了《青岛市施行都市计划案》,相当于现在的城市总体规划。这是中国现代城市规划的一次重要试验,对研究中国人对现代城市规划的认识和实践,具有重要学术研究价值[3](图 3)。

可以说,从城市规划史研究角度,青岛最突出的特点在于它是中国近代、在现代城市规划诞生之时,事先完成城市规划并按照规划建设的城市,并且是体现规划从制订到实施以及后期影响这一完整过程的典型代表,也是现代城市规划在中国近代的移植与试验过程中最具代表性的个案[4]。

但对青岛的研究不能与其历史地位等同,从一个侧面反映了中国近代城市规划史研究的特点和不足。青岛作为中国近代一个重要而有影响的城市,由于其特殊的历史原因所形成的城市风貌、建筑特色,早已引起业内人士的关注。在有关中国近代建筑史、城市发展史的著作中,几乎都有关于近

图3　1935年青岛市施行都市计划案的总体规划图

资料来源:青岛市档案馆.青岛地图通鉴[M].济南:山东省地图出版社,
2002:58.

代青岛的篇幅,但对青岛建筑的关注远远超过城市规划。具体到青岛城市
规划这个研究对象,目前国内外主要集中在1897—1914年德占时期这一

段。而且受中国城市规划学科基础的限制，国内的研究大多还只停留在物质规划角度，注重德制青岛规划在城市布局、功能分区、道路设计和建筑设计方面的表现，没有从更广阔的社会、经济、思想领域探讨青岛城市规划的产生，也没有探讨德制城市规划怎样得到实施，以及对城市发展的后续影响。对日据时期的青岛市区扩张规划，还一直认为是德国人于 1910 年所为。而在青岛城市规划史上占有重要地位的 1935 年《青岛市施行都市计划案》，至今也没有得到应有的重视（这一规划对城市发展定位和城市扩展的思路，在 1990 年代才重新被认识到）。

二、城市规划史研究应与城市发展实际相结合

德制青岛规划，就图纸内容来说并不复杂，但规划能够实施，并对城市发展产生深远影响，很大程度上依赖一套完备的制度。由于胶澳租借地的特殊性质，德国人在青岛具有相当大的自治权力。德占青岛期间，殖民当局通过建立先进的市政管理机构，将规划的制订作为政府干预城市发展的一项职能，并通过法律授权将城市规划的实施体现到具体的日常管理工作中。曾为青岛首创土地政策、1897 年 12 月就来到青岛、作为胶澳总督府的民政主管在青岛居住工作超过 11 年、被誉为"青岛建造及总督府行政事务之实际主角"[5] 的单维廉博士（Dr. William Schrameier，1859—1926），从一开始就为德国殖民当局制订了政府干预城市发展的原则，这就是"城市的建立、城市的扩大以及四郊的发展，不能听其自然，也不能交给私人投机商，而是公务机构很实际的任务"[6]。这项任务的具体表现是：规划是政府制订的，城市基础设施、市区所有公共建筑都是政府出资建设的，私人建设活动则是在政府制订的有关法规的限制条件内、并由政府监督完成。这一原则在青岛的城市发展中得到很好地贯彻。政府投资建设了铁路、港口、城市道路、城市基础设施以及必要的公共建筑，对其它建设活动则力争吸引私人资本开发，但政府加以干预，以保证实现城市发展目标。工业革命后，城市发展过程中公私矛盾的相互作用导致了现代城市规划的产生[7]，事实证明，这种矛盾最终必须通过政府干预才能得以公平解决，因此城市规划只有作为政府的一项干预城市发展的手段时，才能得以实施并发挥作用。城市规划的

这一特性使规划的制订与实施都有赖于完备有效率的市政管理机构。德制青岛规划在这方面提供了很好的经验,这是以往研究所普遍忽略的。

从根本上说,城市规划是城市发展的产物,其产生与发展也是为城市发展服务的。因此,对历史上城市规划方案的认识应结合规划的实施效果进行,这样才能更加全面地反映规划与城市发展的关系。德国在青岛的现代城市规划试验不仅仅停留在图纸上。图纸能够表达的东西是直接的,也是表面的,因此是有限的,一个城市从无到有的规划建设与发展过程,才能真正全面体现城市规划的思想、理论与实践。但中国的城市规划长期限于工程技术层次,表现为城市规划史的研究多附属于建筑史,从事城市规划史研究的人也多是建筑学基础。这种学科背景,难免使该领域的研究局限于就规划图论规划的层面,较多探讨的只是布局、分区、道路形式等物质规划领域,较少关注规划的实施过程和实施结果,不能结合城市发展实际进行更深入的研究。在当前中国的城市化发展趋势下,以及城市规划难以在短时间内看到成效的学科特性,使城市规划工作者尤其需要来自城市规划与城市发展关系方面的历史实证研究成果。这一现实需要要求对近代城市规划史的研究应进一步加强深度和广度,要摆脱传统的建筑学思维,不能仅就规划图论规划,更重要的是关注规划的实施效果,关注城市规划与城市发展的关系。

三、城市规划史研究应有严谨的史学态度

日据青岛时期(1914—1922),日本侵略者为满足人口增长和城市发展需要,在原有的城市建设基础上,于1918年制订了市区扩张规划[8]。但这个规划方案,多年来一直被中国人认为是1910年德国人为青岛制订的市区扩张规划,并在各种相关出版物中予以转载介绍,包括《城市规划原理》(第一版,1981)、《中国城市建设史》(第一版,1982;第二版,1989;第三版,2004)、《中国大百科全书·建筑园林 城市规划卷》(1988)、《中国近代建筑总览·青岛篇》(1992)、《中国近代城市与建筑(1840—1949)》(1993)、《中国近现代城市的发展》(1998)、《中国城市发展与建设史》(2002)、《中国近代中西建筑文化交融史》(2003),以及较近刊出的《青岛近代城市规划历史研究

（1891—1949）》（《城市规划学刊》2005 年第 6 期），也包括由青岛人自己编写的《青岛城市的形成》（1998）、《青岛市志・城市规划建筑志》（1999）、《青岛近现代史》（2001）、《青岛地图通鉴》（2002）等等。德国建筑师华纳（Torsten Warner）在 1996 年完成的博士论文《青岛的规划与发展》（Die Planung und Entwicklung der deutschen Stadtgründung Qingdao in China）中对此事予以澄清，同时指出，其实判定此方案非德国人所为的最明显的证据是该规划图上已标示出建于 1915 年的日本神庙（图 4）。这一重要细节由一位外国人指出，实在令中国学者感到汗颜①。

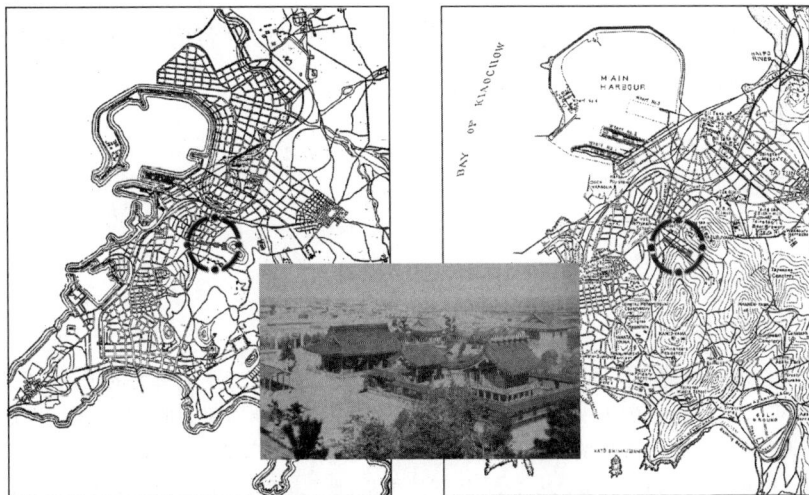

图 4　建于 1915 年的日本神庙的位置及其历史照片（该庙已拆除）

资料来源：作者根据历史地图绘制。

华纳曾长期研究在中国的德国建筑与城市建设，指出这个规划实际上是 1918 年日本人所为，根据是出版于 1922 年，由 Junichi Hobow 写的一本名叫《The Riviera of the Far East，Tsingtao》的书。华纳在其博士论文中同时说明，中国人之所以会产生这个误会，源于 1922 年日本人出的一套关于

---

　　① 该神庙为纪念 1912 年去世的日本大正天皇而建，曾是青岛市区内的重要建筑物，被青岛人称之为日本大庙，1945 年抗战结束后被拆除，但神庙的建设地点至今被青岛本地人称为"大庙山"。

青岛的明信片,名叫"1910 年以来的城市建设",其中有这张规划图。

　　就目前找到的资料,国人对此规划的介绍最早见于 1958 年出版的《青岛:中国建筑学会专题学术讨论会的报告》,图名为《1910 年德人都市计划示意图》(图 5)。误会产生的根源可能在此。该图在一张德文底图上,明确标"明德人青岛扩张计划图""一九一〇年一月"等中文字样。但该图明显是在一张现状地图上加绘的,且后加绘图部分中有日本神庙的位置,即据此已经可以断定该图实非 1910 年德国人所为。笔者推测,该规划可能最早由日本人于德占时期的青岛地图上绘制,因为图上有德文,因此被后来的中国人认为该规划是德人制订。1981 年《城市规划原理》第一版出版,在介绍资本主义社会城市的发展时,用转绘的一张清晰完整的图,命名为《1910 年德国人制定的青岛规划图》(图 6),误会由此成为定局①。

---

　　① 对于这个规划方案非 1910 年德国人所为,而是 1918 年日本人所为的定论,还另有两份资料可以作为补充说明。一是在胶澳总督府在德占青岛期间编制的《胶州地区发展备忘录》中,没有关于此次规划的任何信息。《胶州地区发展备忘录》(Denkschrift betreffend die Entwicklung von Kiautschou)从 1898 年开始编制,是德国殖民当局向德国国会汇报青岛地区发展建设情况的年度报告,每年编制一次,涉及德国在青统治的方方面面,每年的城市建设都有详细记录,甚至附录大量地图和照片予以说明,是研究德占青岛历史最重要的历史资料。该出版物编至 1909 年,由于印刷豪华,花费不赀,遭到很多国会议员的抨击和反对,故从 1910 年开始改为《胶州年鉴》(Kiautschou im Jahre),性质同前,但内容简化很多。如果德国殖民当局在 1910 年为青岛制订了市区扩张规划的话,不可能在这种类似于今天的年度政府工作报告中没有反映。二是在 1929 年出版的由美国人 Wilson Leon Godshall 撰写的关于青岛历史的英文书"Tsingtau Under Three Flags"中,作者曾对日据青岛时期,民政署成立以后的工作予以肯定。书中提到,日本侵略者在 1917 年 9 月宣布结束军政统治,10 月 1 日民政署成立,秋山雅之介博士(Dr. Masanosuke Akiyama)作为第一任民政主管被派往青岛(他担任此职直到 1922 年中国政府接收青岛),虽然并没有彻底改变青岛此前的军事管理方针——青岛民政署的组织实质上还是为其军事目的服务,并受青岛守备军司令部的直接领导,但客观地从城市发展事看,秋山博士的到来起了较大的促进作用。作为民政主管,他缓和了军人政府的压力,颁布一系列相关法令,改善城市基础设施,加大城市建设力度。参见 Wilson Leon Godshall, Tsingtau Under Three Flags, Shanghai, China:The Commercial Press, 1929:239.

图5　1958年出版的《青岛：中国建筑学会专题学术讨论会的报告》中被误识的《1910年德人都市计划示意图》

资料来源：青岛市档案馆。

图6　在中国被广泛转载的一张所谓《1910年德国人制定的青岛规划图》

资料来源：同济大学，重庆建筑工程学院，武汉建筑材料工业学院．城市规划原理[M]．北京：中国建筑工业出版社，1981：12．

　　笔者在博士论文研究期间发现这一问题，由于多年来一直缺少第一手的历史档案资料（最有力的证据当是找到日据时期的原始档案资料），因此不能公开澄清这一错误。令人高兴的是，在青岛档案馆周兆利先生及其同事的努力下，已经找到日本人在1918年所绘制的市区扩张规划原稿，这一长期存在于中国近代建筑史和规划史中的错误可以彻底纠正了。

　　中国近代城市规划史的研究还处于起步阶段，唯如此，尤应建立严谨的研究态度，重视对历史档案资料的发掘和整理工作，获取第一手的真实历史记录，为今后更深入综合的研究提供可靠的基础。城市规划史在史学分类中属于专门史的研究领域，虽然由于专业特殊性，其研究工作主要由城市规划工作者承担，但同样要遵循史学研究的基本原则。重视历史资料，是史学研究的基本常识。中国近代相当于古代来说，间隔的时间还并不久远，有大量原始文献档案等资料可供查证，因此，在近代城市规划史的研究中，应尽

量引用原始的第一手资料作为结论的证据,对规划史实要本着实事求是的科学精神,确认无误。

除此之外,近代城市规划史的研究中应加强中西合作,由于近代的特殊性,西方列强对中国近代的城市规划的发生与发展起到相对重要的作用,以青岛为例,很多历史资料由德文或日文写成,甚至在德国或日本保存。所以,对于这个时期的历史研究,不能只凭已有的中文文献资料,要结合规划原始制订者的角度、认识水平等予以综合分析。这也是尊重历史的一种表现。

四、城市规划史研究应与国家的社会经济背景相结合

1922年中国政府收回青岛后,特别是1929年南京国民政府接收青岛后实施的一系列鼓励民族企业、促进城市发展的政策,使青岛在20世纪30年代呈现全面发展的繁荣局面。与此同时,从19世纪末到20世纪30年代,经过40多年的发展,青岛已与中国社会融为一体,不复一个殖民者的移植产物,普遍的社会发展背景为青岛的城市发展奠定了基础,城市规划在同城市社会各组成要素的相互作用中形成基本格局。基于当时青岛的城市建设历史、现实问题和发展趋势,青岛市工务局于1935年1月公布了《青岛市施行都市计划案》。这是中国人自己为青岛制订的第一个城市总体规划。方案中明确了规划范围,首次对城市规模进行了预测,对城市进行了功能分区,对各功能组成部分进行具体规划,并制订了保证规划的实施措施。其中体现的先进意识,对此后的城市发展和对现代城市规划学科的认识都有启发。虽然这一规划方案由于历史原因,没有得到实施,但规划的制订既有城市发展、社会进步等方面的客观需要,也有市政当局在大的社会背景下思想意识的改变等方面的主观促进,规划制订的背景、过程以及规划内容均有代表性地反映了中国现代城市规划思想的萌芽,体现了中国人对现代城市规划的理解和现代城市规划在中国的实践特色。从国家的社会经济发展背景分析这一历史上的规划方案,可以更清晰地认识现代城市规划在中国近代从被迫接受到主动学习的发展脉络。这一规划方案的价值正在于此。

近代是中国历史的一个转折时期,也是城市发展的一个重要时期。鸦

片战争以后，帝国主义在武力侵略的前提下，带来新的生产技术、新的生活方式甚至新的思想观念，这些代表着世界先进生产力发展方向的东西，间接促进了中国现代化的进程。近代也是中国城市规划发展史的一个重要阶段，城市的经济结构、社会结构发生的深刻变化，会对城市规划提出新的要求。但中国现代城市规划的发展历程非常具有特殊性。在这个时期，源于西方工业化结果的现代城市规划，通过侵略者的移植，在中国生根发芽，为此后中国现代城市规划体系的形成和发展打下了基础。随着中国近代社会的发展，这个由外植入的新鲜事物逐渐与中国城市发展的现实交织到一起，并在城市客观发展的要求下以及中国社会意识形态的主观愿望下进行了自主的发展。因此中国现代城市规划的产生不是简单的移植过程，而是与中国近代的社会经济发展背景有密切的关系，因此研究这个时期的城市规划史一定要与国家大的社会经济背景的转变相结合，从中发现中国现代城市规划思想形成的历史基础。这是近代城市规划史研究的另一个重要任务。因为"城市规划思想是城市规划的本质意义所在，只有从这样的角度去重新认识城市规划，才有可能真正摆脱中国城市规划当今所面临的困境"[9]。同时，"思想必有其传统。这一时代的思想，必在上一时代中有渊源，有线索，有条理。故凡成一种思想，必有其历史性"[10]。对于中国现代城市规划思想的认识，近代城市规划史的研究是不可或缺并且是非常重要的一环。因此，要结合规划产生的背景，分析规划制订的指导思想和内在机制。如果在研究城市规划史的同时不注意对城市规划思想的探讨，将会陷入表面化和简单化。

结　　语

目前学术界对中国近代城市规划史的研究还处在起步阶段，在研究深度和广度方面都有待提高。本文从近代的一个规划方案入手，一来通过对历史资料的重新梳理，还事实的本来面目；二来希望以小见大，对今后的近代城市规划史研究提供借鉴。

城市规划作为一项实践工作，其不可验证性成为阻碍城市规划反思、进步、及时调整工作方法和目标的一大障碍。从这个角度说，历史研究对于城

市规划工作来说尤其重要,也就是说,城市规划工作者和城市发展决策者尤其需要来自城市规划与城市发展关系方面的历史实证研究成果,通过以史为鉴,做出更有利于今后城市发展的决策。在这个方面,中国近代城市规划史由于关系该学科在中国产生、形成与发展的最初阶段,其研究意义不仅仅止于学科传承方面。但中国近代城市规划史研究一直是一个相对薄弱的领域,其历史地位和作用远没有得到挖掘和体现。城市发展具有延续性,学科发展也同样具有传承性,对近代城市规划史的研究应更广阔深入的开展起来,有更多的人参与,完善学科体系,促进学科发展,并对当代的决策起到发挥更大的历史借鉴作用。

参考文献

[1] 李百浩,韩秀. 如何研究中国近代城市规划史[J]. 城市规划,2000(12):34—37.

[2] Torsten Warner. Der Aufbau der Kolonialstadt Tsingtau: Landordnung, Stadtplannung, und Entwicklung. Edited by Herausgegeben von Hans-Martin Hinz und Christoph Lind, TSINGTAU-Ein Kapitel deutscher Kolonialgeschichte in China 1897—1914 [M]. Berlin:Deutsches Historisches Museum,1998:84—95.

[3] 李东泉,周一星. 中国现代城市规划的一次试验——1935年《青岛市施行都市计划案》的背景、内容与评析[J]. 城市发展研究,2006(3):14—21.

[4] 李东泉,周一星. 近代青岛的历史地位及其城市规划史研究的意义[J]. 城市规划, 2006(4):54—59.

[5] (德)威廉·马察特. 单维廉与青岛土地法规[M]. 江鸿译. 纪恒昭校. 台北:中国地政研究所,1986:22.

[6] 林耕. 青岛城市1897—1914年的规划建设[J]. 天津城市建设学院学报,1997(3): 35—38.

[7] Anthony Sutcliffe. The debate on nineteenth-century planning. Edited by Anthony Sutcliffe. The Rise of Modern Urban Planning 1800—1914 [M]. London: MANSELL, 1980:2.

[8] Torsten Warner. Die Planung und Entwicklung der Deutschen Stadtgründung Qingdao in China. Der Umgang mit dem Fremden [D]. Diss. Technische Universität Hamburg-Harburg,Hamburg 1996:287—288.

[9] 孙施文. 中国城市规划的发展[J]. 城市规划汇刊,1999(5):1—9.

[10] 钱穆. 中国思想通俗讲话[M]. 北京:生活·读书·新知三联书店,2002.

◎ 作者简介:李东泉,中国人民大学公共管理学院副教授。

学习外国经验与构建本土体系:中国近现代城市规划历史的困境

◇ 于海漪　文　华　许　方

前　言

(一)背景、目的和意义

　　城乡规划是与实践结合紧密的一门学科,然而它也需要理论化,才有可能进一步指导实践。近代以来,中国城市规划学科走过了一条"学习外国经验"与"探索本土体系"相结合的发展道路,在向国外经验学习的过程中,一直有对本土理论体系的探索。但是,对这两方面的研究并不均衡,即对后者的研究少,两者之间的辩证关系因而也没有得到足够重视。中国近代以来似乎就一直在向国外经验和理论学习中度过。反过来,它导致我们的实践进一步依赖引进西方理论。似乎永远走不出这个"以外国理论指导中国实践"的怪圈,而实际上,起源于外国社会历史与文化背景下的理论,不能非常贴切地指导中国实践。

　　本研究的主要出发点是,并非中国没有探索自己的理论体系,但是由于长期以来"西方中心主义"思想占据了人们的头脑,很难"看到"本土体系的探索;如果再不及时加以系统梳理,则很难对未来的实践起到较好的指导作用。

　　本研究的目的,是从整理中国城市规划理论体系的视角,通过系统整理

近现代城市规划实践过程中的理论线索;在总结整理"学习外国经验"与"探索本土体系"史实的基础上,探索两者之间的辩证关系。在理论上,提出中国近现代城市城市规划理论的发展线索,从而有可能在实践中,进一步推动本土理论体系对未来规划与建设的有效指导。外国理论或经验对本国城市规划的实践有积极的推动作用,但构建本土规划体系,才是解决本国与本地问题的根本途径。

(二)以往的研究及本研究的位置

以往的研究,在内容上,以城市为基准,梳理和阐述某个城市自近代以来的规划和建设过程;近年来,逐渐重视从社会史、制度史、人物史等多角度研究,丰富了研究的内容和方法。而在城市选择上,则体现了"西方中心主义"的范式:首先是租界城市和外国独占城市,其次开埠城市、自开埠城市,最后涉及到一些地方城市建设。

规划实践方面,华揽洪、吕俊华等专著,以及对解放后、改革开放后的一些规划实践和理论探索的论文集等,是对作者亲自参加中国本土工作的很好总结,从中可以发现很多有用的线索。

规划理论方面,吴志强[1]认为应"探索和研究根植于本土,顺应自身发展需求、适应地区发展规律的城市规划理论、技术"。吴良镛认为全球化趋势下,应在总结历史的基础上"发展中国城市规划建设理论",认为"中国城市规划建设有着自身的特殊性,不是简单的借鉴能解决的,而中国城市规划理论与实践的经验和教训,同样可以丰富世界城市规划建设理论与实践"[2]。

以英文发表的专著和论文,也有关于中国规划历史与理论探索的。多数是在国外读书的研究生和在外任职的老师,也有国内的作者。有两个问题,第一,前者对国内实践了解不多。第二,后者也主要是一些零星的案例介绍。

2013 年期刊 Planning Theory 出版了关于中国规划的专辑,发表了一篇社论和 6 篇介绍中国规划的论文。社论提出了是否存在"中国规划理论"的质疑,并提出,多数学者认为"中国在规划理论研究方面落后于国际同行"。与其他类似的文章一起,它们给国际规划理论界留下的整体印象是,"中国规划没有理论"[3]，甚至没有人太关心这个问题。

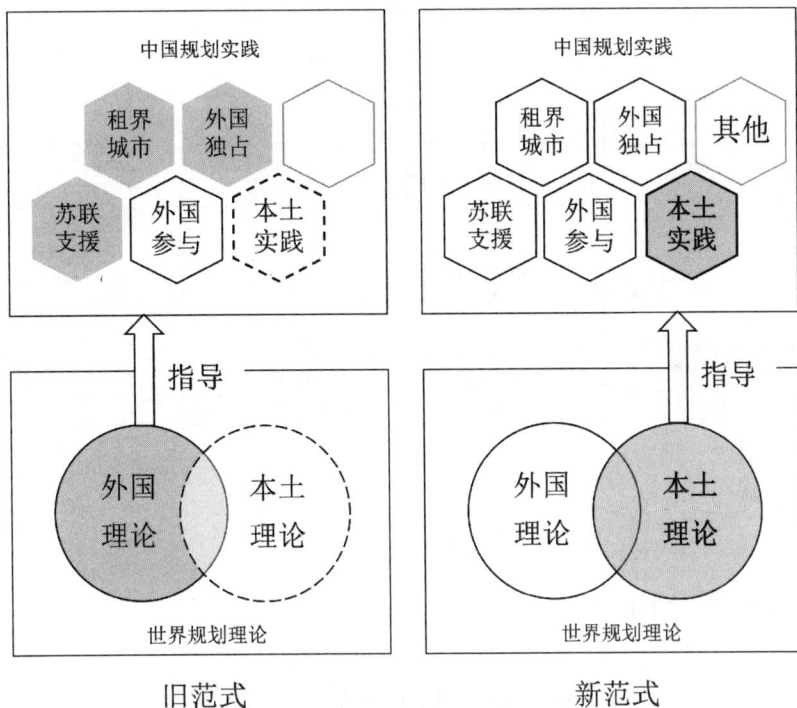

图1 新旧研究范式

资料来源：作者绘制。

本研究采取与既往研究不同的视角，即承认中国近现代以来的城市规划实践中本土工作的地位，从而能够看到不同于以往"重外国、轻本土"的研究所无法看到的内容。因此，本研究试图开创一个新的研究范式，在研究内容上有所突破（图1）。研究所选取的城市随之改变，突破"西方中心主义"的心理范式，转向以本土理论体系构建为核心，同时并不讳言近代以来经由外国人主持规划、留学生回国相关工作中，向外国经验学习的实际过程。

（三）研究内容与方法

选取近现代以来五个有典型代表性的阶段，通过档案及文献分析、实地调查、人物访谈等方法，梳理它们在学习外国经验的同时致力于构建本土规划体系的过程，分析其中的矛盾与困惑，提出五个阶段学习与构建之间的关

系模式(图 2)。这五个阶段是:(1)1840—1910 年代;(2)1920—1930 年代;(3)1950 年代;(4)1980—1990 年代;(5)2000 年代以来。

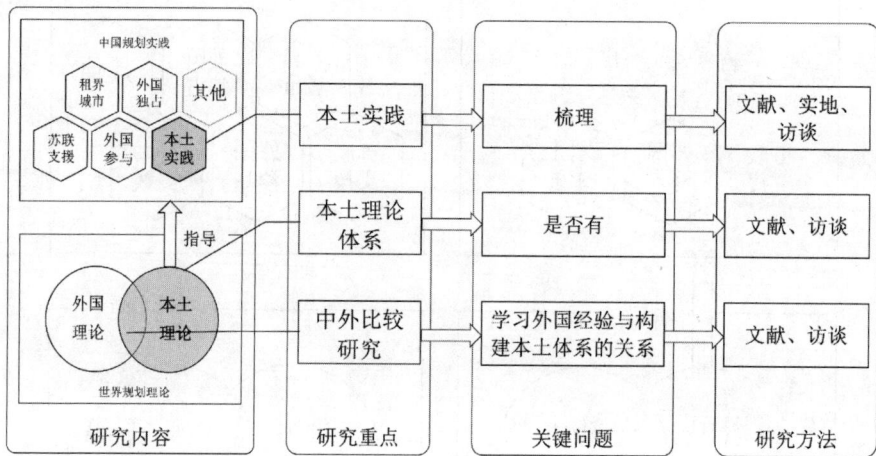

图 2　研究方法

资料来源:作者绘制。

一、1840—1910 年代:肇始期

1840—1910 年代,中国步入城市规划与城市建设的近代化时期。在租界和国外城市建设的物质环境的直观影响下,开始了一些近代化设施和城市基础设施的建设,尚无明确的规划。由官方和地方绅商中"经世派"和"洋务派"主导。

由于政治、军事的失利,在清政府官员内部形成的"经世派"和"洋务派"从购买西方武器开始,逐渐发展到设厂学习制造武器和机器、组织翻译西方书籍,继而派出学童出洋留学,本着"知己知彼,百战不殆"的原则,希望全面了解西方的思想、技术、制度,以求促进自身的发展。

自洋务运动以来有了一些近代工业的建设、城市对外交通①、城市公共交通体系的建设等,是由官方主导的近代化建设的发端。但是并没有使用

---

①　铁路的建设情况,首先由外国建设,后来收归国有;还有清朝政府、地方政府,甚至地方与民间建设的。铁路的建设,为近代中国城市发展提供了必要的促进作用。

西方通行的"城市规划"方式，即并未绘制城市范围的"规划图"。清末已有使用精密仪器测绘的、有别于中国古代没有比例的测绘图，从中可以寻找出建设成果的痕迹。

在城市规划与建设方面，大城市向租界或西方城市学习，首先设立军工厂，然后有官办民用工厂、官督商办工厂等，逐渐扩展到道路等城市基础设施建设、学校等教育设施建设（图3、表1）。

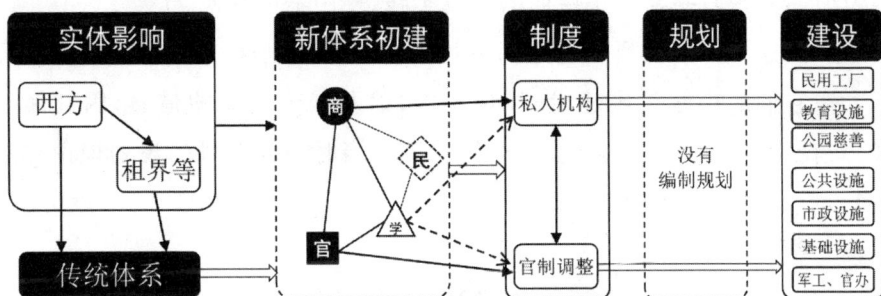

图3 1840—1910年代中国城市规划与建设发展模式

资料来源：作者绘制。

表1 清末：1840—1910年代

主持/参与	规划建设类型							市政管理机构设置	思想/理论	学习西方	学习途径	备注
	军工、官办	民用工厂	基础设施	市政设施	公园	公共设施	教育设施	慈善					
官方	■		■	■			■		官府	中体西用	军工技术、新功能的建筑、新建筑形式	租界及国外城市实体示范、出国考察、留学归国	没有规划图纸指导建设，有测绘图纸；近代工业和近代设施以缓慢、零散的状态逐渐建设，城市面貌改变
绅商	◇	■	■	■	■	■	■		私人机构				
留学生	◇		◇				◇						
民间													

说明：1.图例：■ 主持。◇ 参与。

2.规划建设类型说明：军工——军事工业；官办——官办民用工厂；基础设施——道路、排水、供电、电话等；市政设施——监狱、警察亭等；公共设施——医院、银行等；教育设施——博物馆、图书馆、学校、剧院、报刊杂志出版等；慈善——贫民工厂、女红所、盲哑学校等。

资料来源：作者绘制。

其中官方主导的,主要是军工厂等建设。清末政府面临内忧外患,力量日渐薄弱,仅在部分城市有所作为,如曾国藩在安庆、李鸿章在上海、张之洞在武汉等,而地方城市则多依赖当地绅商主导,如张謇在南通、陆润庠在苏州等等。

1872年清政府派留学生出洋,之前也有一些家庭自费留学。这些学生相继回国之后,把西方地理、政治、社会与发展经验通过翻译、出书等方式介绍给国内,并亲自参与各个层面的建设实践,作用不可忽视。

总之,这个时期主要是通过对其城市建设的模仿来学习它们的建设经验,学习它们的市政设施建设、建设实施,以及城市面貌的借鉴,因此属于"实体借鉴"。第一,比较直观易学,第二因为当时西方自身的规划理论体系亦尚未形成,更遑论传入中国。

二、1920—1930 年代:引进期

1920—1930年代,中国开始引进外国的城市规划理论,指导近代化城市的规划与建设。有官方主导、地方主导两种主要形式,而留学生的工作对实践和本土体系的初建有较大的推动作用(表2、图4)。

(一)官方主导

1920年代末期开始,西方城市规划理论开始经由翻译、出国考察、留学生等多种渠道传入中国,由此开始对西方理论的借鉴。西方理论开始影响中国传统体系,市政管理与建设、城市规划,花园城市等理论被介绍到中国来[1][4],直接影响了南京首都计划(1928年)[2]、大上海都市计划(1929年,1929年,美国市政专家作顾问,中国建筑师参与,中国固有形式的建筑)、广

---

① 《市政全书》等一批书籍,以及《道路月刊》、《北平市市政公报》、《中国建设月刊》等一批与市政建设相关的杂志,标志着该时期对国外城市规划理论的全面介绍与引进。见大成老旧刊全文数据库,http://www.dachengdata.com。

② 1928年12月,负责人先是国都设计技术专员办事处林逸民,后是首都建设委员会孙科,聘请美国建筑师茂菲 Henry Killam Murphy 和工程师古力治 Ernest P. Goodrich 为顾问,留美归国学生吕彦直为助手。

州规划(孙科领导)等一批官方主导的城市规划制定。对梧州、昆明等中小城市也有所影响。

表 2　民初：1920—1930 年代

主持/参与	规划建设类型									市政管理机构设置	思想/理论	学习西方	学习途径	备注
	制定规划	军工、官办	民用工厂	基础设施	市政设施	公园	公共设施	教育设施	慈善					
官方	■	■		■	■	■		■		官府	市政管理城市规划花园城市等	设立管理机构、制定城市规划，并实施	聘请外国工程师主持规划、出国考察、留学归国	制定了一系列官方及地方规划，有规划图纸指导建设，有测绘图纸；规划执行效果不理想
绅商	■	◇	■	■	■	■	■	■	■	私人机构				
留学生	◇		◇	◇				◇		学会和刊物				
民间	■			◇	◇	◇		◇	◇	民间团体				
说明	图例：■ 主持；◇ 参与													

资料来源：作者绘制。

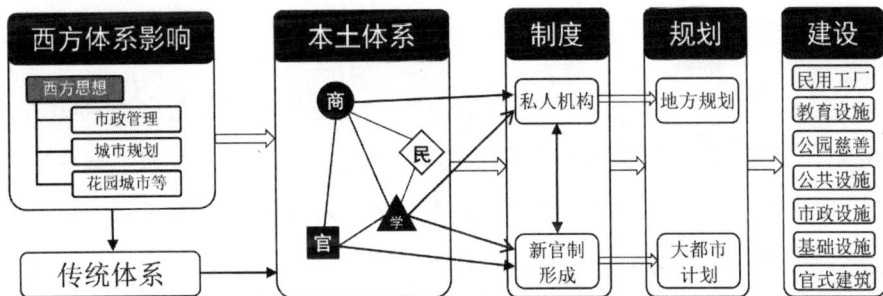

图 4　1920—1930 年代中国城市规划与建设发展模式

资料来源：作者绘制。

这些规划总体来说是在国民党政府官方组织下，有意识地学习西方技术，在建设之前先编制城市规划、绘制图纸，以便实施，尽管最终实施的并不多。聘请西方工程师或建筑师主持，留学生参与规划实现的。表现为方格网式平面图，加上中国传统建筑形式为主的市中心城市设计，直观表现了它

们是受西方体系影响,及坚持本土传统的思想共同作用下的产物。主要建设内容包括市政设施、基础设施、公共设施等,以及教育、工厂和大型官方建筑,如中山陵、中山纪念堂等等。

(二)地方主导

地方乡绅对地方事务的参与,自古有之。清末官府不力、地方自治思潮引入中国后,各地有乡村建设、地方自治等活动,地方乡绅、企业、学界等多种组织开始介入城市的规划与建设,取得丰富的经验和成果。有的制定了规划,如石家庄的石门商会领导了一系列地方建设,并由民间社团代表王襄主持制定了石家庄第一份城市发展规划,即《开展石家庄商埠计划书》(1929年)[5];有的没有制定"规划方案",但是全面领导了地方城市规划与建设,如张謇在南通(1895—1926年)[6],等等。

地方主导城市规划与建设,也通过聘请外国工程师和留学生,或者选派地方子弟出国留学等方式,学习和借鉴西方理论与经验,但是仍以本国传统为体系,目的在于构建新的本土体系[7,8]。

(三)留学生的工作

留学生在这个时期发挥了重要的作用。首先是直接参与官方和地方各种规划的制定、管理与主持实施等工作;其次通过翻译、著作和出版杂志等方式,向国内各界介绍西方市政理论、城市规划理论与经验;并在实践中参与各级政府和地方机构的相关管理事务。最后,1930年代末期开始,回国留学生开始参与大学的建筑、规划、市政、土木、水利等相关专业的教学工作,有的创办了新的系或学科,为本土规划与建设培养具有西方科学技术和规划思想的专业人士。吕彦直参与了首都计划的编制、董修甲等不但翻译、撰写了大量文章和专著,并且亲自参与各城市的市政管理与规划工作实务[9,10]。

三、1950 年代:建设期

1950 年代,中国的城市规划和城市建设主要学习苏联经验。苏联专家的工作,有积极与成功的一面,也有不切合当地实际情况的一面(图5、表3)。

表3　解放初:1950年代

主持/参与	规划建设类型									市政管理机构设置	思想/理论	学习西方	学习途径	备注
	制定规划	大型水利	工厂	基础设施	住宅	学校	医院	城市改造	农村建设					
官方	■	■	■	■	■	■	■	■	■	建设主管单位	苏联模式计划经济使用标准宏伟建筑	城市规划与管理机构初建、制定城市规划	苏联专家主持规划、留学生参与	以建设重工业基地为核心,开展城市规划与建设,形成一批新兴工业城市,拉开中国现代城市规划序幕
学术界	◇	◇	■	◇	◇	◇	◇	◇		学会和刊物				
民间	■	◇		◇	◇	◇	◇	◇		街道、村镇				
说明	图例:■ 主持;◇ 参与													

资料来源:作者绘制。

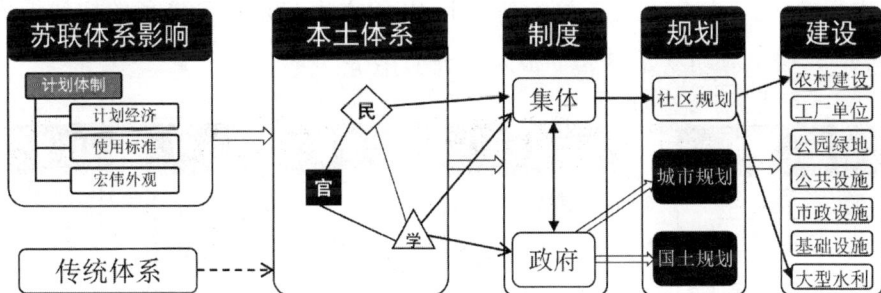

苏联体系影响　计划体制（计划经济、使用标准、宏伟外观） → **本土体系**（民、官、学）　传统体系 → 本土体系

本土体系 → **制度**（集体、政府） → **规划**（社区规划、城市规划、国土规划） → **建设**（农村建设、工厂单位、公园绿地、公共设施、市政设施、基础设施、大型水利）

图5　1950年代中国城市规划与建设发展模式

资料来源:作者绘制。

新中国成立初期,中国各地百废待兴。1950年代初,苏联选派了大批技术专家到中国来,帮助中国各行各业的建设工作,中国则从留学生和青年中挑选了部分人跟随苏联专家一起工作,一方面照顾他们的生活和工作,另一方面向他们学习。另外也选派大量年轻人到苏联去学习。

第一个五年计划期间,全国完成了7000多个工业及桥隧工程项目,以及住宅、学校、医院等生活项目,全部由国家出资。每个重要城市都有一个

建设计划。苏联的援助起了很大的作用。但是,中国共产党坚持,进口的一切都必须符合中国的具体条件,包括机器、技术、工艺流程、规章条例和观念理论等。当然,尽管如此,由于苏联被认为是先进的,则苏联的城市规划也被认为是先进的。另外,苏联专家与各级领导有共同的喜好,即追求高大和奢华,所以,苏联城市规划的一套做法很快主导了各地建设活动[11]。在有的城市,苏联专家能够根据当地的实际情况和条件来规划,效果就比较好。在有的城市,僵硬地套用苏联的用地指标,就有不切合实际的教训。

这个时期在政府主导下,中国城市规划全面学习苏联,主动与苏联式的社会主义指令式计划经济制度下的城市规划制度接轨,初步形成了基于城市设计和土木工程技术的学科特征[12]。

四、1980—1990 年代:发展期

1980 年代开始,改革开放背景下的大量实践与西方理论的理论与经验引进相博弈。同时,在经验累积基础上,开始本土规划理论体系的构建探索(图 6)。这个时期学术界起了很大的推动作用。

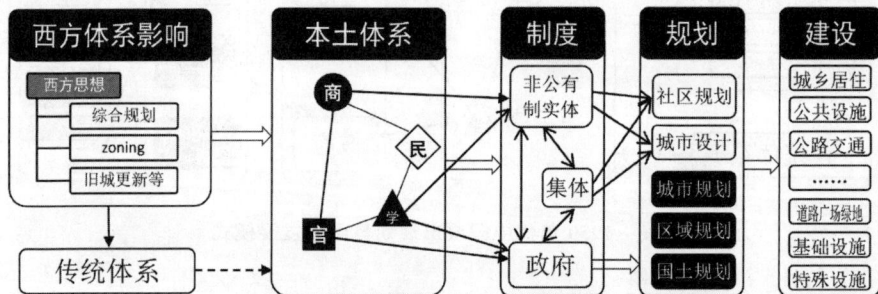

图 6   1980—1990 年代中国城市规划与建设发展模式

资料来源:作者绘制。

一改过去 30 年来只向苏联学习的情况,变为全面向国外(主要是西方,包括日本等国)学习,热情非常高涨。主要的方式是学术交流、选派留学生、翻译编辑学术著作,并且在主要的杂志上,如世界建筑、城市规划、国外城市规划等,通过连载方式,发表翻译和编辑论文,及时介绍国外的理论、思潮和

实例。全面了解西方的规划理论、历史、方法、技术，予以引进、学习、借鉴甚至抄袭，更有甚者，近年来大小城市的城市设计招标必须找外国人来设计，其实反映了缺乏自信[13]。在这个过程中，学术界起到了非常重要的作用，首先由学术界自发地、如饥似渴地希望把握世界先进的理论和技术，关于人本主义思想、重视生态、重视公众参与，及规划体系的建构等理论纷纷介绍进来，供中国借鉴是好的，但由此确立了"西方中心主义"的理论体系，则又走到了一个极端。然后由毕业生带到设计单位，在实践环节中使用，试图解决中国的问题。

然而，与苏联体系一样，西方的理论面对中国的社会背景和城乡建设问题，仍然存在水土不服的问题。首先，在城市发展阶段上，与西方不同步；其次，巨大的历史、社会背景、社会制度的差异，导致西方理论无法与中国现实很好地接轨。

五、2000 年代以来：繁荣期

这个时期中国城市规划实践更繁荣，法定规划和城市发展战略规划、突破行政界线的都市圈规划、城乡一体化规划、省域海岸带规划等各种非法定规划也纷纷出现。理论方面，一方面对国外理论的介绍持续不断，另一方面，有科学家群体有意识地构筑"人居环境科学"这个新的范式，取得了明显的成效。但是仍未能引起学界充分的重视（图7）。

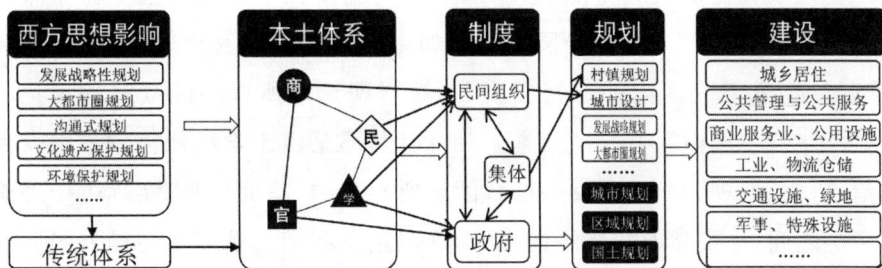

图 7　2000 年代以来中国城市规划与建设发展模式

资料来源：作者绘制。

1993 年，吴良镛、周干峙、林志群三位专家联合提出建立"人居环境科

学"学科群的设想[14],1995 年成立了清华大学人居环境研究中心。20 多年过去了,人居环境科学初见成效,结合实践,尤其是北京市、北京地区、京津冀地区的规划实践,完成了一系列国家自然科学基金重点项目研究;出版了一系列人居相关书籍、丛书和期刊;形成了以清华大学人居环境研究中心为核心、以大北京地区为依托的学术研究集体。由此构建起一个基于中国实践基础上的城市规划理论的新范式[15—20]。2011 年吴良镛教授被授予国家最高科学技术奖,是国家对人居环境科学的探索及其对规划实践指导作用的充分肯定。

然而,国内学术界对此并没有予以充分的重视和肯定,谈到理论,仍然孜孜不倦地以追随西方理论为荣,这是为什么呢?

首先,这是一个关于"城市规划理论研究"的范式问题,即如果研究人员的眼光只看到了西方理论,不把中国大地上、中国人主持的实践、中国人主导的理论建构"看做"研究内容,那么,在他们所谓的"城市规划理论研究"中,必然缺失对这个自近代以来实际上构成了中国城市规划主体内容研究。那么,自然就"没有"中国本土理论体系的存在。

其次,这也反映了国内学术界的一种陋习,即不愿意在别人提出的理论框架下做进一步的探索。每个单位、每个个人,似乎都必须自己提出一个新的理论体系;如若不能,则直接引用西方体系,也不愿给"别人"的理论添砖加瓦。如此,在研究的过程中,造成了很多的人员和精力的浪费,而每个人,终其一生所能够搭建起来的学术之塔又能够有怎样的高度呢?牛顿曾经说:"如果说我比别人看得更远些,那是因为我站在了巨人的肩上。"学术其实是不分单位、个人,也不分国界的。如果一个理论是真理,那么它就应该能够指导"适用范围内的所有实践"。规划理论之所以与纯理科的理论相比,多了一些"国内"、"国外"、"本土"的问题,那是由于学科研究领域涉及到政治、历史、地理、社会、人文等综合因素所导致的,除此之外,实际上中外规划理论之间,也仍然有很多相同之处,这也正是我们仍然需要与国外经验和理论相互交流、学习的原因所在。

本文之所以认为人居环境科学堪称中国城市规划理论的新范式,并非以国家最高科学技术奖为标准,而是从它对实践的指导效果,以及它与国际上沟通式规划理论、协作性规划理论等规划理论的新范式有诸多相通之处而论起的。

实践方面，从 1990 年代人居环境科学构建之日起，学界承担起了推动京津冀地区区域协调发展的责任，在 3 地官方尚未有特别多共识的时候，就高屋建瓴，多方推动，近 20 年过去了，京津冀地区城乡空间发展规划研究报告出了 3 期，对北京、天津、河北省近期城市总体规划有指导性作用。重点关注地区协调与合作、环境治理的区域解决方案、北京建设世界城市过程中所面临的诸多问题等等。2014 年伊始，北京已决定修编实施近 10 年的城市总体规划，其指导思想，就是基于京津冀地区协调发展，即人居环境科学的思想。

理论上，人居环境科学所倡导的区域协作、多学科与多主体协作、公众参与规划，以及"以问题为导向"等观念，均与西方沟通式规划、协作性规划理论有异曲同工之妙。这些工作表明，人居环境科学理论正在引领中国城市规划理论发展的范式转变，同时，它也为世界城市规划理论的范式转变，提供了一定的依据，为世界城市规划理论的发展做出了自己的贡献。

结论和展望

首先，无论在什么时候，引介和参考西方，或者其他国家的经验、理论作为参考，都是有益和必要的。其次，无论哪一国的理论，先进的或不先进的，都不能替代建立在本国实践基础上的本土理论探索。第三，那种认为把西方先进、成熟的规划理论引进中国，指导中国实践就可以了的想法，是不现实的。第四，怀有照搬理论信念的人，还很难意识到一个非常重要的问题，就是，他从此很难"看到"国内正在进行中的、丰富多样的实践，以及他们所有可能构筑出来的理性的前景。

梳理中国自 1840 年以来五个典型阶段中，城市规划实践与理论发展的历程，我们可以清晰地看到在学习外国经验，与构建本土体系两者所构成的张力网络中间，中国城市规划理论体系逐渐萌芽、发展、形成，并卓有成效地指导着本土实践。未来的发展仍然需要学界和社会各界的重视和支持，仍然需要加强与国外学界的交流与合作。但是，首先必须有足够的民族自尊心和自信心，才能够"睁眼看到"本土规划的成果。

参考文献

[1] 吴志强,于泓. 城市规划学科的发展方向[J]. 城市规划学刊,2005(6):2—10.

[2] 吴良镛. 通古今之变·识事理之常·谋创新之道[J]. 城市规划,2006,30(11):30—35.

[3] Cao,K.,Zhang,Y. (2013) Urban planning in generalized non—Euclidean space. Planning Theory,12(4)335—350.

[4] 陆丹林. 市政全书[M]. 上海:道路建设协会,1928.

[5] 王骧. 开展石家庄商埠计划书[J]. 河北工商月报,1929(3):19—31.

[6] 吴良镛. 张謇与南通"中国近代第一城"[M]. 北京:中国建筑工业出版社,2005.

[7] 于海漪. 南通近代城市规划建设[M]. 北京:中国建筑工业出版社,2005.

[8] 于海漪. 重访张謇走过的日本城市[M]. 北京:中国建筑工业出版社,2013.

[9] 董修甲. 市政新论[M]. 上海:商务印书馆,1924.

[10] 董修甲. 我国大都市之建设计划[M]. 武汉:武汉市市政委员会秘书处编译室,1929.

[11] 华揽洪. 重建中国:城市规划三十年(1949—1979)[M]. 李颖,译. 北京:三联书店,2006.

[12] 李百浩,彭秀涛,黄立. 中国现代新兴工业城市规划的历史研究——以苏联援助的156项重点工程为中心[J]. 城市规划学刊,2006(4):84—92.

[13] 邹德慈. 刍议改革开放以来中国城市规划的变化[J]. 北京规划建设,2008(5)16—17.

[14] 吴良镛,周干峙,林志群. 我国建设事业的今天和明天[M]. 北京:中国城市出版社,1994.

[15] 吴良镛. 人居环境科学导论 Introduction to Sciences of Human Settlement[M]. 北京:中国建筑工业出版社,2001.

[16] 吴良镛. 京津冀地区城乡空间发展规划研究 Research on the Rural and Urban Spatial Development Planning for the Great Beijing Region. Beijing,Tianjin and Hebei [M]. 北京:清华大学出版社,2002.

[17] 吴良镛. 京津冀地区城乡空间发展规划研究(二期报告) The Second Report on the Rural and Urban Spatial Development Planning Study for the Capital Region. Beijing,Tianjin and Hebei [M]. 北京:清华大学出版社,2006.

[18] 吴良镛. 人居环境科学研究进展(2002—2010)[M]. 北京:中国建筑工业出版社,2001.

[19] 吴良镛. 中国人居环境史[M]. 北京:中国建筑工业出版社,2013.

[20] 于海漪. 基于复杂性科学的人居环境科学方法论研究[D]. 北京:清华大学建筑学院,2001.

◎ 基金项目:本论文获得北京市属高校人才强教项目
          (067135300100)与北京市教委科研计划项目
          (Km201310009009)资助。

◎ 作者简介:于海漪,北方工业大学建筑与艺术学院副教授;
          文　华,北方工业大学建筑与艺术学院硕士生;
          许　方,北方工业大学建筑与艺术学院副教授。

文都魅力与泉州城市空间布局耦合研究

◈ 余美生

前　　言

　　城市是文化的载体。"人类所有的伟大文化都是由城市产生的。"城市的兴起,是因为人群的聚集而促进了文化的发展;文化发展到一定阶段,会反过来要求城市改变形态,以适应人类社会的发展。城市既传承历史文明,又承载现代文明。城市在长期的发展中,经过积累、沉淀、改造和创新,必然形成特有的城市文化,并成为支撑城市发展的内在力量。城市是人类最伟大的文化创造,它的文化价值是其得以延续、发展的决定性因素。[1]

　　泉州是中世纪影响世界的海上丝绸之路的起点城市,是中国首批公布的 24 个历史文化名城之一,是一座令人瞩目的独特城市。泉州文化源于中原河洛文化,吸引融汇了闽越文化、海洋文化、东南亚和欧洲文化,中西文化交织融合,既充满中国精神,又流淌着人类多元文化的血液。泉州有着海纳百川的文化胸怀。

　　2013 年 8 月 26 日,泉州与韩国光州和日本横滨共同成为首届"东亚文化之都"。"东亚文化之都"这块足金的国际文化招牌落户泉州,必将扩大泉州与东亚国家以及世界国家之间的文化交流与发展。泉州城市正面临着由城镇化向都市化过渡的关键时期,泉州湾正成为泉州都市区新中心,向湾环湾同城化是未来泉州城市的发展战略。本文结合泉州城市和文化的发展变迁、发展现状及存在的问题,加强泉州文化与泉州城市空间布局的耦合研究,以促进泉州文化的公共"绿地"网络建设和泉州湾"田园都市"的构建,为推进泉州城市与文化的繁荣与发展创造条件。

一、泉州文化魅力的展现

(一)泉州历史文化传承

1. 秦汉时期的闽越文化

泉州最早的居住者是闽越族。闽越是福建战国秦汉时代的民族。闽越文化是一种混和文化,它是在商周土著文化的基础上,吸收了吴越文化和中原文化的进步因素融合而成的新的文化形态。先进的铁制农具的使用和传统的"火耕水耨"的耕作方法相结合,"饭稻羹鱼"的生活方式,发达的制陶工艺,独具特色的建筑业,历史悠久的纺织业和造船业,是其物质文化较为突出的几个方面;以干鱼祭祀,断发纹身,以蛇为图腾,长住娘家,迷信鸡卜,拔牙饰齿,则构成了其精神文化的主要内容。闽越文化对泉州文化的形成和发展产生了深远的影响,是泉州文化不可分割的一个重要组成部分。[2]

闽越文化时期,泉州先民就已"善于造舟",能够造独木舟用于海事活动。由独木舟发展而来"舤写船"形状象一只栩栩如生的水鸟,是福船的前身。在公元后的十六个世纪里,福船以它优良的性能、先进的技术成为世界上最先进的船种之一。闽越文化中对鬼神的崇拜还长期左右着泉州人的精神世界和日常生活。泉州人的"拍胸舞"据专家考证也源于闽越祭礼舞蹈(图1)。至今在一些闽南人身上还看到闽越人不畏风高浪大,善于博击海浪,善于向外拓展生存空间精神的影子。

2. 西晋时期的中原文化

西晋年间,中原发生五胡乱华,中原河洛人衣冠南渡,士族大批入泉,多沿江而居,泉州晋江、洛阳江由此得名,河洛人带来了中原先进的生产技术和文化知识,使晋江、洛阳江两岸得到迅速开发,今泉州自此兴起。河洛语之一闽南语系成为泉州的主体语言。迄今泉州每个家族的姓氏均对应一个或多个郡望堂号,代表了泉州人的古代中原来历。现在泉州地区的王、林、

图1　泉州拍胸舞

陈、黄、郑、唐、邱、何、胡等姓氏的祖先,多来自于中原。

3. 宋元时期的海洋文化

泉州文化从唐代开始发展,唐代泉州已经成为中国四大外贸港口之一。宋元时期进入全盛时期,成为海上丝绸之路的启锚地,世界最大的海外交通贸易港之一,与100多个国家和地区通商,"市井十洲人"、"船到城添外国人",都是描写当时泉州海交情况的盛况。同时,世界各大宗教也随着经济和文化的交流而传入泉州,使它成为具有一座世界性宗教文化特征的城市。当时泉州的主要通商贸易伙伴是波斯人和阿拉伯人。来华经商或进行宗教活动的伊斯兰教徒甚多,据传穆罕默德的门徒三贤、四贤,于唐代武德间来泉,死后葬在东郊灵山,世称圣墓,其墓尚存。位于晋江市的草庵寺和摩尼光佛石刻造像,是中国唯一仅存的,也是世界现唯一仅存的摩尼教寺庙遗址和古代摩尼石刻造像,是研究世界宗教史和海丝文化的重要史迹。泉州标志性雕塑、建筑如老君岩、东西塔、洛阳桥、五里桥、清净寺都是那个时代建造的(图2)。朱熹有诗云:"此地古称佛国,满街都是圣人"。

图2　清净寺

4. 明清时期的南洋文化

元朝末年的动乱,使泉州受到很大破坏。明朝建立后,为防备倭寇,推行禁海政策,更导致泉州海外交通的衰落。郑和下西洋,第五次"前往西洋忽鲁谟斯(今伊朗霍木兹——引者)等国公干",曾经在泉州停留(见泉州灵山《郑和行香碑》)。但此后就默默无闻了。16世纪以后,西方殖民者东来,传统的海上丝路交往逐渐消失。

在明末到清末这段历史时期,国内战乱不断,民不聊生。泉州在当时荒乱穷困,人多地少,老百姓生活极度难以维持,为了谋生计,维持家庭生活,改变个人或家族的命运,躲避战乱,老百姓一次又一次、一批又一批地到南洋谋生。下南洋的泉州人融入当地社会,在各行各业发挥着自己的光与热,推动了所在国经济、政治、文化以及社会的发展,涌现了许多泉籍工商巨子。20世纪下半叶以来,随着东南亚经济行业的扩展,东南亚逐渐形成一些蜚声

国际的企业集团,如新加坡华侨银行集团(南安人李光前之子李成伟为董事局执行委员会主席)、印尼黄奕聪家族(祖籍泉州罗溪)的金光集团、郑少坚(祖籍泉州永春)的首都银行集团、郑周敏(祖籍泉州晋江)的亚洲世界(国际)集团、马来西亚林梧桐家族(祖籍泉州安溪)的云顶集团等,这些企业集团都是旗下拥有数十家企业,经营多元化、实现跨国经营的大型华资企业集团。他们是泉州人的骄傲。泉州人在南洋,如同一张富有历史厚重感的品牌名片,向海外友人展示着华人群体的朝气与活力。

泉州人到海外异域去谋生,并不是一件轻而易举的事情。他们需要乘木帆船(晚清以前还没有轮船和飞机可乘)穿过惊涛骇浪的大海,才能到达彼岸,没有一点冒险精神是不行的。到达彼岸后,还要有艰苦奋斗和各种谋生之术,"爱拼才会赢"。这就逐步形成闽南人性格比较开朗、富有开拓精神,敢于冒险、敢于进取、敢于拼搏的特点和商品意识的观点。这是闽南人人文最大的特点,是与华侨的影响息息相关的。广大华侨从海外(主要是东南亚)看到一些比较好的文化,就自觉不自觉地带回故乡来传播,并成为泉州文化的一部分。海外华侨具有敢于冒险、敢于拼搏的精神;兴学重教的风气;重视乡情与亲情的传统对泉州文化的影响比宋、元时代阿拉伯等国商人对泉州文化影响的时间更长、人数更多、范围更广、影响更深、贡献更大。"东亚文化之都"的美誉赐予了泉州人一个契机,也赐予了600多万海外华侨华人一个契机,去挖掘泉州文化的美、包容以及价值。

5. 清末民初的闽台文化

宋代台湾澎湖划归福建路泉州府晋江县管辖,元朝设澎湖巡检司,台湾本岛归其管辖。明代,大陆沿海人民经常驾船到台湾"以规渔盐之利",台湾成为中国东南经济区的组成部分。天启年初,郑芝龙等一帮福建人跟随颜思齐从日本驾船航海到台湾,建立海上活动基地,从事"耕猎"生产和海上商业活动。就在此时,荷兰与西班牙等西方殖民者东犯,侵略中国台湾。清顺治十八年郑成功驱逐荷兰殖民者、收复台湾,被尊崇为伟大的民族英雄(图3)。数百年来,民族英雄郑成功的名字与宝岛台湾紧密地连在一起。

泉州与台湾隔海相望,百姓同根,血脉相连,语言相通,习俗相近,泉台关系源远流长。泉州是台湾汉族同胞主要祖籍地之一,台湾文化是闽南文化的延伸,两者同源同质,与中华文化一脉相承,两岸文化交流融合明显。

图 3　马上成功塑像

(二)泉州文化地域分布特点

泉州文化地域分布特点可用"胜、容、拼、勤、聚"五字来形容。

1. 泉州文化的"胜"

泉州文化的"胜",即"胜境"。枕山面海,四水归湾、八山环湾、紫气东来(图 4),是泉州城市地理的显著特征,泉州山海文化气息兼备。泉州属亚热带海洋性季风气候,冬短而无严寒,温暖湿润,四季如春,古诗称泉州"四季有花常见雨,一冬无雪却闻雷",有"温陵"雅称。

2. 泉州文化的"容"

泉州文化的"容",即"包容"。是指古越族文化、中原文化与古代波斯、阿拉伯、印度和东南亚等诸种文化,在泉州相互激荡和相互融合而绽放出的人类和平与文明的多元文化绚丽花朵。泉州文化虽然来自于黄河流域的中原文化,但她吸收了本地闽越文化,在对外商贸活动中又融化了外来民族的海洋文化,海纳百川,兼容并蓄,培养了泉州人的商贸和商业气质。

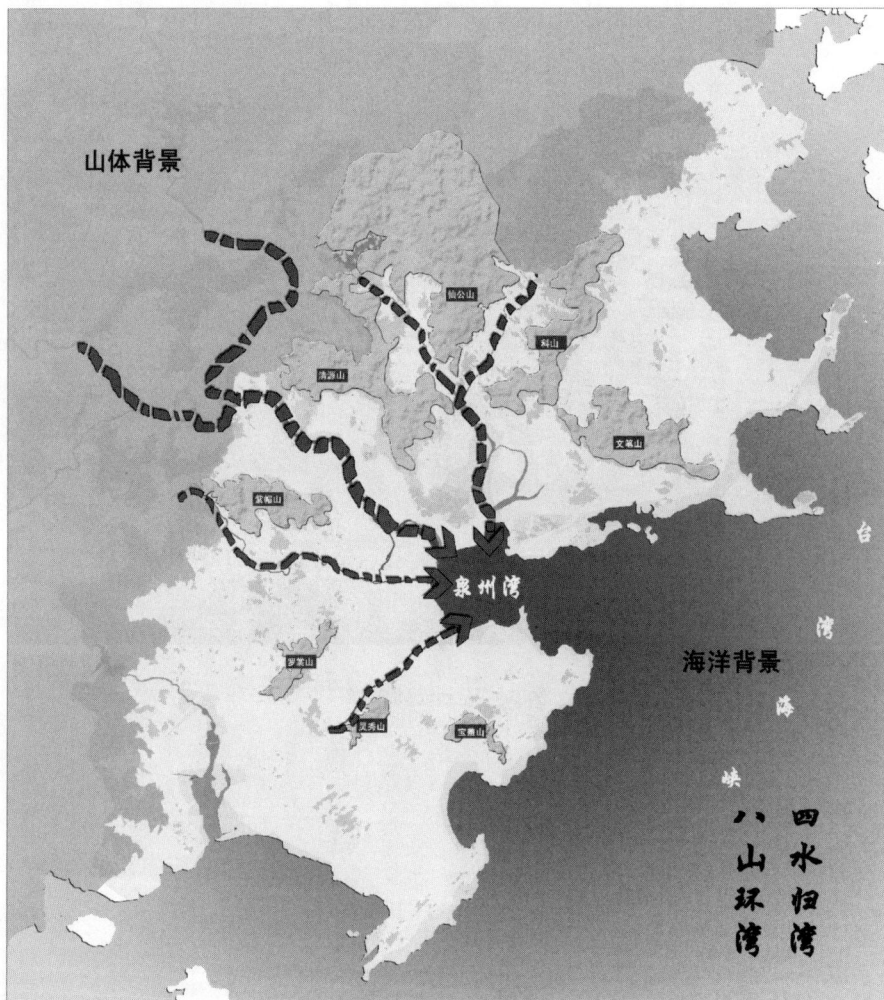

图 4　山水格局图

　　多元包容的泉州文化多集中分布在泉州湾环湾区域。泉州至今仍拥有各级重点文物保护单位 802 处,有道教、佛教、伊斯兰教、景教(古天主教的一个支派)、天主教、印度教(婆罗门教)、基督教、摩尼教(明教)等诸多宗教,历史悠久、史迹丰富(图 5)。外来宗教文化与本土儒、道、释文化互相渗透,相互吸收,和睦相处。泉州被誉为"世界宗教博物馆"。1991 年春节,联合国教科文组织"海上丝绸之路"考察团专程到泉州考察,总领队迪安博士在考察后认为:"中国对外部世界的开放在泉州得到充分体现","我们看到泉州

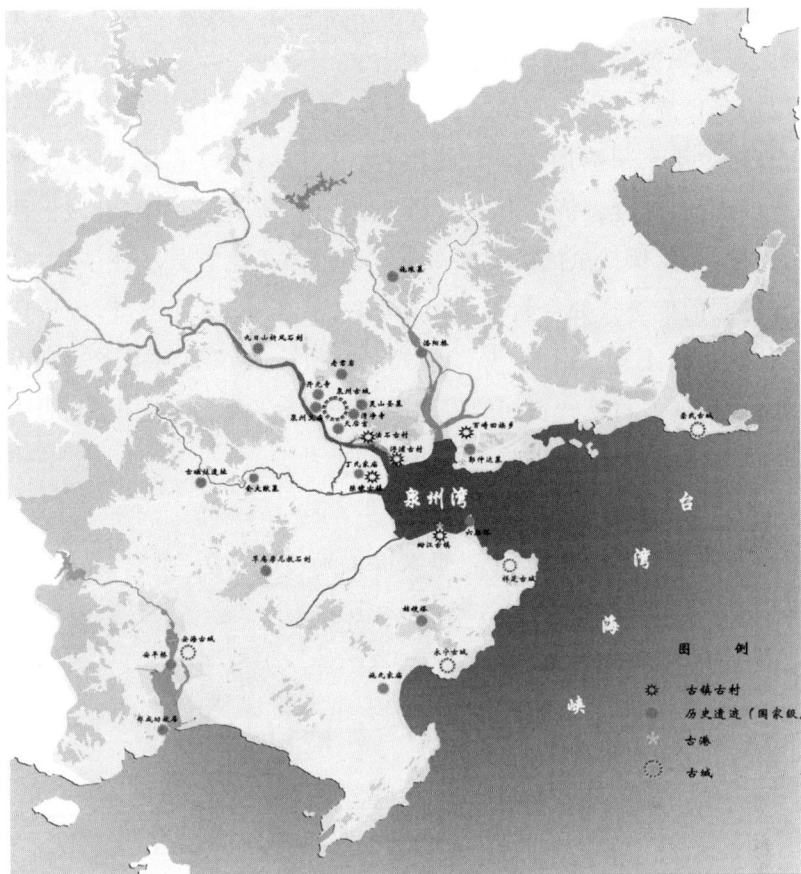

图5　历史遗迹分布图

是一个不同信仰不同民族相遇、文化交流、和平共处的城市。"首个"世界多元文化展示中心"就建在泉州中心城区。

3. 泉州文化的"拼"

泉州文化的"拼",即"拼博"。"三分天注定,七分靠打拼,爱拼才会赢",一首闽南语歌曲《爱拼才会赢》唱出了泉州人奋斗拼博的精神。

郑成功,泉州市南安石井镇人,汉族,明末清初军事家,明末抗清名将,民族英雄。郑成功虽然贵为官家公子,但他的创业历程却是极其艰难的,其间经过许多大起大落的曲折,始终没有改变勇往直前的气概,凭着有限的阅历,竟能百折不挠,屡屡于万难中开拓出新局面,在他的身上富含泉州文化拼搏进取的精神。1658年郑成功率军北伐,在南京遭惨败,退回厦门。清军

逼迫得很紧,而且对金、厦实行严密封锁,郑军陷入困境。出路在哪里?郑成功竭力寻求新的开拓机遇,决定东征。终于绝处逢生,在困境中闯开一条新路,为中华民族立下收复台湾的千古奇勋。

晋江市位于泉州湾南岸。晋江以占福建省 5% 的土地,创造了福建省 9% 的工业产值;综合经济实力连续 17 年居福建省县域首位,县域经济基本竞争力连续 10 年保持全国第 5 到 7 位——这是福建省县域经济发展"排头兵"晋江抒写的传奇。如今晋江已有 32 家企业在境内外上市,数量居全国县级首位。持续让人惊艳的"晋江模式"、"晋江经验"如何得来?一个又一个"晋江传奇"如何写就?晋江的发展,得益于晋江人解放思想、敢为人先的胸襟和气魄,永不满足、爱拼敢赢的闯劲和干劲。

4. 泉州文化的"勤"

泉州文化的"勤",即"勤劳"。惠安位于泉州湾北岸,惠安女她们以奇特的服饰(图 6),勤劳的精神闻名海内外。惠安女以吃苦耐劳闻名于世,大多以渔业为主。当男子出外谋生或出海打渔时,惠安女成了建设家乡的主力军。她们善家务、多才艺,不论下海、耕田、开公路、修水利、锯木、扛石头、拉板车,还是雕石、织网、裁衣和经商做买卖,敬公婆、教子女,不分粗活、重活、细活,事事能干、样样出色,里里外外自然成了勤劳的代名词。惠安女因美丽、勤劳、贤惠和一身奇特服

图 6 惠安女

饰而著名,不仅成了惠安的一道独特民俗景观,更为惠安增添了难以言表的魅力,吸引了众多慕名而来的游客。

惠安石工天下闻名。从采石场到作坊,石材多半由女人用肩膀抬出。她们或二人或四人搭伙,一根粗而短的竹杠,下边套着硕大粗砺的花岗岩石条,每条重数百斤,扎扎实实压在了这些海的女儿双肩之上,一路微喘轻叹,不避烈阳的脸上挂着汗珠,此景此情,让人怜惜、让人震撼。人们习惯于把

女性和水联系在一起,女人的智慧和灵气都近于水。惠安女更多了一层石质的坚硬和沉稳,执着坚定的男子气概。在这里,海水和石的矛盾对立且和谐,两种不同的质的结合创造出新的美感,坚定和婉丽,刚强和柔和,形成海边最美的风景。

5. 泉州文化的"聚"

泉州文化的"聚",即"凝聚"。唐末五代王审知入闽以及南宋王朝的南逃泉州,又形成了许多中原家族迁徙泉州的高潮,其中,就有许多移民涌入了自然条件比较优越的晋江流域,他们与原先的土著居民之间就产生了争夺生存空间的斗争。艰难的迁徙与争夺生存空间的斗争,使得迁移入泉的中原士民不得不重视家族的力量,以取得必要的生存空间,而在当时行政控制力量不强的条件下以血缘关系为基础的家族是获得、巩固并拓展空间的最有效的群体形式,也是移民的唯一选择。因此,这些移民徙泉后,为了取得生存空间,就必须以家族的力量作后盾,采取聚族而居的方式以适应新环境,稳固自己已占有的生存空间,并拓展本家族的社会势力。重家庭、睦家族,相亲相爱,团结互助,"家文化"的凝聚力是泉州文化的好传统。改革开放后以"家文化"为凝聚力的家族企业在泉州得到了快速发展,家族企业在经营理念上强调至诚守信,以和为贵,以家为归宿。"十分天下有其九。"谈起泉州经济,发达的民营企业是避不开的话题,而泉州民企90%是家族企业,家族企业的经营与兴衰对泉州经济的发展有着举足轻重的影响。

泉州晋江西溪流域英都、仑苍地区,是洪姓族人集居的区域。洪姓族人在"家文化"的感召下,奋发图强,大力发展水暖器材产业,已成为"全国水暖器材之乡"、"中国水暖城"、"中国卫浴名镇"。英都农历正月初九日有气势磅礴的"拔拔灯"民俗活动(图7),拔拔灯源于古代英溪的纤夫拉纤,是一种集民

图7　南安英都拔拔灯

间信仰、岁时节令、民间音乐、民间舞蹈为一体的民俗活动。英都自古就是

南邑富庶之乡,境内的英溪是古代"海上丝绸之路"的内河,溪道"九曲十八弯",水急滩险,来往航运只能用驳船运输,到逆水行舟的时候,就需要船夫拉纤,俗称"拔船"。拔拔灯以粗绳系灯,每阵领头由一青壮年胸前缚一扁担,肩负大绳,作船夫拉纤状弓身前行,拉动灯阵向前行进,状如拔船(拉纤),整条灯阵的灯火长明,绵延数里,"拔拔灯"由此而来。这种"游灯闹春"民俗活动凝聚了人心,表达了人们企盼河运平安,年丰丁旺的美好愿望。许多外出打工的人因为工作或者其他原因会来不及回家过春节,但是都会努力赶在正月初九日前回来,加入"护灯"的行列。

家族文化的凝聚力,造就了家族经济的繁荣,形成了泉州独具特色的产业集群。如安溪的茶都、德化的瓷都、晋江陈埭的鞋都、南安水头的石材城、惠安的石雕城、石狮的服装城等。

(三)泉州文化的魅力

山海文化、闽越文化、中原文化、家族文化、海洋文化、闽台文化形成了泉州人开放包容、诚信重商、重义争利、勤劳慧智、爱拼敢赢的人文性格特质。泉州人就如地上生长的木瓜树(图8),硕果累累仍花不凋果不绝。

泉州古城中心有通淮关岳庙,主祀关羽,增祀岳飞。是祭祀文(孔子)武(关羽)圣的著名古迹,

图8 木瓜树

也是福建省现存规模最大的武庙。门口楹联有"诡诈奸刁到庙倾诚何益;公平正直入门不拜无妨",表达了泉州人追求"公平正直"的人格魅力。

二、泉州文化对城市发展变迁的影响分析

从千年来泉州的迁治和城市建设来看,州治呈现出由西而东,由北而南,向海发展的特点。

吴永安三年,中原人南迁晋江河畔,背九日山面晋江筑丰州城,泉州始兴中原文化。唐久视元年,海交文化兴起,城市沿晋江东移,背清源山面晋江筑唐城,环城植刺桐,故名刺桐城。宋元时期海丝文化鼎盛,泉州成为国

际上最大的商港之一，一座屹立于东南滨海的宏伟石城了。明清政府采取禁海的政策，倭寇的骚扰和西方殖民者的东来，泉州港地理的变化等原因，明代以后，泉州海外交通贸易衰落了，海港地位先被漳州的月港，后被厦门港所取代，大量人口下南洋、过台湾，城市衰弱。

改革开放后受华侨文化影响，经济飞速发展，保古城建新城，泉州城市东移。跨世纪以来泉台关系密切，石狮、晋江、南安、惠安、泉港城市崛起，台商投资区设立，泉州市政府由古城东移泉州湾畔的东海，泉州海湾城市略具雏形（图9）。

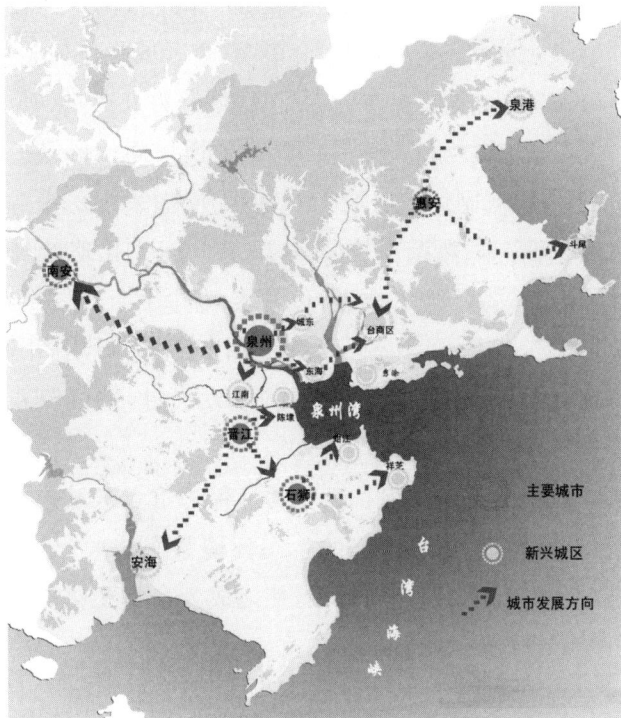

图9　城市变迁图

三、泉州文化与泉州城市空间布局的耦合研究

（一）"魅力文都"——划定泉州文化生态保护区

泉州是有魅力的。闽南语保留着唐宋的古音，甚至泉州的两条江一条叫晋江、一条叫洛阳江，也是为了让后代人记住，闽南人是在晋朝时候从洛阳来到这里的。泉州藏着闽南真正的魂灵，藏着最纯粹的传统中国，享有中国最正统文化塑造的精神秩序。[3]

2014年由文化部批准实施的《泉州市闽南文化生态保护区整体性保护重点区域建设方案》公布,全市20个区域将作为整体性保护的重点区域,此举在全国尚属首次。重点保护区域分为九大类,其中,历史文化街区保护区域1处,历史文化村镇保护区域3处,民间信俗保护区域1处,民俗保护区域6处,传统戏剧保护区域1处,传统技艺保护区域4处,传统体育保护区域1处,传统音乐、舞蹈保护区域2处,闽南文化遗产展示保护区域1处。重点以古村落、古镇为单位进行保护。保护区的设立要让6000万闽南人"看得见乡愁"、"听得见乡音";要让闽南文化认同,上升到中华文化认同;要让闽南文化承担起维护两岸关系和平发展、推进祖国和平统一大业不可替代的作用。

闽南文化生态保护区整体性保护重点区域应与泉州城市所处的背山面海、环湾向海、山环水抱的生态环境紧密相融,与永久性基本农田保护相结合,严格控制城市增长边界,使之成为泉州文化的公共"绿地"网络得到最严格的保护(图10)。

(二)"田园都市"——进行泉州城市空间再布局

1. 泉州建设都市区的必要性

尽管泉州不像其他城市那么毫无抵抗地接受现代城市的居住秩序,但围绕泉州湾,已经形成了大都市的雏形,建设环泉州湾的大都市,是21世纪泉州城市化不容推卸的使命。

泉州的乡镇企业发展十分迅速,工业化已走过了它的初级阶段,到了需要产业升级的时候,到了劳动密集型产业向资金密集型和技术密集型产业过渡的时候,到了需要用先进技术来改造传统产业的时候,到了提高企业创新能力的时候。现代企业需要信息、通讯、金融、仓储、物流、广告、设计和各类咨询机构、中介机构为他们服务,需要科技、教育为他们服务,需要发达的商贸业为他们营销产品,所有这些第三产业都需要以城市为载体、依附城市发展。工业的深度发展需要人才,而人才要靠具有现代化生活条件的大都市人居环境来吸引,来聚集。没有大城市,没有发达的第三产业、没有人才,泉州的工业化就难以步入成熟期。泉州市的工业化,经济都难以有质的飞跃。

图 10　文化生态保护区分布图

　　构建大都市,可以有效地整合、利用资源。首先,泉州 427 公里海岸线上有众多的天然良港,除肖厝港外,还有福建省唯一能停靠 30 万吨油轮以及第六代、第七代集装箱大型货轮的斗尾港,只有建设大城市,才能扭转目前各地纷纷建港口,港口资源无法统一优化利用的被动局面。其次,可以有效地利用土地资源,避免因各自利益的矛盾无法使土地资源优化利用,更好

地为城市建设积累大量的资金。第三,能统一利用水资源。泉州的水资源低于全国、全省平均水平。水资源紧缺是今后制约泉州市经济发展的瓶颈。只有建设大城市,才能有效调配水资源,避免因各自利益而引起水荒和争水的情况发生。第四,才能统一规划建设大型的基础设施,如快速的汽车专用道、轻轨等。[4]

2.“田园都市”的基本思路

泉州市区已向泉州湾跨进,在泉州湾周边,晋江市区、石狮市区是经济实力最强的城市建成区,再加上惠安的南部、南安东南部,是泉州半小时城市群实实在在的经济核心。泉州后渚港水浅泥淤,秀涂港即将取代后渚成为泉州中心市区的港口,泉州台商区、泉州市区、晋江市区、石狮市区,恰恰围着泉州湾绕了一圈,实际上一个环泉州湾的滨海城市的雏形已经显现出来了。泉港石化一体化已具规模;泉惠石化已启动,惠安惠西已吹响了开拓的号角,斗尾港也将建成上海到深圳之间的国际深水港、中转港;泉州将向东延到湄洲湾,向南至晋江、石狮南部,向西扩向霞美、磁灶、紫帽、洪濑、马甲连至南安市区、水头、安海、罗溪。泉州大都市将可能成为以安(溪)永(春)德(化)县城、南安市区、环泉州湾城市核心区为主体,以惠安、泉港和安海、水头南北新城为两翼的展翅高飞的雄鹰。

霍华德的《明日的田园城市》是现代城市建设的思想之源。霍华德认为应该建设一种兼有城市和乡村优点的理想城市。田园城市实质是一个城市与乡村的综合体,是若干田园城市围绕中心城市呈圈状布局而构成的“城市组群”。城市之间布置农业用地,田园城市的中央布置公园,城市外围地区建设工厂、仓库,主干道从中心向外辐射,建设环形的林荫大道,城市之间通过铁路联系。[5]

泉州城市空间应如何布局?泉州城市发展正处于城镇化向都市化转型的关健期,城市和城镇无序漫延正损毁着泉州美丽的容颜。泉州城市的发展环境是比较适合于田园城市空间布局理论,泉州城市的合理规模在 800 万人左右,其中泉州湾都市核心区 500 万人,外围新城 300 万人。空间布局上形成“一主五新”圈状布局的城市组群:一主为环泉州湾中心城市,由环湾的台商区、泉州市区、晋江市区、石狮市区组合而成,各市区之间通过向泉州湾汇集的二江二溪水系和绿化廊道进行分隔,主城中央利用泉州湾及环湾滨水绿带布置中心公园,环湾区域为城市高端服务职能环,中间为生活和都市工业环,外为高新技术产业环和环形林荫带;围绕泉州湾中心城市圈状布局崇武、惠安、南安、水头安海、金井围头5个新城市,新城功能以发展现代农业,培育先进制造业和战略性新兴产业为主;加快人口和高端服务业向泉州湾中心城市集中,工业向外围新城集聚,最大限度地提高土地的利用效率,把提升城市品质作为政府的首要任务来抓;主城与新城之间布置永久性现代农业、休闲绿地、山体生态文化保护用地;中心城市与外围新城市之间通过快速路、轨道交通相连接。从而构建中心环绕、文化相融、山水分隔的泉州湾田园都市(图11)。

泉州正跨入"城市时代",大量的农村人口加速向城市流动,小城市正在成为中等城市,中等城市正在成为大城市,大城市正在变成近千万的特大城市。泉州应借"文都魅力"的东风,下大力气保护城市生态文化资源,坚持城市生态设计思想,强化主城和新城中心及周围永远保留广阔绿带和田园用地的原则,使整个城市处于绿色的环抱中,防止工业区盲目选址,城市"摊大饼"式地向外扩展。泉州主城、新城内部结合各自山水条件,设置绿核和绿带,绿核和绿带和外围的农业用地、生态文化保护区,通过林荫大道联通,形成蜘蛛网状的绿色开敞空间。让主城与新城之间的田园成为市民运动、休闲、欢乐的海洋。

(三)"公平正直"、"生态文明"——构筑泉州都市区灵魂

让"生态文明"之风吹遍泉州大地。让泉州城市和乡村健康、公正、可持续地发展。建设一个人与自然和谐、人与人和谐、乡村与城市和谐,充满"文都魅力"而又富有"田园都市"风采的泉州都市区,一个"影响东亚、面向世界的多元文化都市"。

结　语

泉州古为蛮荒之地,近代又多为前线,人多地少,自然环境恶劣。泉州民营经济扬名天下,涌现了一大批敢闯敢干敢赢的民营企业家。现在泉州集聚了200多万外来务工人员,城市规模每年以十多平方千米的速度拓展,

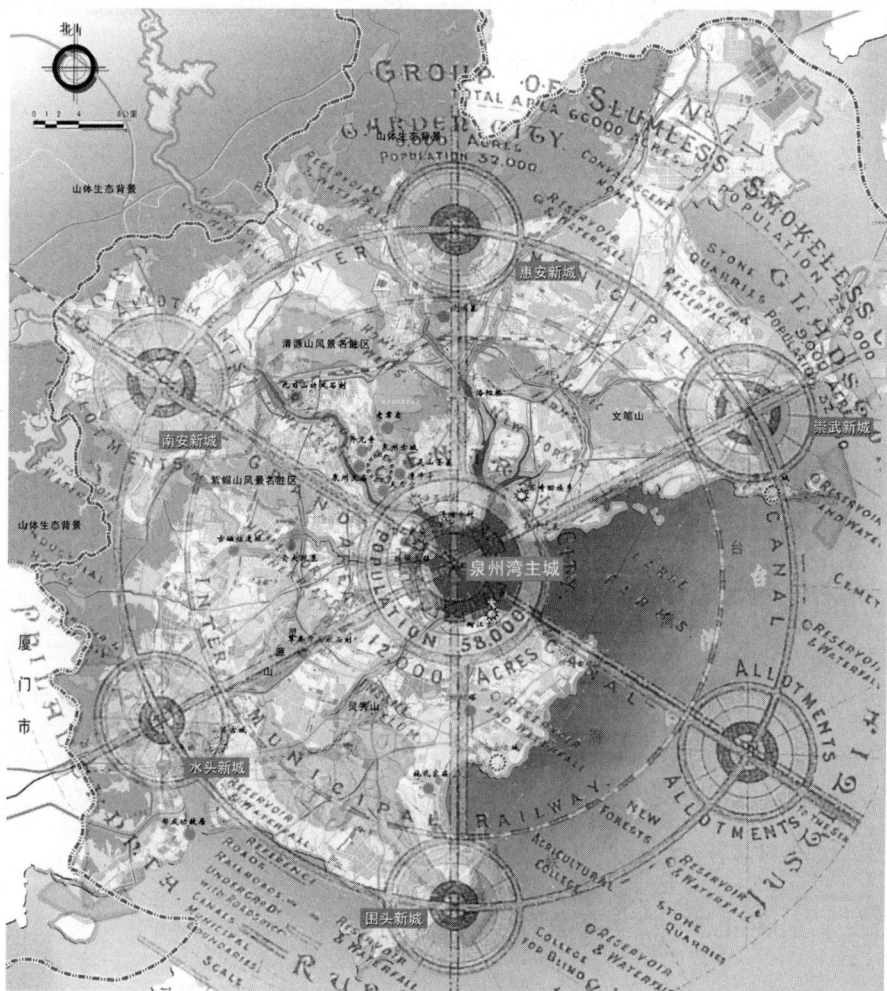

图 11　田园都市空间布局图

经济总量十多年保持福建省第一,泉州人还能够守着顽固的信仰,内心坚定而安宁吗?

回应《南方人物周刊》——中国十座宜居小城之泉州,泉州人的思想是矛盾的。

泉州本地人——

"现代化又能怎样?像厦门?像上海?像北京?像深圳?千城一面万城一像的现代化,我们宁愿不要,我更喜欢泉州这种小市民小市井的气息,我更喜欢泉州永远是这样的南方小城，一个承载了我最美好回忆的小城。"

"我觉得，泉州有泉州的味道。"

"虽然，很多来闽南的人，可能会更喜欢厦门，厦门，是很美好的一个地方，她很娴静、很美丽，可是，我一直觉得，生长在这里，我已经觉得很满足了，不大不小，不是那么安静但又没有那么喧闹，刚刚好。"

"我要说，我不喜欢大城市。"

"希望泉州不会像北京南京那样悲剧，也不希望她像西安那样仿古仿得太夸张，每个城市，都有适合自己的风格，不要盲目的模仿，也不要就任其自生自灭。"

"之前朋友问，泉州有哪里好玩？在回想的时候，突然不知道有哪里可以推荐给一个想来泉州玩，想来了解泉州的人，因为，明明觉得泉州很好，但当面对这个问题的时候，却真没能说上几个，除了几个寺庙，其他的，却真的不甚了解，都说文物，古迹很多，可是，除了那几个出名的之外，被沉寂的，被淡忘，陌生了的，有几个人知晓呢？"

"我期待的泉州，就算有喧哗，也不希望是现代化发出来的声音，夜里安静的逛着大街小巷，听着犹如天籁的南音，看高甲戏，梨园戏，不要有那么多的霓虹灯，它们会遮住我们能看到的夜空。"

外地泉州人——

"我都想泉州了哦，大城市一点也没味道，我很烦躁。"

"有时候感觉泉州就像是一个可恶的小孩，偶尔让人很气愤，但不管身在何处，却总是怀念着那份独有的味道，总是那样的让人着迷，痴痴难忘……在北京、上海、广州居住了十多年。最后还是要回到泉州，毕竟家乡就在那里。"

外地人——

"泉州？基础设施和交通实在糟糕呀！历史？泉州的历史是指还留下的城门上的新砖新瓦么，还是窄小的街道，混乱的交通！适宜居住？泉州是我去过的出行最不方便最贵的城市。"

"真好！最喜欢泉州这样的城市。泉州很有灵魂，有古人的那种精神传统。"

"我没有去过泉州，甚至不知道泉州在哪里，但是看完这篇帖子突然就

好想去泉州走走,看看那里人们的生活,拜拜菩萨,他们会保佑我这个外乡人的吧!"

"其实,我对泉州了解的并不多,但我却知道,她真的很有底蕴,很有内涵。"

"泉州的一些地方慢慢地散发温润的光,拥有时光的静谧,自带一份安逸从容。"

"泉州是矛盾的,一方面喧嚣,市井,嘈杂,另一方面却是平和,沉静,温婉。"

"看了这篇文,我决定以后要多迁就我们家那位,身为一个泉州人,他真的挺不容易的。"

泉州是矛盾的。一方面要固守着传统、宁静与安逸的小城,另一方面又要打造海西中心城市、东亚文化之都,同时还要与厦门同城化构建厦漳泉大都市区。城市就像那浩瀚的海洋,文化就像那奔腾的江河,人就像那海里没有鱼镖的鲨鱼,无时无刻要与命运抗争不停止游动。我希冀泉州不要太传统也不要太现代、不要太城市也不要太乡村、不要太大也不要太小、不要太拼搏也不要太安逸,建一个独具魅力、多元现代的田园都市吧! 祝福泉州!

参考文献

[1]《城市与文化》,《沈阳文化史》第三卷"结束语". 2013(5).

[2]周雪香. 闽越文化初探〔J〕. 漳州师范学院学报(哲学社会科学版). 2002(2).

[3]蔡崇达. 中国十座宜居小城之泉州〔J〕. 南方人物周刊. 2010(6).

[4]刘桂庭. 泉州人的再思考——政协论坛. 2003(2).

[5]高中岗,卢青华. 霍华德田园城市理论思想价值及其现实启示〔J〕. 规划师. 2013(11):105—108.

◎作者简介:余美生,泉州市城市规划设计研究院副总规划师、规划二所所长、高级规划师、注册规划师。

1980 年代以来中国近现代城市规划史研究进展综述

◇ 王金金　曹　康

前　　言

城市规划史以人为规划型城市为研究对象,研究城市规划的理念、思想、内容、技术、行政、制度等方面的发展演变[1]。本文主要采用文献分析法对中国近现代城市规划史的研究进展进行定性与定量相结合的研究。研究对象为 1980 年代以来关于中国近现代城市规划史研究的中文文献成果,包括 2013 年 12 月底以前公开发表的期刊论文、学位论文和会议论文。本文将“中国近现代城市规划史”的时间跨度限定在 1840 年至今;空间范围以现行中华人民共和国版图为准,包括大陆以及港澳台地区。经检索共计获取相关论文 136 篇,其中硕士学位论文 31 篇、博士学位论文 11 篇、学术期刊论文 94 篇。对这 136 篇文献从研究主体、研究内容和研究方法等三个方面进行分析,并着重对研究内容从规划实践史、规划人物史、规划思想理论史、规划法制史、学科发展史五个方面来展开研究。通过定性分析了解研究对象的变化过程,同时采用数学与统计学方法等定量分析来描述、评价研究现状并预测发展趋势。

一、发展回顾

1962 年董鉴泓主编《中国近代建筑简史》一书中的“城市规划”部分是中

国第一次真正接触近代城市规划史[2]。但在大规模开发建设过程中,规划研究领域争相开展具有直接应用价值的研究课题,而对规划史的研究几乎被忽略[3]。然而,进入 21 世纪后,中国城市规划史研究成为规划学术界的共同诉求,2012 年 11 月中国城市规划学会"城市规划历史与理论学术委员会"正式成立,汇聚了一批关注规划历史与理论研究的规划工作者,促进了规划史研究的快速发展。另一方面,随着城乡规划学独立成为一级学科,城市规划史(简称规划史)作为城乡规划学下的二级学科不仅是城乡规划学不可或缺的内容,其建立也是城乡规划学成熟、完善的标志之一[4];且其作为专业史与基本资料,是城乡规划学科一切研究的基础[1],对规划史展开全面而系统的研究是完善城乡规划学科体系的重要内容。此外,规划史研究是规划理论实践的重要手段和途径[5],它能够促进中国特色城市规划理论框架的形成,从而指导和促进中国城市规划的健康发展。

二、研究主体

本文从文献作者单位性质和作者学科背景两个层面来分析规划史的研究主体。

(一)作者单位性质

从作者单位分布状况来看,66%的作者集中在高等院校,占据了主导地位①(图 1)。作者单位的不平衡分布,体现了高等院校在中国近现代规划史研究开拓方面的主导性,也从侧面反映了规划史研究的理论性与学术性。

目前,在高等院校中发表成果较多的导师课题组团队主要有两个:李百浩教授团队和任云英教授团队。李百浩教授(东南大学②)作为国内率先开展"中国近现代城市规划史"系统研究的学者之一取得了丰硕的研究成果,主要包括国内近 20 个城市的规划史研究、中国近代城市规划史(1840—

---

① 按论文数量(贡献度)进行统计,即同一作者进行累计。
② 李百浩教授于 2011 年从武汉理工大学转至东南大学任教,本文统计时按论文发表时作者所在单位为准。

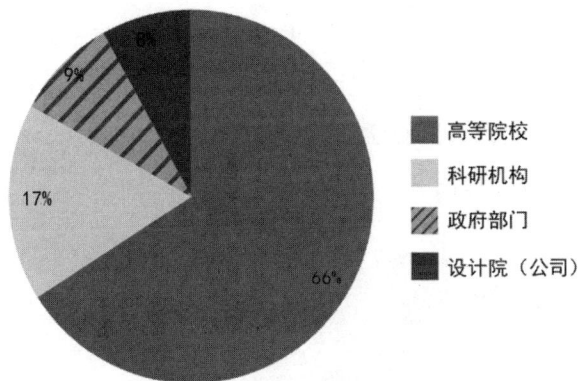

图 1　作者单位分布

1949)和近代中国本土城乡规划学演变的学科史研究两项国家社会科学基金、以及对规划史研究的指导性文章。此外他还指导博硕士研究生全面开展了中国近现代城市、城市规划、城市化以及典型城市类型的研究，共计指导硕士学位论文 34 篇，博士学位论文 7 篇。任云英教授（西安建筑科技大学）的研究成果主要集中于西安城市规划实践和规划思想发展的历史研究。指导硕士研究生对北京、宝鸡、济南、包头、成都、呼和浩特、兰州、昆明等城市空间结构的历史发展进行研究。其他研究成果比较丰富的学者还有李东泉、于海漪等。

（二）作者学科背景

以文献中作者所注的教育背景、日常工作重点或学习内容为基础[①]，将作者学科背景按一级学科目录（2011 修订版）分为 4 类。论文作者主要集中在城乡规划学和建筑学，共占据 90％ 的比例，可见建筑规划领域的学者是规划史研究的主力（图 2）。规划史是"城乡发展历史与遗产保护规划"方向下的一个学科、是城乡规划学和历史学之间的一门交叉学科、也是当代史学的一个分支研究领域[4]，且一些专项规划史的研究更需要架与历史乃至政治、

————————————

　① 　以发文时的作者身份为准。

经济、地理、环境、交通等专业之间的桥梁[6],规划史研究需要更多其他领域的学者参与。纵向对比可发现,2000 年之前研究者学科背景局限于城乡规划学,2000 年之后研究群体的范围逐渐扩大,研究者的学科背景组成逐渐多样化,有少量来自于法学、历史学、社会学等专业的人员,表现出规划史研究本应出现的跨学科性质(图 3)。

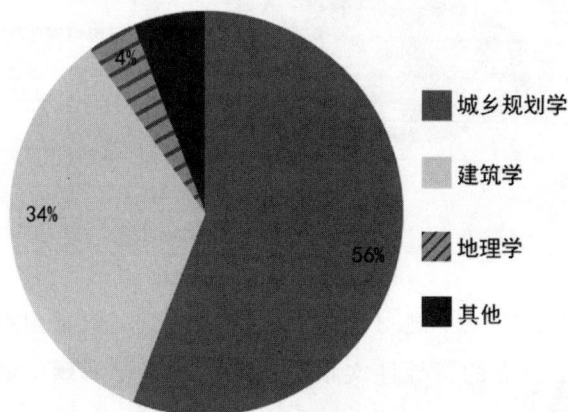

图 2　作者学科背景分布

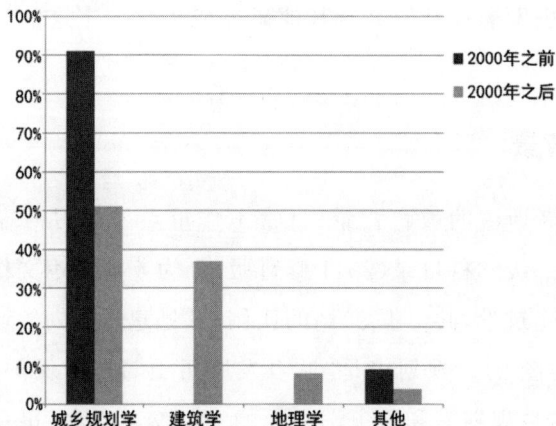

图 3　2000 年之前和 2000 年之后作者学科背景分布

三、研究内容

规划史研究内容与其记述重点有关,主要有以下三种认知(如表1)。此外,曹康[7]将规划史研究内容分为某一时期、某一地点、某一人物、某一机构、某一运动、某一专项、某一思想、规划前期、本体论及规划史论十类;史舸[8]将其划分为城市规划人物史、城市规划客体史、城市规划实践史、城市规划认知史和城市规划理论思想研究四大类。

表 1　对城市规划史研究范畴的 3 种认知[4]

提出者	规划史研究范畴
Sutcliffe (1981)[9]	①规划史的定义、方法与目标;②辞典、索引与书目;③作为世界运动的规划;④单独国家的规划;⑤单独城市的规划;⑥单独规划师;⑦19 世纪城市与区域规划的先驱;⑧城市与区域规划各方各面
Burgess (1996)[10]	①回顾与概述,对现代城市规划历史的整体论述与把握;②行业史,为"规划"主题自身所限定的历史;③实践史,形成城市物质和社会结构的有意识的、精心策划的规划活动;④相关史,有助于了解规划行业或活动的史,其中最常见的题材是规划行业的发展、规划思想、规划成果等
Freestone (2000)[11]	①专业领域,即规划师所作所为的历史;②技术与成果,城市建设和物质规划的历史;③社会和制度设置,规划实践在社会文脉下的历史;④传记,以个体的后圣徒传记方式进行的更广专题的研究

结合上述分类标准,本文认为目前中国近现代城市规划史研究内容主要有以下几类:

(1)规划实践史:此类研究所涉及的方面比较广泛,本文将其分为两类:第一类是国家/区域视角下的规划实践史,一般是综合性、概述性的,着眼于整体概貌、宏观历史事实与规律的把握,主要为某一时期内整个国家或区域的城市规划实践研究;第二类是城市视角下的规划实践史,主要研究某个或某类城市的规划实践,除了地域范围更小之外,其他方面仍然是整体、宏观的。大多在历史事实描述的基础上结合政治形势进行历史分期,然后对其

中体现出来的特征进行总结。

（2）规划人物史：对城市规划有重大影响的人物研究，包括其生平、时代背景、在实践或理论思想研究中的贡献、代表著作或思想及其意义影响等方面的内容。

（3）规划思想理论史：规划发展进程中重要的思想理论。

（4）规划法制史：城市规划法律、制度的发展。

（5）学科发展史：城市规划学科、专业教育的发展历程。

按上述五大类对所搜集的文献进行统计分析可知，研究成果集中探讨规划实践，并以具体城市的规划实践研究为主（图4），这也是一直以来中国近现代规划史研究中的主要类型。该类成果中较为典型的是李百浩教授指导硕士研究生开展的武汉、广州、南京、北京、上海、济南、天津和深圳等地的近现代城市规划实践研究。

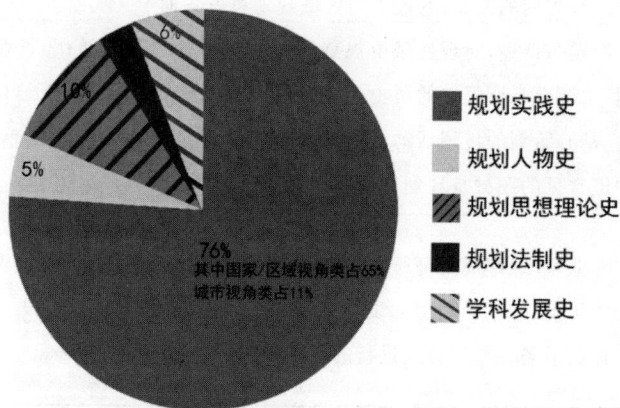

规划实践史
规划人物史
规划思想理论史
规划法制史
学科发展史

76%
其中国家/区域视角类占65%
城市视角类占11%

5%
10%
6%

图4　研究内容类型分布

纵观各类型文献和总体的数量变化情况可知（图5），关于中国近现代城市规划史的研究成果有一个积累和演进的过程，1990年代之后上升幅度较大，且2010年至2013年仅3年内的研究成果就占总数的28%。就文献类型来说，规划实践类的研究论文依旧是规划史研究的主流类型。对研究内容的时态进行分析可知，中国近现代城市规划史对近代和现代规划历史研究重视程度相当，分别占41%和45%（跨越近现代的占14%）。且近代史部

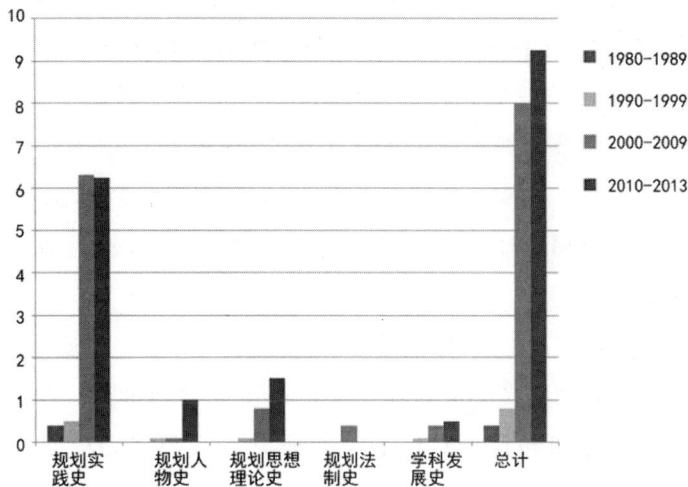

图 5　各阶段论文类型统计

分中以个案类研究为主，占此部分的 89％。

（一）规划实践史

1. 国家/区域视角下的规划实践史

主要分近代史、近现代史和现代史研究三类。关于近代城市规划史研究的文献集中发表在 2000 年之后，现代城市规划史研究的文献则贯穿于 1980 年代以来至今，这两类文献分别占宏观类文献总数的 21％ 和 71％。跨越近现代的规划史研究文献很少，具有代表性的是《近现代中英城市规划发展历程初探》[12] 以中英比较的视角对城市规划发展的历程进行的总结。

近代这段特殊的历史时期给中国传统的政治、经济、文化体制带来强烈冲击，中国在西方文化冲击下开始了城市化与近代化。一方面通过侵占地和殖民地植入西方城市规划，另一方面也继承了中国古代城市规划思想与特征，在这种复杂的背景下，进行中西近代城市规划比较研究有利于弄清中国自身的近代城市规划形成与发展的历史过程与特点[13]。也有学者从范型的角度来研究近代史，对中国近代城市规划的研究方法、历史分期等重要问题进行论述，为研究中国近代城市规划历史奠定了整体框架[14]。在提出中

国近代城市规划的四个范型——思想范型、理论范型、规划实践范型和制度范型[14,15]的基础上,根据重大历史事件将中国近代城市规划史划分为五个时期,从规划范型的角度探讨中国近代城市规划的源与流。

对于中国现代城市规划史的论文主要对 1950 年代中国建国以来规划事业的诞生[16],1960—1970 年代规划大起大落的经验教训总结以及 1978 年改革开发以后规划事业取得的成绩进行回顾[17]-[22],较为清晰地再现了这一时段的规划历史。

2. 城市视角下的规划实践史

规划史的深入研究离不开对典型城市的历史经验研究。在史实论述的基础上进行历史分期和特点总结的个案研究一直是规划史研究的主流方式,也是中国近现代规划史研究中的主要类型。

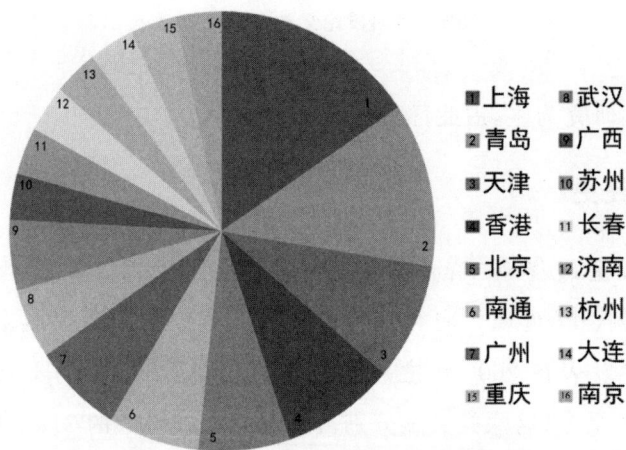

图 6　个案分析的主要城市数量分布

按城市规划的编制者来分,大概可以分为中国人进行的城市规划与建设和日本、欧美在中国的城市规划与建设(租界、殖民地)两大类,研究成果前者居多。就城市而言,研究主要集中在国人自主规划的、具有代表性的城市,如武汉、南通等,以及被西方侵占的典型殖民地城市如上海、青岛、香港等(图6)。

个案的大部分研究集中于回顾各个时期的城市规划内容和特点,且多集中在对近代史的回顾(表2)。

表 2   各个时期典型城市的个案类研究

时期	研究者
近代史部分	上海（孙施文，1995；黄亚平，2003；李百浩等，2006）
	青岛（张忠国等，2004；李百浩，李彩，2005；李冬泉，周一星，2007）
	天津（李百浩，吕婧，2005）
	北京（薛春莹，2003；王亚男，2010）
	香港（邹涵、2009；邹涵，2011；李百浩，邹涵，2011）
	广州（黄立，2002；邹东，2012）
	武汉（李百浩等，2002）
	南通（余海漪，2004；2005）
	济南（李百浩，王西波，2003；王西波，2003）
现代	北京（柯焕章，2003）
	武汉（董菲，2010）
	广州（李振，2003；彭昕，2006）
近现代	叶国洪，1997

还有若干文献对特殊时期的个案城市规划进行研究，如对上海市在1845—1864 年期间以实际需要为目的的城市建设计划[23]；青岛在德占时期（1897—1937 年）、日据时期（1914—1922 年）和民国政府时期（1922—1937年）的规划史[24]；也有学者以历史上某一重要规划的编制或实施过程为研究视角，如解放后上海的城市总体规划[25]；"大上海都市计划"[26][27]；1935 年《青岛市施行都市计划案》[24]；天津 1930 年代至 1940 年代在新中国成立前的三次城市规划[28]；天津市重要城市规划事件及规划思想研究[29]。

还有对不同城市间的规划历史进行比较分析。如对上海与北京[30]、武汉与南通[31]、艾伯克隆比的"大伦敦规划"与"香港规划报告"、"香港规划报告"的城市发展提议与香港战后城市规划与建设实践[32]等。此外，也有学者对某类城市的规划史进行研究，如柳泽和刘晓忱[33]、彭秀涛[34]分别对资源型城市和新兴工业城市的规划历史展开研究。

（二）规划人物史

规划人物史研究是指对城市规划有重大影响的人物的研究，包括其生

平、时代背景、在实践或理论思想上的贡献、代表著作或思想及其意义影响等方面,是一种人物史的研究视角。国内此类型的研究论文很少。具有代表性的有对赵祖康[35]和卢毓骏[36]的研究。此类研究有利于引起对规划学术人物的关注,同时也为规划史研究提供了一个新视角。

(三)规划思想理论史

一门独立学科之所以成为独立学科,在于具有自己独立的核心理论。城市规划成为一级学科后,建立、完善中国的规划理论已经成为中国规划界的迫切任务[37]。目前,对于中国规划思想理论的研究主要从规划思潮(或规划思想)和规划理论两方面来进行研究。

近代规划思潮的研究视角可以笼统概括为"西方规划思想的中国化"和"中国古代传统思想的近代化"这两方面[38]。具体来说有从民族主义视角研究民族主义推动下的中国近代城市规划思潮的特征[39][40];从文化视角研究中国城市规划的近代性嬗变与中西城市文化交流的关系[41];还有研究近代规划思潮中的某个组成部分,如分散主义城市规划思潮在近代中国的导入、传播和实践[42]。现代城市规划思潮的研究主要以回顾建国以来规划指导思想的变迁、总结基本经验教训为主[43][44][45]。

还有研究以青岛为例结合现代城市规划在中国近代的发展轨迹,得出导致中国现代城市规划思想形成的历史基础包括两个方面:一是规划学科本身独特的历史发展轨迹所形成的特定基础;二是国家历史进程的大背景对规划学科产生影响的普遍因素[24];《中国近现代城市规划中的西方古典主义思潮研究》[46]则研究西方古典主义规划思潮在中国的导入以及这种思潮的实践。

规划理论的研究以现代部分为主,如总结1980年代以来中国城市规划理论的发展[47];从"规划范式"角度研究中国现代规划理论的产生、演变以及在转型时期面临的问题[48][49]。此外,《对张謇城市建设实践的重新考察与诠释——以城市空间结构理论为视角和方法》[50]对作为中国近代城市化的典型标本之一的南通进行考察,将张謇实践重于思想的影响,纳入到现代城市理论科学体系当中去观察,获得不同于传统历史考据或者思想研讨的新的观点启示。

(四)规划法制史

作为一个部门及学科发展的缩影,中国城市规划制度在多重制度惯性及外界因素数度强制干预的持续交织作用下发展至今,形成了一条具有中国特色的制度变迁道路。对中国城市规划制度发展历史的追溯研究,能够为当前中国城市规划制度化所面临的特殊困境及可能的对策做出一个更为清晰和准确的判断[51]。目前这方面的研究成果较少,具有代表性的有李昕[50]借鉴西方经济分析理路(哈耶克与诺斯)探求中国城市规划制度历史发展演变的深层内在逻辑;高中岗[52]对中国 1950 年代至 1990 年代期间城市规划工作 50 多年历程的系统回顾和分析总结,着重研究快速城镇化进程中中国城市规划的内外部制度环境及规划制度创新问题。

此外,规划法律法规方面的研究包括对近代、主要是抗战后期和战后恢复期这一城市规划法制转型期的城市规划法律体系和内容的介绍总结[53];另一方面,亦有法学领域的研究者对建国之初规划法的探索至 1989 年规划法的出现这一期间的历史进行研究,以规划法制建立历程和背景为视角,展现国家和社会关系演变轨迹在城市规划领域的反映[54]。

(五)学科发展史

2011 城市规划学科更名为城乡规划学并从建筑学一级学科独立出来,有相当一部分学科和教育发展研究是以回顾同济大学城市规划专业教育的发展历程来反映的[55][56][57],对于规划学科发展历史较为系统的研究是基于对各院校史、主管部门统计数据、人物访谈、档案研究和既有文献的收集整理的基础工作,对全国院校规划办学的规模变化、学科发展、教育内容改革等方面做的较为全面的研究,勾勒出中国规划教育较为完整的发展路径[58]。也有对华科大城市规划专业的办学历程的分析[59]。

此外,亦有学者通过对《城市规划》和《城市规划学刊》两本学术期刊在 1978 年到 2008 年 30 年间所刊文章按其主要研究内容进行分类汇总,统计分析,并依此数据分析改革开放 30 年来中国城市规划学科研究的重点内容及其历史变迁[60]。

四、研究方法

方法和方法论问题是从事历史研究无法回避的问题。没有一定的方法论指导,就没有恰当的历史研究方法;而没有恰当的历史研究方法,就不能称其为历史学科[61],规划史研究也是如此。通过文献分析,发现目前国内近现代规划史研究中常用的方法包括:文献法、口述史法、比较研究法和计量方法,其中以文献法为基础方法。

(一)文献法

文献法是一种传统的史学研究方法,通过文献的分析研究来论证、说明和解决问题,是历史研究的基本方法,一般分为 5 个步骤:根据问题搜集文献;鉴别文献真伪和价值;摘录所需材料;分类整理并分析研究材料;得出研究结果,并在此基础上撰写论著[62]。

文献法贯穿于规划史研究的全过程,一般通过收集与城市发展历程相关的文献(如年鉴、地方志、出版物、回忆录、新闻报纸等)和与城市规划建设相关的文献(如城市规划图、市政报告、法规、测绘地图、城市地图、照片等)进行阅读、考证和整编[63]。再者,通过实地调研得到的实地文献及史料调查可以弥补先前收集资料的空白并校正文献的准确性[20]。该方法是目前国内规划史研究中运用得最为普遍的研究方法。

(二)比较研究法

通常认为比较研究法是对历史研究对象如事件、人物、思潮和学派等通过多种方法进行比较对照,判明异同、分析缘由、认识本质,从而揭示共同规律和特熟规律的一种方法[64][65]。历史地比较研究大概可以分为 4 个步骤:明确研究要解决的问题,确定比较主体;深入研究比较主体;异中求同,同中求异;求同以揭示历史发展普遍规律或求异以揭示历史发展特殊规律[65]。

在规划史研究中,比较研究法作为一种"间接实验法"能更准确地解释规划发展历史中的因果关系,弥补规划史作为社会科学不可能进行真正实验的不足[66][67]。如朱自煊[30]分三阶段对北京与上海这两个城市的规划发展历史进行比较分析,阐述了各自的规划历史背景,认为它们导致了各自发展初期城市规划的巨大差异;同时论述了两座城市随着发展,面临相同挑战而产生的规划共性。借助比较能够破除地方性研究可能导致的狭隘性和局限性,有助于更深刻地认识事物的本质。此外,比较研究法的运用还能启迪研究者发现一些平时可能忽视的问题。

(三)口述史方法

口述史(Oral History)是一种以搜集和使用口头史料来研究历史的方法[68]。"通过口述史可以实现历史的'文、声、像'的三位一体互动"[69],同时,口述资料也是对文献资料匮乏的研究领域进行资料补充的重要手段。一个完整的口述访谈分为 3 个充满不确定性的步骤:问卷设计,访谈现场和访谈成果的整理与发表。

中国近现代城市规划史研究中对口述史方法的运用,比较典型的是《城市规划学刊》[55]通过对吴志强教授的访谈来总结中国规划教育发展历程。总体而言,在规划史研究中,口述史方法的运用还处在起步阶段。

(四)计量方法

从一般意义上讲,计量方法是对所有有意识地、系统地采用数学方法和统计学方法从事研究工作的总称[70]。严格意义上来讲,计量方法不是简单地使用统计数字或描述数量关系,而是指运用数理统计方法,进行定量分析,"从大量随机现象的重复中找出规律性的东西"[71]。计量方法的使用一般分为 5 个步骤:确定研究课题,搜集资料对象;确定数据的代表性;利用电子计算机编制运算程序、数据输入、运算和数据输出;对数据资料进行计量分析;制定数学模型,进行模拟研究。

规划史研究中计量方法的使用主要还停留在基础的数理统计分析的阶段,通常利用图表等方式整理相关材料,对事物发展特征和趋势进行描述。如通过 1952 年至 2012 年全国工科院校城市规划专业的数量变化趋势图,对新中国的城市规划专业教育的阶段性变化进行直观的描述[72]。

总体来说,目前中国规划史的研究方法主要以史学研究方法为主,研究方法和技术路线较不成熟。而研究方法对规划史学科的发展十分重要,在

规划史研究方法的建立之初,应对相关、相近学科的方法进行积极的探索和借鉴。

结　　论

规划史研究一直是国内城市规划研究领域中相对薄弱的部分。随着规划学科的逐步发展,规划史研究逐渐引起重视。近年来,关于中国近现代城市规划史研究的论文数量大幅度上升,作者的学科背景亦逐渐多样化。

至今中国近现代城市规划史的研究仍集中在城市个案研究上,对全面系统的城市规划史的研究显得薄弱,且很多成果的研究重点都停留在对大时间跨度的规划实践历史进行分期回顾和特点总结上,对规划的基本思想、方法论、规划背后的实践主体、规划过程、规划时效等方面的历史研究十分不足。

此外,规划史研究方法具有局限性,城市规划研究既具有专业性也具有很强的综合性,且一些专项规划史的研究更需要架与历史乃至政治、经济、地理、环境、交通等专业之间的桥梁[6],所以无论是考虑到规划史丰富的研究内容还是其研究方法的借鉴、创新都需要立足于不同学科、处于不同角度、从不同层面对规划史进行探讨和解释。

参考文献

[1]李百浩,韩秀.如何研究中国近代城市规划史[J].城市规划,2000(12):34—50.

[2]李百浩.中国近现代城市规划历史研究[D].南京:东南大学博士后报告,2003.

[3]张松.近现代城市规划史研究的现实意义[J].城市与区域规划研究,2013(1):13—22.

[4]曹康,刘昭.国外城市史与城市规划史比较研究:异同与交叉[J].城市规划学刊,2013(1):110—117.

[5]孙施文.近代上海城市规划史论[J].城市规划汇刊,1995(2):10—64.

[6]罗文静.国际城市规划史学会研究[D].武汉:武汉理工大学硕士论文,2011.

[7]曹康,顾朝林.西方现代城市规划史研究与回顾[J].城市规划学刊,2005(1):57—62.

[8]史舸.十九世纪以来西方城市规划经典理论思想的客体类型演变研究——基于文献

统计分析方法[D].上海:同济大学博士论文,2007.

[9]SUTCLIFFEA. Thehistoryofurbanandregionalplanning[M]. London:Mansell,1981.转引自:曹康,刘昭. 国外城市史与城市规划史比较研究:异同与交叉[J]. 城市规划学刊,2013(1):110－117.

[10] BURGESSP. Shouldplanninghistoryhittheroad? Anexaminationofthestateofplanninghistoryintheunitedstates[J]. PlanningPerspectives,1996,11(3):201－224.转引自:曹康,刘昭. 国外城市史与城市规划史比较研究:异同与交叉[J]. 城市规划学刊,2013(1):110－117.

[11] FREESTONER. Learningfromplanning'shistories[M]//FREESTONER. Urbanplanninginachangingworld:thetwentiethcenturyexperience. London:Brunner-Routledge,2000:1－19.转引自:曹康,刘昭. 国外城市史与城市规划史比较研究:异同与交叉[J]. 城市规划学刊,2013(1):110－117.

[12]缪春胜,吴晓松. 近现代中英城市规划发展历程初探[A].2012 中国城市规划年会论文集(15.城市规划历史与理论)[C].昆明:云南科技出版社,2012.

[13]李百浩.中西近代城市规划比较综述[J].城市规划汇刊,2000(1):43－80.

[14]郭建.中国近代城市规划范型的历史研究——以中国人的城市规划活动为中心[D].武汉:武汉理工大学硕士论文,2003.

[15]李百浩,郭建,黄亚平.上海近代城市规划历史及其范型研究(1843－1949)[J].城市规划学刊,2006(6):83－91.

[16]李益彬.新中国建立初期城市规划事业的启动和发展(1949－1957)[D].成都:四川大学硕士论文,2005.

[17]赵锡清.我国城市规划工作三十年简记(1949－1982)[J].城市规划,1984,8(1):42－48.

[18]建设部城市规划司.继往开来开拓前进——我国城市规划四十年[J].城市规划,198913(6):3－46.

[19]邹德慈.关于八十年代中国城市规划的回顾和对九十年代的探讨[J].建筑学报,1991(6):15－18.

[20]黄立.中国现代城市规划历史研究(1949－1965)[D].武汉:武汉理工大学博士论文,2006.

[21]任致远.中国城市规划六十年[J].规划师,200925(9):5－9.

[22]黄鹭新,谢鹏飞,荆锋,等.中国城市规划三十年(1978－2008)纵览[J].国际城市规划,2009,24(1):1－8.

[23]钱宗灏.上海近代城市规划的雏形(1845－1864)[J].城市规划学刊,2007(1):107

—110.

[24]李东泉,周一星.中国现代城市规划的一次试验——1935年《青岛市施行都市计划案》的背景、内容与评析[J].城市发展研究,2006(3):14—21.

[25]姚凯.上海城市总体规划的发展及其演化进程[J].城市规划学刊,2007(1):101—106.

[26]圣孩.蓝图之夭:旧"大上海都市计划"始末[J].上海档案,2002(2):49—52.

[27]圣孩.蓝图之夭——民国《大上海都市计划》的两度兴衰[J].档案春秋,2006(7):25—31.

[28]任云兰.600年天津:历史上的城市规划[J].北京规划建设,2005(5):53—55.

[29]张秀芹,洪再生,宫媛.1903年天津河北新区规划研究[A].2012中国城市规划年会论文集(15.城市规划历史与理论)[C].昆明:云南科技出版社,2012.

[30]朱自煊.北京与上海城市规划历史比较[J].城市规划,1989(4):31—37.

[31]张涛.抗战时期重庆与长春城市发展研究[D].杭州:浙江大学博士学位论文,2012.

[32]李百浩,邹涵.艾伯克隆比与香港战后城市规划[J].城市规划学刊,2012(1):108—113.

[33]柳泽,刘晓忱.建国以来资源型城市规划的历史回顾[A].2012中国城市规划年会论文集(15.城市规划历史与理论)[C].昆明:云南科技出版社,2012.

[34]彭秀涛.中国现代新兴工业城市规划的历史研究——以苏联援助的156项重点工程为中心[D].武汉:武汉理工大学硕士论文,2006.

[35]杨婷.赵祖康的城市规划建设实践及其思想[D].武汉:武汉理工大学硕士论文,2012.

[36]余爽.卢毓骏与中国近代城市规划[D].武汉:武汉理工大学硕士论文,2012.

[37]张庭伟.梳理城市规划理论——城市规划作为一级学科的理论问题[J].城市规划,2012,36(4):9—17.

[38]胡江伟.中国近代城市规划中的传统思想研究[D].武汉:武汉理工大学硕士论文,2010.

[39]吴皓.中国近代民族主义城市规划思潮的历史研究[D].武汉:武汉理工大学硕士论文,2010.

[40]李百浩,吴皓.中国近代城市规划史上的民族主义思潮[J].城市规划学刊,2010(4):99—103.

[41]郭建.中国近代城市规划文化研究[D].武汉:武汉理工大学博士论文,2008.

[42]邱瑛.中国近代分散主义城市规划思潮的历史研究[D].武汉:武汉理工大学硕士论文,2010.

[43]王凯.我国城市规划五十年指导思想的变迁及影响[J].规划师,1999(4):23—26.

[44]崔功豪.中国城市规划观念六大变革——30 年中国城市规划的回顾[J].上海城市规划,2008(6):5—7.

[45]张杰.当代中国都市主义:1978—2008[J].城市与区域规划研究,2013(1):40—65.

[46]王骏.中国近现代城市规划中的西方古典主义思潮研究[D].武汉:武汉理工大学硕士论文,2009.

[47]魏立华,李志刚.中国城市规划理论及相关期刊述评[J].规划师,2005(12):35—38.

[48]张庭伟.转型时期中国的规划理论和规划改革[J].城市规划,2008(3):15—66.

[49]张庭伟,RichardleGates.后新自由主义时代中国规划理论的范式转变[J].城市规划学刊,2009(5):1—13.

[50]李昕.中国城市规划制度化历史发展的内在逻辑——关于中国城市规划制度发展史的思考[J].城市规划学刊,2005(2):81—85.

[51]孙磊磊,谷华.对张謇城市建设实践的重新考察与诠释——以城市空间结构理论为视角和方法[A].2012 中国城市规划年会论文集(15.城市规划历史与理论)[C].昆明:云南科技出版社,2012.

[52]高中岗.中国城市规划制度及其创新[D].上海:同济大学博士论文,2007.

[53]何流,文超祥.论近代中国城市规划法律制度的转型[J].城市规划,2007(3):40—46.

[54]魏娜.我国《城市规划法》的产生原因研究[D].上海:上海交通大学硕士论文,2007.

[55]城市规划学刊编辑部.吴志强教授谈中国城市规划教育的发展历程[J].城市规划学刊,2007(3):9—13.

[56]董鉴泓,吴志强.50 年艰辛创业新世纪再创辉煌——贺同济大学城市规划专业成立 50 周年[J].城市规划汇刊,2002(3):1.

[57]董鉴泓.1950 年代"学习苏联"影响下的同济规划[J].城市规划学刊,2013(5).

[58]侯丽,赵民.中国城市规划专业教育的回溯与思考[J].城市规划,2013(10):60—70.

[59]黄亚平.城市规划专业教育的拓展与改革——华中科技大学城市规划专业办学 30 年的回顾与展望[J].城市规划,2009(9):70—87.

[60]冯高尚.我国城市规划学科研究内容变迁(1978—2008)——基于《城市规划》和《城市规划学刊》研究[D].上海:同济大学,2009.

[61]崔勇.中国建筑史学研究的学术回顾与反思[J].华中建筑,2006(6):138—141.

[62]刘蔚华,陈远.方法大辞典[M].济南:山东人民出版社,1991:354.

[63]王西波.济南近代城市规划研究[D].武汉:武汉理工大学硕士论文,2003.

[64]范达人.历史比较研究刍议[J].历史教学问题,1984(6):22—25.

[65]王旭东.史学理论与方法[M].合肥:安徽大学出版社,2000.

[66]贾东海,郭卿友,李清凌.史学概论[M].北京:新华书店北京发行所,1992:131—132.

[67]徐浩,侯建新.当代西方史学流派[M].北京:中国人民大学出版社,1996:315.

[68]定宜庄,汪润.口述史读本[M].北京:北京大学出版社,2011.

[69]保罗·汤普逊.过去的声音:口述历史[M].覃方明,渠东,张旅平,译.沈阳:辽宁教育出版社,2000:7.

[70]罗德里克·弗拉德.计量史学方法导论[M].王小宽,译.上海:上海译文出版社,1997.

[71]李剑鸣.历史学家的修养和技艺[M].上海:上海三联书店,2007:334—335.

[72]侯丽,赵民.中国城市规划专业教育的回溯与思考[J].城市规划,2013(10):60—70.

◎ 基金项目:本论文获得国家自然科学基金(51308491)、教育部人文社科基金(13YJC770002)与浙江省哲学社会科学规划"之江青年课题"(13ZJQN018YB)资助。

◎ 作者简介:王金金,浙江大学建工学院硕士生;

曹　康,浙江大学建工学院副教授。

基于地方志文献的中国古代人居环境史研究方法初探

◇ 孙诗萌

前　　言

近年来,中国古代人居环境历史研究成为许多城市史、建筑史学者关心的领域。相关研究成果较以往而言,表现出一些新的趋势或特点:如更关注中国历史上数量巨大的地方中小城市;更关注城市与其所处大尺度自然山水环境、区域格局之间的关系;更关注城市形态背后具体的规划设计过程、实践机制以及规划设计者本身;更关注与人居物质环境密切相关的社会生活、地域文化、思想维度等等。地方志资料的广泛使用和深入解读,恰恰为上述变化提供了必要支撑。不仅地方志所载内容是人居环境史研究的重要素材,方志的编纂体例、取舍详略、记述方式等也真实反映出古代人居环境营建的基本观念与价值取向。笔者近年来从事地方人居史研究,对基于地方志文献的人居史研究方法有所体会与思考,意就此题抒以浅见,祈前辈同仁教正。

下文将先从六个方面简述地方志文献对人居史研究的重要价值;再以笔者对古代永州地区人居环境规划设计研究为例,略论基于地方志文献之人居史研究体会。

一、方志对历史人居环境的空间形态
及规划营建过程有详细记载

作为对一定行政地域范围内诸类情况的综合记录,地方志中也蕴藏着大量人居环境相关的信息,包括对其功能要素、空间布局、形态特征等的客观描述,以及对规划设计过程、构思的记录。关于方志纂修体例,虽然明清两朝曾多次颁定官方制度[①][1][2],但地方上未必完全遵行,各地的方志类目实际上差异颇大。就明清常见体例而言,人居环境相关信息主要分布在"舆地"、"山川"、"建置"、"学校"、"秩祀"、"古迹"、"武备"、"寺观"、"艺文"等篇目中(表1)。

《舆地志》中一般记载府县之建置沿革、疆域、形势/形胜、乡坊、市镇、风俗、气候等内容。其中,"形势/形胜"一般概述一邑的自然山水格局,也会交代治城选址之考量。明清方志中的"形势/形胜"篇大多深受风水理论的影响,通篇采用形家的表述格式及语汇;也有一些仅作一般性的地理描述[3]。无论表述形式如何,这部分内容对我们掌握当地人居环境的山水格局建构、城市选址定基原则等都至关重要。

《山川志》[②]中除记录当地的自然山水条件和资源外,通常也对其中的人工风景发掘、风景地建设等有详细记载;某些山川要素对于城市及主要建筑

---

① 如明永乐十年颁布《修志凡例》16则规定各地方志应分设建置沿革、分野、履域、城池、里至、山川、坊廓、乡镇、土产、贡赋、风俗、形势、户口、学校、军卫、察舍、寺观、祠庙、桥梁、宦绩、人物、仙释、杂志、诗文等24门。成化正德间又逐渐形成将原有门类归入"地理"、"田赋"、"建置"、"秩官"、"祠祀"、"人物"、"艺文"诸志的体例。清初曾颁令全国以顺治十七年(1660年)编纂的《河南通志》体例为纂志之式,该志平列图考、建置沿革、星野、疆域、山川、风俗、城池、河防、封建、户口、田赋、物产、职官、公署、学校、选举、祠祀、陵墓、古迹、帝王、名宦、人物、孝义、烈女、流寓、隐逸、仙释、方伎、艺文、杂辨等30门。后随着雍乾间《一统志》体例(其规定各省先立统部,列图表、分野、建置沿革、形势、职官、户口、田赋、名宦;诸府及直隶州再分立部,列分野、建置沿革、形势、风俗、城池、学校、户口、田赋、山川、古迹、关隘、津梁、堤堰、陵墓、寺观、名宦、人物、流寓、列女、仙释、土产等21门)的确立,又对各地修志产生了重要影响。(参考:巴兆祥1988、黄燕生1990)

② 《山川志》有时独立成志,有时并入《舆地志》中。

之选址、布局的决定性意义也会被强调。这些内容为我们深入考察不同尺度人工建设与自然山水环境之关系提供了重要信息。某些著名风景区也可能单独成志，如《乾隆祁阳县志》中就将"形胜满湘中"[4]之"浯溪"单列一卷，详细记述其历代开发过程。

《建置志》中一般记载有府县城池、街巷、官署、宫室、楼阁、亭榭、坛壝、祠庙、仓廪、坊表、邮传、津梁、寺观等的空间分布、规模形态、建设沿革等；是我们掌握各历史时期人居环境构成要素及空间形态的最主要来源。

《学校志》通常包括学宫、学规、学额、学田、祭仪、书院、义学、社学、考棚、学记等篇目。地方上各类官方学校的建设情况是其中的重要内容，主要记载文庙学宫、考棚、书院、社学、义学、文塔等教育及祭祀设施在城市中的空间位置、占地规模、平面布局、建筑形制、题名典故、建设历程等。皇帝敕令各地设学的敕文、记录学宫文庙历次修建过程的记文等也常收录在该志中。

《秩祀志》中主要记录各类官方祭祀的仪制和相关设施的建设情况。按建筑形式划分，祭祀设施有坛壝、祠庙之分；按祭祀主体或等级有官祀/民祀、正祀/杂祀/淫祀之别。该志中通常会罗列各类坛壝祠庙之名目及位置。

《古迹》、《寺观》等篇也是地方志中的常见内容。前者多设于《舆地》、《山川》或《杂志》中，记载如故城遗址、古墓、名人故迹等的位置及历史，对于了解城址变迁尤为重要。后者多列入《建置》或《杂志》中，记载当地佛寺道观的分布和建设信息。

上述内容为我们考察历史人居环境的构成要素、空间形态、规划建设历程等提供了详尽的一手资料。通过对这些信息的提取、分类、整理，我们得以在一定程度上复原特定历史时期人居环境之概貌，作为进一步研究的基础。

表1　明清永州府县方志中人居环境相关篇目设置情况

	疆域	形胜	关隘	坊乡	市镇	古迹	山川	城池	街巷	官署	宫室	仓库	坊表	邮传	津梁	学校	坛庙	寺观	艺文	猺峒
[洪武]永州府志	●	●		●	●	●	●	●	●	●	●			●	●	●	●	●		
[隆庆]永州府志	●			●	●	●	●	●		●	●			●	●		●	●		●
[万历]江华县志	●	●		●	●	●	●	●	●	●	●			●	●	●	●	●	●	●
[康熙]永州府志	●			●	●	●	●	●	●	●	●			●	●	●	●	●	●	●
[道光]永州府志							●	●	●	●	●			●	●	●	●	●		●
[光绪]零陵县志	●	●		●	●	●	●	●	●	●	●			●	●	●	●	●	●	●
[乾隆]祁阳县志	●			●	●	●	●	●	●	●	●			●	●	●	●	●	●	●
[同治]祁阳县志	●			●	●	●	●	●	●	●	●			●	●	●	●	●	●	●
[乾隆]东安县志	●	●		●	●	●	●	●	●	●	●			●	●	●	●	●	●	●
[嘉庆]道　州　志	●	●	●			●	●	●		●				●	●	●	●	●	●	●
[光绪]道　州　志	●			●	●	●	●	●	●	●	●			●	●	●	●	●	●	●
[嘉庆]宁远县志				●	●	●	●	●	●	●	●			●	●	●	●	●	●	●
[光绪]宁远县志	●			●	●	●	●	●	●	●	●			●	●	●	●	●	●	●
[顺治]江华县志	●			●	●	●	●	●	●	●	●			●	●	●	●	●	●	●
[同治]江华县志	●			●	●	●	●	●	●	●	●			●	●	●	●	●	●	●
[康熙]永明县志	●	●		●	●	●	●	●	●	●	●			●	●	●	●	●	●	●
[光绪]永明县志	●		●	●	●	●		●						●	●	●	●		●	
[嘉庆]新田县志	●	●		●	●	●	●	●	●	●	●			●	●	●	●	●	●	●

注：诸方志中篇目标题不全与本表分类相同，按其内容近似进行统计。

二、方志图像直观呈现历史人居环境面貌，反映当时规划设计之意图与重点

地方志脱胎于图经，至南宋地方志体例基本定型后，图像（尤其舆图）仍是其重要组成部分。它们也是人居史研究的重要素材。

方志中一般列入哪些图像？明永乐年间颁定的两版官方《修志凡例》中

并无明确规定。直至嘉靖年间湖广布政司左参政丁明颁布的《修志凡例》26
则明确将"图考"列入类目,并规定:"府州县各列画图,城池内备画各衙门、
各城门及楼庙、仓铺之类。府图城外,备列所属州县城池,并境内名山大川。
州县图城外,凡境内山川备列所在,各备书山水名目、及去州县若干里,并大
小险夷之状。图外各备书界至、里至"[5]。从后来明清府县方志中全境图、
城池图的画法来看,可能很大程度上受到这一规定的影响。清康熙年间曾
将顺治版《河南通志》"颁诸天下以为式"[6],该志中所列"图考"篇及31幅图
像自然也成为后来各地方志图的样板。明清府县方志大多配有《全境图》、
《城池图》、《治署图》、《学宫图》、《八景图》5种。前两种是最低配置,多则往
往增加主要的官署、祠庙、书院、考棚、阁塔等建筑图及风景名胜图等(表2)。

表2　明清永州府县方志中图像类型及数量

	全境图	城池图	治署图	学宫图	八景图	其它图	数量
[洪武]永州府志	●	●	●	●		含永州府境图、府城图、府治图、府学图;零陵、祁阳、东安三县县境图、县治图、县学图;全州、道州二州州境图、州城图、州治图、州学图;	21
[隆庆]永州府志	●	●	●	●		较《洪武永州府志》图像增:朝阳岩图、澹岩图、月岩图、九嶷山图	25
[万历]江华县志	●	●	●				4
[康熙]永州府志	●					府属四境营隘图、永州府属县四境图(8张)、潇湘图、愚溪图、西山图、朝阳岩图、浯溪图、月岩图、九嶷山图、玉琯岩图、重华岩图、澹岩图、泰伯仲庸图	21
[道光]永州府志	●	●				八属县图(8张)、八属县四境陆路长图(148张)、府境水道长图(28张)	186
[光绪]零陵县志	●	●					2

续表

	全境图	城池图	治署图	学宫图	八景图	其它图	数量
[乾隆]祁阳县志	●	●	●	●	8	文昌书院图、常平仓图、城守署图、归阳市归阳巡检署图、文明市文明巡检署图、排山驿图、浯溪图	19
[同治]祁阳县志	●	●	●	●	8	学宫八景图(8张)、永昌书院图、常平仓图、城守署图、归阳巡检署图、大营驿图、排山驿图、浯溪图	27
[光绪]东安县志	●	●				大比尺经纬网全境图(15张)、沿革图(8张)	25
[光绪]道 州 志	●	●		●	8	濂溪祠图	12
[嘉庆]宁远县志	●	●				九嶷山图、三分石图、虞庙图、紫霞岩图、玉琯岩图、无为洞图、春陵侯墓图、	9
[光绪]宁远县志						无图像	——
[顺治]江华县志	●	●	●	●			4
[同治]江华县志	●	●	●	●	1	万寿宫图、沱江试院图、教谕署图、训导署图	9
[康熙]永明县志	●	●			1		3
[光绪]永明县志	●					十九都分图(17张)、四猺分图(4张)	22
[嘉庆]新田县志	●	●			7		9

注:上表统计中不含"星野图"。

　　其中,府县《城池图》对于了解地方城市的空间形态及其在大尺度自然环境中的选址布局问题尤为切要。图中一般着重描绘 3 部分内容:(1)城内外主要山水环境。它反映城市所处的自然基底条件,表达城市选址之依据。图中对某些山水要素、以及它们与城池和主要建筑之空间关系通常会着重刻画,可视为整体"山水格局"的示意。(2)城内外官方公建设施的空间分布及形态特征。这些公建设施——主要包括城池、谯楼、治署、学校、坛壝、祠庙、仓廪等——是中央规定地方府县城市的基本配置。在城图中对其详细描绘的主要目的之一是向上级表明已遵照相关规制进行建设。这部分内容有助于我们掌握古代地方城市空间布局的基本规律,尤其是中央规制与地方变通间的关系。(3)城内外楼阁、亭榭、古迹、风景地等特色建设的分布与形态。如果说前一部分内容是"规定动作",其规划设计一定程度上受制于官方制度,那么这部分则是地方上的"自由发挥",最能凸显当地的自然与人文特色,也是人居史研究中应着重之处。虽然方志城图大多只能作为"示意图"参考(非测绘地图),但它们却清晰反映出古人对人居环境建设的意图与侧重,是研究古代规划设计的重要素材。

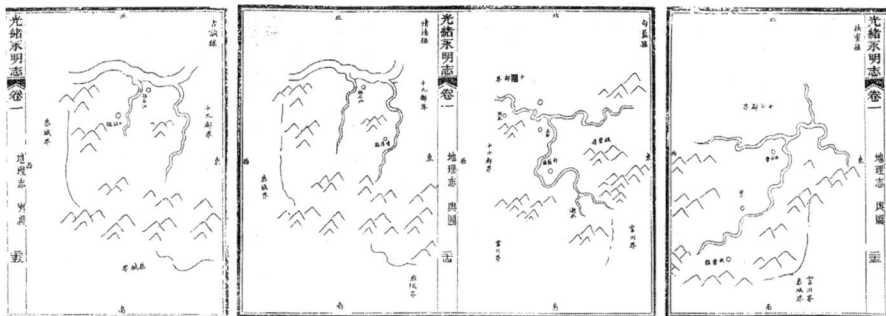

图 1　四猺图

资料来源:[清]万发元,周铣诒.光绪永明县志(50卷首1卷末1卷).光绪三十三年刻本.中国地方志集成.湖南府县志辑(49).南京:江苏古籍出版社,2002.

此外,不少方志中也会根据当地的自然或人文特色增加相应图绘。例如少数民族聚居的湖南永明县,其光绪版县志卷首增绘有《四猺图》(4张)详细描绘了诸猺居民点的分布状况(图1)。又如《道光永州府志》中绘制《属县四境陆路长图》(148张)和《府境水道长图》(28张)2种(图2)。前者分别从8座府县城之四门出发,将通往四境道路沿线的山水地形、居民点、坛庙、寺观、铺舍、风景地、古迹等信息一一描绘;其中对四门外城厢聚居区的表现尤有重要价值,这部分内容在方志正文中往往无专门记载或语焉不详。后者则沿府境内主要水路而行,详细描绘两岸景象。该组图不仅补充了传统方志图中较少表现的地区,还强调了永州诸府县城主要沿潇湘水系串联分布的整体格局。这些图绘在明清方志编纂中是一种创新,对于今天的人居史研究也提供了新颖的素材和线索。

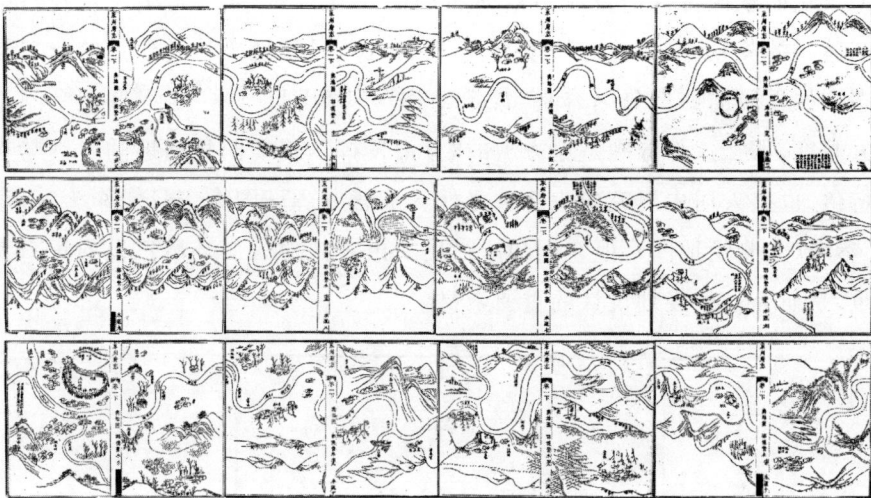

图 2　府境水道长图(部分)

资料来源:[清]吕恩湛,宗绩辰. 道光永州府志(18 卷首 1 卷). 道光八年刻本,同治六年重校刻本. 长沙:岳麓书社,2008.

三、《艺文志》中"记"体文章直接记述当时规划设计之原委与构思,是人居史研究之重要素材

《艺文志》是地方志中人居环境相关信息集中的又一重要卷目。它一般集录当地历史上重要的文学作品,其中的"记"体文章数量庞大、记载详细,且大部分是对人居环境规划建设的专门记述。此类文章多以《新建(或重修)××记》为题,对象主要涉及:(1)官方出资组织兴建的公建设施(如城池、官署、仓库、学校、坛壝、祠庙、阁塔、津梁等);(2)私人兴修的楼阁、亭榭、书院、寺观、别业等建筑;(3)风景发掘与风景地建设等。文章中除记录工程项目的缘起、出资人、工时用料、公众评价之外,往往会详细交代建筑群的空间布局、建筑形制,也会直接记述规划设计过程中的特别构思。较之《建置志》中的信息罗列,"记"体文章不仅描述更详细、数据更完整、也更侧重对规划设计理念的阐述;对研究古代规划设计有重要价值。

以《光绪道州志·艺文志》为例,在其收录的 41 篇文章中有"记"体文章 29 篇(占 71%)。其中除 3 篇《题名记》外,其余 26 篇(63%)皆是

对物质环境建设的专门记录:包括城池 5 篇、官署 3 篇、学宫考棚 6 篇、仓廪 1 篇、桥渡 1 篇、祠庙 4 篇、寺观 3 篇、别业 1 篇、风景地 2 篇。又如《乾隆祁阳县志·艺文志》中所收录的 54 篇文章中,有"记"体文章 41 篇(76%),其中 35 篇与人居建设相关,占总数的 65%。上述两种《艺文志》中"记"文题名详见下表(表3)。

表3　两种《艺文志》所载人居建设相关"记"体文章分类统计

类	目	《光绪道州志·艺文》记体文章	《乾隆祁阳县志·艺文》记体文章
城池	城垣	[清]俞舜钦《新修道州城垣记》	[明]何惟贤《祁阳县修城记》 [明]郑一夔《新建祁阳县城记》 [明]夏正时《重修祁阳县城记》 [明]焦竑《修祁阳县城记》
	谯楼	[宋]掌禹锡《鼓角楼记》 [宋]吴民先《莲花漏记》 [宋]义太初《鼓角楼记》 [清]何大晋《重修鼓角楼记》	[清]王颐《重建鼓楼记》
官署		[宋]张耕《宅生堂记》 [宋]薛策《平易堂记》 [明]吕继榎《守拙堂记》	
学校	学宫	[宋]舒师皋《重建御书阁记》 [清]何凌汉《重修道州学宫记》 [清]周诰《重修道州学宫记》	[元]蒋天赐《重修学宫记》 [明]李东阳《重修学宫记》 [明]张照《儒学种树记》
	考棚	[清]黄如谷《新建考棚碑记》 [清]许清源《新建观德堂并填坐棚记》	
	书院	[清]许泽洋《新建文社碑记》	[宋]苏天爵《建浯溪书院记》 [明]程温《重建三吾书院记》 [明]管大勲《文昌书院记》 [明]陈荐《重修学宫碑记》 [清]刘杲远《新修祁阳县学记》 [清]李映岱《修复文昌书院记》 [清]伊起莘《建义学记》

续表

类 目		《光绪道州志·艺文》记体文章	《乾隆祁阳县志·艺文》记体文章
仓廪		［清］常在《常平仓记》	
祠庙	坛墠		［清］王式淳《修复社稷坛记》 ［清］王式淳《修复风云雷雨山川坛记》 ［清］王式淳《修复邑厉坛碑记》
	祠庙	［清］徐凤喈《重修沈昭武将军庙碑记》 ［清］周乐清《重建沈昭武将军庙碑记》 ［清］叶桂《重修关帝庙碑记》 ［清］江肇成《重修城隍庙碑记》 ［唐］柳宗元《斥鼻亭神记》 ［清］李嵘慈《重修象王庙碑记》	［唐］张谓《虞帝庙碑记》 ［宋］许永《颜元祠堂记》 ［明］程温《重建浯溪元颜祠堂记》 ［清］觉罗卓尔布《永思祠记》 ［清］李蒔《水神庙记》
寺观		［清］王家俊《重修报恩寺并装佛像记》	［宋］白玉蟾《雷泽洞会真观记》 ［明］宁良《修甘泉寺记》
阁塔			［清］陈大受《重建文昌塔碑记》
驿传			［明］唐顺之《立岳将军题大营驿石记》
桥渡		［清］洪廷揆《南门义渡记》	
风景地		［宋］方信儒《九嶷环观阁记》 ［清］洪世祖《重修月岩记》	［唐］常词《修浯溪记》 ［宋］孙适《三绝堂记》 ［元］荣忠《重建笑岘亭记》 ［明］郑尔相《潇湘亭记》 ［清］李蒔《镜石记》 ［清］旷敏本《喜清阁记》 ［清］伍泽梁《胜异亭记》
别业		［宋］邵拟《漫斋记》	［明］王华《瑞梦堂记》
总计		26篇（占总63%）	35篇（占总65%）

四、方志编纂之连续性支撑对历史人居环境演进的持续观察和规律总结;新旧版差异提示重要历史变化

连续性是地方志编修的其重要特点。就明清两朝而论,洪武、永乐、正统、景泰、天顺、弘治、正德、嘉靖、康熙、雍正、乾隆年间曾多次诏令全国编修方志;雍正年间还规定了各州县志书每 60 年一修的续修制度[7]。以湖南永州一府八县为例,其在明清及民国时期内共编纂府县方志 51 种,修志平均间隔为 54 年①(图 3)。

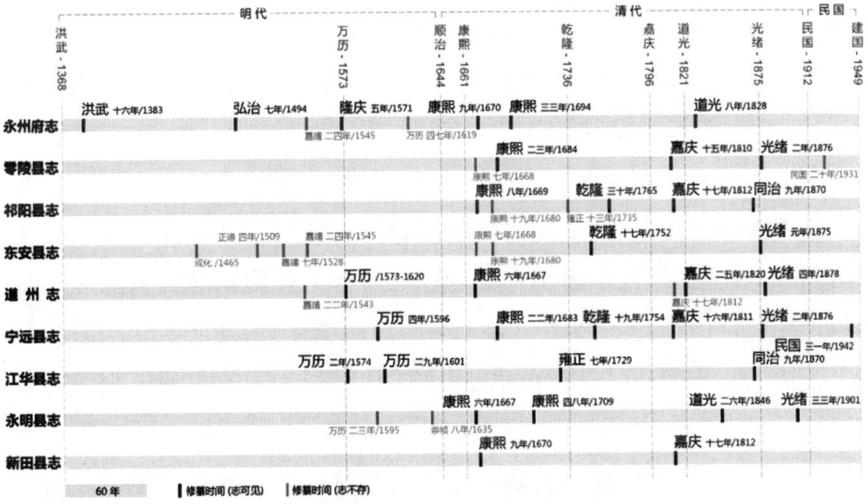

图 3   明清及民国时期永州府县方志纂修频次

资料来源:作者绘制。

一方面,地方志编纂的连续性使我们对地方人居环境历史演进的持续观察和规律总结成为可能。基于历版方志中对城池建设与修拓,对学宫、书

---

① 计算明清及民国时期内自首次修志至末次修志之间的平均间隔,永州《府志》及零陵、祁阳、东安、道州、宁远、江华、永明、新田《县志》分别为 53.8 年、52.6 年、33.5 年、51.3 年、55.9 年、57.7 年、59.2 年、51 年和 71 年,平均为 54 年。

院、坛庙等建筑在选址、布局、设计方面的详细记载,我们可以厘清城市的空间形态演进,总结诸类建筑在城市中选址布局的基本规律。在此基础上探明各功能场所要素在人居环境整个历史进程中出现、发展、成熟、甚至消逝的全过程。更重要的是,这些历史"切片"为我们提供了一系列可资比对的研究案例——即面对基本相同的自然环境,不同历史时期的规划设计者所进行的不同探索。从中我们可以总结规划设计的成败得失,也能更清醒地认识在相对稳定的自然环境和社会经济格局下规划设计的可能性与局限性。

另一方面,新旧版本间的差异则可能提示着人居环境在物质或观念层面的重要变化,值得研究者特别关注。例如某些山岳在旧志中并无记载,而在新志中却被着重强调并赋予特殊意义,这显然说明时人对城市"山水格局"的认知发生了变化,并暗示着城市整体空间布局的相应调整。以湖南省道州为例,此前名不见经传的"宜山",最早在《康熙永州府志》中出现了较为详细的描述[①];因其位置形态理想而在《光绪道州志·形势》篇中被定义为县城之"主山",并建构起依托其而"立城郭、建廨署"[②]的新城市骨架。而在此之前,几部南宋地理总志、甚至明嘉靖间《湖广图经》中的道州章节中皆无对"宜山"的记载。在这几部志书中有重点记述的是曾影响唐代道州城选址及空间布局的"营山"[③]。道州清代方志中的这一变化,清楚表明了当时规划设计者(包括风水先生)在城市"山水格局"建构上的创新。说明规划设计者对自然环境的认知与选择是不断变化的;但他们对人居环境必须在观念和形式上皆与大尺度自然环境相关联一致却始终抱有笃定追求。

---

① "宜山,在州北十五里,山高峻,盘踞十里,八面环观,方正如一,自州治望之,屹然雄峙,为郡之镇山。"(《康熙永州府志》卷八山川:223)

② "州龙初发脉于营阳,蜿蜒百里,继分枝于宜岭,突兀三峰。由是立城池则面水背山;建廨署则居高临下。左右溪交流城外,东西洲并峙河中。"(《光绪道州志》卷一方域·形势:146—147)

③ 营山,即《光绪道州志·形势》中所云"营阳",在明清道州城西40里,唐武德四年曾置州城于其东麓。

五、方志内容之取舍详略反映古人
对人居环境的基本观念及营建重点

　　地方志并非对一地概况的纯客观记录,其中对人居相关内容的取舍、侧重真实地反映出当时人居营建的基本观念与价值取向。就笔者以往的研究经验而言,"自然和谐"与"道德教化"是地方志中永恒的关键词。它们是明清地方人居环境建设的重点,也应当是今天人居史研究的重音。

　　地方志中尤其着重交代人居环境所处的自然条件,以及规划建设过程中如何与自然环境(及其要素)建立不同层次的空间关联。从历史渊源来看,地方志源于地理志,对一地自然地理环境的记述本就是其核心内容,因此地方志中对人居环境的描述始终在这一宏大的基底上展开。从章节编排来看,主要交代人居与自然关系的"舆地志"、"山川志"往往列于方志最首,且篇幅巨大。从方志图像来看,全境图、城池图、八景图、胜迹图等皆重在表现自然环境中不同尺度的人工建设及其和谐整体。

　　地方志中也格外强调人居环境的道德属性,并重点记录下这一旨在实现道德教化之物质环境("道德之境"[8])的组成及建构。如方志中对治署、学校、书院、坊表、教化性祠庙等文教设施的记载最为详细;对城池、谯楼、阁塔、亭榭甚至风景等内容的记述中亦极力发掘其道德教化意义;而对于人居环境中能直抒道德的"文字"(题名、匾额等)更是不厌其繁地统统收录。相比于实用功能属性,方志中更强调人居环境的道德教化属性。

六、方志编修情况反映地方人居环境开发的
历史进程,是城市建设"规范化"的标志

　　纂修方志作为一项政治任务和文化活动,其纂修情况本身也反映当地人居环境开发的历史阶段和文明程度。在明代,较为偏远、人居开发较晚的广西、云南、贵州、甘肃等地区县志修纂数量还很少;而人居开发历史悠久、经济文化发达的中原、江南地区县志修纂则非常普遍,修志数量最多省份几

乎是最少省份的 20 余倍①。到清代,随着偏远地区的持续开发,县志纂修也逐渐普遍。

由于朝廷颁布的修志体例与其对地方城市规划建设的规制实一脉相承,地方修志即说明其人居环境建设已遵照中央规制而行。换句话说,修志活动可视为地方人居建设已经或正在"规范化"的一种标志。以永州地区为例,其地秦汉时已有行政建制,但由于山水阻隔、汉夷杂处,人居环境建设一直相对落后,唐宋仍是朝廷贬谪之区。大部分属县至明代始有完备的城池建设和符合规制的公建设施。相应地,县志修纂也皆始于明代。如东安县城于明景泰元年(1450 年)筑城,成化间(1465—1487 年)始修志;永明、江华县城分别于天顺年间(1457—1464 年)筑城,万历年间(1573—1620 年)始修志。当然,明代的城市建设问题颇为复杂,方志修纂也受朝廷号令影响,但总体上两者之间仍存在一定关联。从这一角度来看,地方志中其实蕴藏有大量对地方建设与中央规制间微妙关系的记录,值得进一步探索。笔者在研究中使用到的地方志文献主要包括明清及民国时期永州府县方志、湖广/湖南省志通志、历代相关地理总志、以及 1949 年以后永州地区编纂的市区县志。其中,据《光绪湖南通志》[9]卷 249、《零陵地区方志源流考》[10]1983、《中国地方志联合目录》[11]1985 统计,明清永州府县方志今存 35 种,除去其中部分卷目不全者,今较完整可读者约 29 种:《洪武永州府志(12 卷)》、《弘治永州府志(10 卷)》、《隆庆永州府志(17 卷)》、《康熙永州府志(24 卷末 1卷)/9 年》、《康熙永州府志(24 卷)/33 年》、《道光永州府志(18 卷首 1 卷)》、《康熙零陵县志(14 卷)》、《嘉庆零陵县志(16 卷)》、《光绪零陵县志(15 卷)》、《康熙祁阳县志(10 卷首 1 卷)》、《乾隆祁阳县志(8 卷)》、《嘉庆祁阳县志(24卷首 1 卷)》、《同治祁阳县志(24 卷首 1 卷)》、《乾隆东安县志(8 卷)》、《光绪东安县志(8 卷)》、《康熙道州志(15 卷)》、《嘉庆道州志(12 卷)》、《光绪道州志(12 卷首 1 卷)》、《康熙宁远县志(6 卷)》、《嘉庆宁远县志(10 卷首 1 卷末 1卷)》、《光绪宁远县志(8 卷)》、《万历江华县志(9 卷)/2 年》、《万历江华县志(4 卷)/29 年》、《同治江华县志(12 卷首 1 卷)》、《康熙永明县志(13 卷)》、

---

① 据巴兆祥(2004)对明代现存及散佚地方志数量的分省统计可知,有明一代县志修纂最少省份为云南,全省县志仅 13 种;最多者为浙江,高达 262 种,相差 20.2 倍。

《康熙永明县志(14卷首1卷)》、《光绪永明县志(50卷首1卷末1卷)》、《康熙新田县志(4卷)》、《嘉庆新田县志(10卷)》。湖广/湖南省志通志约7种。

七、一次基于地方志文献的人居史研究探索：以古代永州地区人居环境规划设计研究为例

笔者在研究古代永州地区人居环境规划设计的过程中大量使用地方志文献，由此对基于地方志文献的研究思路与方法有进一步思考。以下将简要介绍该项研究中的基本思路、面临困难和解决途径，但求抛砖引玉。

由于研究对象是古代地方人居环境的规划设计，一方面需厘清各关键历史时期人居环境的基本面貌，从空间形态及其历史演变中总结推断规划设计的规律与原则；另一方面则需考察具体的规划设计者及其规划设计过程，从中总结提炼规划设计理念与方法。又由于方志本身的内容侧重反映出"自然和谐"与"道德教化"是明清永州府县人居环境规划设计的两项核心价值，故笔者以此二者为线索确定了基本研究范畴。在"自然"范畴中，笔者分3个层次考察不同尺度（及程度）人工建设与自然环境的关系；基础信息主要来自"形胜"、"山川"、"建置"、"艺文"诸篇。在"道德"范畴中，笔者选取了人居环境中具有道德教化意义的12项空间场所要素，研究其各自的选址布局规律及整体空间格局特征；基础信息主要来自"建置"、"学校"、"秩祀"、"艺文"诸篇。

方志信息的提取和处理是研究中的难点。一方面相关信息量巨大且分布零散，需要高效地筛选和整理分析；另一方面由于古人空间描述的精确度有限、可靠性存疑，需要比对真实空间环境来判断信息的有效性。因此，研究中主要采取了"方志信息整理形成初步推测——实地调研验证——情境还原补充"的思路：即首先对方志中大量的人居环境相关信息进行分类提取和统计分析，在此基础上对研究框架中提出的特定空间关系和构成要素的规划设计原则提出推断或假设；第二步在实地调研中验证方志空间信息的准确性，修正信息并调整之前的推论；第三步在真实地理环境中进行情境还原，模拟古人规划设计过程及其对环境要素的反应。基于上述基础研究，再就不同目标范畴进一步总结归纳，形成结论。

　　本文浅议基于地方志文献的人居环境历史研究方法,限于笔者的研究经历和水平,偏颇不当之处在所难免,望得到前辈同仁指正,亦期激发更多关于人居史研究方法的探讨。

参考文献

[1] 巴兆祥. 明代方志纂修述略[J]. 文献,1988(3):152—162.

[2] 黄燕生. 清代方志的编修、类型和特点[J]. 史学史研究,1990(8):67—74.

[3] 孙诗萌. 南宋以降地方志中的"形胜"与城市的选址评价:以永州地区为例[J]. 中国建筑史论刊(第8辑),2013:413—436.

[4] [唐]元结. 欸乃曲. 元次山集. 北京:中华书局,1960.

[5] 巴兆祥. 论明代方志的数量与修志制度:兼答张升《明代地方志质疑》[J]. 中国地方志,2004(4):45—51.

[6] [清]贾汉复,徐化成. 康熙河南通志. 上海图书馆藏稀见方志丛刊. 北京:国家图书馆出版社,2011.

[7] 来新夏. 中国地方志[M]. 台北:台湾商务印书馆,1995:82.

[8] 孙诗萌. 道德之境:从明清永州人居环境的文化精神与价值追求谈起[J]. 城市与区域规划研究. 2013,卷6(2):162—204.

[9] [清]李瀚章,曾国荃. 光绪湖南通志. 长沙:岳麓书社,2009.

[10] 李龙如. 零陵地区方志源流考[J]. 零陵师专学报,1983(1):78—85.

[11] 中国科学院北京天文台. 中国地方志联合目录[M]. 北京:中华书局,1985.

◎ 基金项目:本论文受中国博士后科学基金(No. 2014M550737)和国家自然科学基金(No. 51378272)资助。

◎ 作者简介:孙诗萌,清华大学建筑学院助理研究员。

日本对中国城市规划史研究的现状及动向

◇ 松本康隆　李百浩

前　　言

在日本,关于城市规划史的研究大致分为文科和理科两大类。其中,理科类包括城市规划、土木工程、建筑、园林和自然地理等学科,文科类包括政治、法学、经济、社会、哲、艺术、地域人文地理等学科。并且与这些相关联的研究大部分在城市史研究的范围中进行,即城市规划史研究被定位在城市史研究范围之中。另外,日本的城市规划学会于1951年创立,城市规划学于1962年第一次被设立为大学专业学科(东京大学都市工学科)。此后,虽然其他几所大学也相继开设这门学科,但是为数有限。正如1961—2001年的日本城市规划学会正式会员专业的演进图所示(图1),土木工程和建筑学的会员数占了总会员数的一半以上。由此可见,城市规划学本身是比较新的专业领域,而且关于城市性质方面是属于跨学科的,所以城市规划史研究成果被刊登在各种学科领域的专业杂志上。在此,作者在分析日本对中国城市规划史研究的现状及动向的基础之上,全面调查上述所有的学科领域的研究。然而,鉴于笔者为建筑学出身之缘故,加之时间限制。因此,本文主要以城市规划学和建筑学研究为分析对象。

城市规划学和建筑学的近年研究动向,可以从两个方面来论述。第一个方面,文理科研究者共同研究的形式拓宽了城市史研究框架;另一方

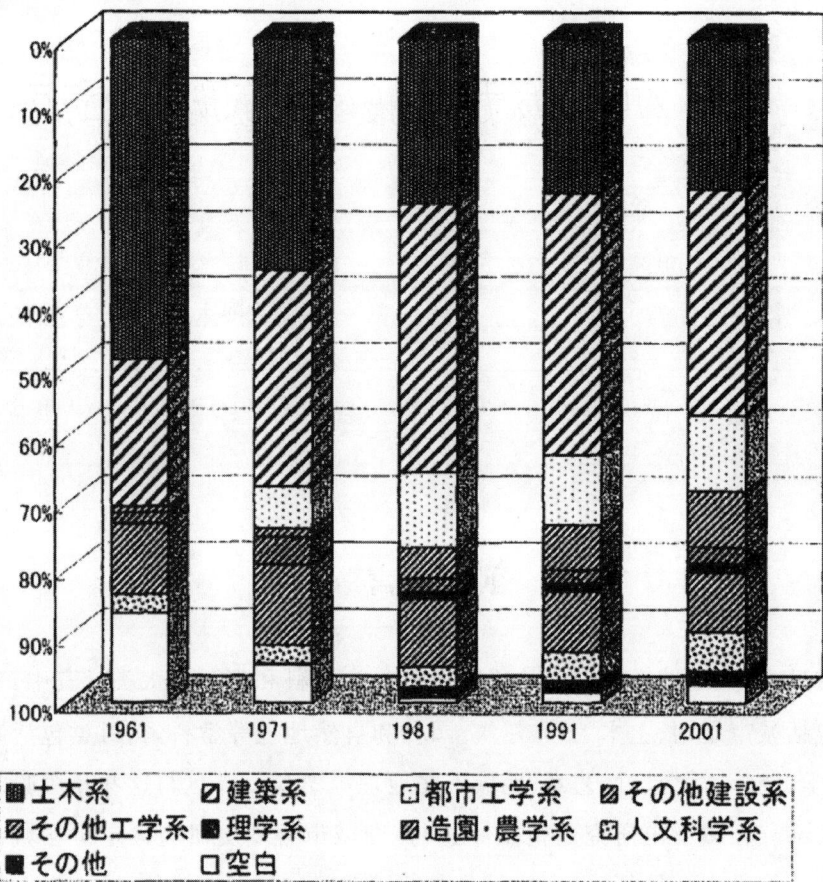

图1 日本城市规划学会正式会员专业的演进

资料来源:日本都市计画学会50周年史编集委员会.正会员の专攻の推移[J].

都市计画,2001(4):146.

面,与第一种相反,提升城市规划史研究的专业性。前者的典型事例,可以

列举出:以历史学出身的吉田伸之和建筑学出身的伊藤毅为中心的研究小

组。他们从1993年开始每年发行《年报都市史研究》①,并于2014年成立了

以他们为中心力量的日本城市史学会。后者的典型事例则为以城市规划学

的中岛直人为中心的年轻研究者小组。虽说予以日本"城市规划"明确定义

---

① 都市史研究会《年報都市史研究》1993年9月刊到2013年3月刊。

的渡边俊一[1]、描绘出日本城市规划通史的石田赖房[2][3]以及整体掌握战争时期日本本国及其殖民地城市规划的越泽明[4][5][6]奠定了城市规划学的专门性历史研究的基础,但是中岛等人在挖掘各自研究主题的同时,再次发出疑问:何为城市规划？为此,他们也发表了以城市规划家轨迹为接点的共同研究成果[7]。

因此,关于城市规划史的研究被广泛深化的同时,又被重新问起:何为城市规划？因此,为了分析研究需要本文所选择的文献是作者认为关于"城市规划"、或者是作者所期待的关于今后的"城市规划"等方面的文献。本文也是作者自身尝试进行的分析,但是在构筑当今中国独有的城市规划学——"城乡规划学",很希望本文可以成为这方面研究的参考之一。

一、以往研究概述

作为日本的城市规划史研究综述,首先是自 1990 年开始每年都会被刊登在由日本城市规划学会发行的杂志《都市计画》[1]上的"都市计画研究的现状和展望"。此研究每两年一次地提到城市规划史。因为综述对象文献的范围除了最初的是 10 年,后面大致是以 3 年的研究动向为分析对象,所以可以说此综述是为了了解这个领域最新研究动向的最基本文献。

建筑学领域中,有不定期地被刊登在杂志《建筑史学》[2]上的"学会展望"。关于城市史,可以列举到"日本都市史"(1986)、"日本近代都市史"(1996)、"日本中世都市史"(2001)、"日本近代都市史"(2010)、"土耳其建筑史·都市史"(2012)、"东南亚建筑史·都市史"(2012)等。虽然没有关于中国城市史研究的直接综述,但是此综述是把握以日本建筑学为中心的城市史研究的方法论的最基本的文献,作者认为有一定的参考价值。

关于中国的城市史研究,首先是村松伸的《中国都市史研究的概况和文献目录（日本·中国文篇）》[8]。不仅记述了从战前至 1981 年的日本,也把中国文献制作成目录并概述了其研究动向。以集合规模（个体、群、总体、广

---

① 日本都市计画学会《都市计画》1952 年刊到 2013 年 10 月刊。

② 建築史学会《建筑史学》1983 年 10 月刊至 2013 年 9 月刊。

域)和时代区分(先秦、秦汉、魏晋南北朝、隋唐、五代宋、辽金元、明清、近代)给研究对象制作矩阵,表现研究兴趣的程度(高、普通、低),再每个集合规模地关于研究对象和研究视角进行分析。尤其,在总体的分析中,村松伸以"都市计画"为其中一个主题,对鸦片战争前后的城市规划研究情况分别进行了分析。因此,作者认为村松伸的综述在了解当时的研究情况方面很有参考价值。其次,以徐苏斌的《日本对中国城市和建筑的研究》[9]为建筑学领域的先行研究为中心,涵盖了其历史背景并对其进行了分析。再者,作者简明易懂地归纳了至1997年的日本主要的中国研究组织和人物。同时也总结了建筑史研究者的个别实绩和主要著书,因此可以说此稿有一定的参考价值。但是,论文中关于城市规划史的信息比较少。如果要提到与古代中国城市规划史直接相关的研究的话,就不得不说都城研究了。大田省一的"亚洲城市史——城市比较研究的地平"[10]分析了着眼于整个亚洲范围的都城形态的研究。作者考虑到近代之后的城市规划,认为和古代接轨的研究很重要,且很有必要归纳古代都城研究成果。这个回顾是被刊载在前面所提到的新成立的城市史学会的会志的第一期上。

在此,对文科的研究回顾进行稍微介绍。首先是砺波护等的《中国历史研究入门》[11],这是很多研究者关于各个时代各个主题对2006年度的研究动向进行总结归纳的呕心之作。其中,在城市规划相关的领域:政治史、法制史、经济史、社会史等的先行研究方面很有参考价值。关于那之后的最新动向,《史学杂志》的每年5月刊都会作为"回顾和展望"对前一年的研究进行总括[①],因此可以说作为文献史学的研究回顾此杂志是最基本的研究回顾,十分有意义。其他,作为个人成果:斯波义信[12]、水羽信男[13]、妹尾达彦[14]、中村元哉[15]等也各自从独特的视角对当时的最新成果进行了归纳。

二、本文的内容和目的

在上述研究综述的基础上加上作者自身收集的文献,本稿以把握以

---

① 史学会《史学雑誌》2013年5月刊。

2013 年为止的以日本城市规划学、建筑学为中心的中国城市规划史研究的现状和未来展望为目的。分析对象为城市规划学会发行的 1966 年至 2013 年的《都市计画论文集》①、日本建筑学会发行的 1994 年至 2013 年的《日本建筑学会计画系论文集》②、作者力所能及所收集的书籍资料。关于《日本建筑学会计画系论文集》，没有包括 1993 年之前的，而且作者所收集到的资料也是力所能及的，所以资料不是很完整。然而，与日本城市规划史研究相关的主要学会（城市规划学会、建筑学会）所发行的 2013 年为止的 20 年间的论文集都网罗于此稿中（表 1），所以作者认为可以一定程度把握近年的动向和保证完成度。

表 1　本稿主要分析对象的论文数

	都市计画学会《都市计画论文集》（创刊 1966—2013）	《日本建筑学会计画系论文集》（1994—2013）	计
全论文数	5255	7651	12906
中国关系	106	317	423
中国都市史关系		73	73
中国都市计画史关系	39	37	76

资料来源：作者阅读《都市计画论文集》、《日本建筑学会计画系论文集》中相关论文，并总结归纳各分类的论文数后所做成的表格。

三、关于古代城市规划史研究

关于古代城市规划史，作为通史研究首先会提到村田治郎的《中国的帝都》[16]、文献史学的和斯波义信的《中国都市史》[12]。前者是从建筑学的角度，主要着眼于城市的规模和城内的宫城的位置，阐明其变迁，分析若干城市的街区规模和建筑。后者是运用文献史学的计量分析，从商业史的角度阐明古代中国城市的历史变迁和社会构造，关于若干城市进行了详细的城

---

① 日本都市计画学会《都市计画论文集》1966 年 11 月刊至 2013 年 10 月刊。
② 日本建筑学会《日本建筑学会计画系论文集》1994 年 1 月刊至 2013 年 12 月刊。

市化实态分析。以上两篇著作都是在各自时期、领域的研究中的最杰出代表，可以被定位于从那之后研究的起点。

　　进行城市规划之际，想要规划成怎样的城市呢？首先最其本的应该是把握其理想像、世界观等理念。那样的理念性内容常常被视作城市的宇宙论，关于这方面的代表作有大室干雄一系列的著作[17][18][19][20][21][22]。大室以民间故事为根据描绘了城市居民的集合性的精神世界，其内容即使从城市规划学的角度来看也是实际可应用的，所以可以说其是具有启发性、参考意义的研究。规划学的研究焦点是"考工记"和风水。前者被收集在儒教经书——《周礼》之中，持续影响了那之后的统治者们，可以说其是象征人为性统治的城市模型。与此相对，后者主要思想则是利用或者改良自然环境。"考工记"研究中，村田治郎极其局限地看待了考工记的影响，指出最关键的是：城的整体等于或接近于方形、城中心附近有宫城，明代的北京城是唯一的实例。与此相对，妹尾达彦指出：隋唐长安之后的城市规划与"考工记"的相似性变高，所以"考工记"的影响还是很大的[23]。风水研究中，黄永融从风水的视角纵观了大陆的城市规划，对台湾的各城市进行了详细的分析[24]。再则在关于大陆方面，李桓取得了详细的基础研究成果[25][26]。

　　具体的城市空间研究中，村田治郎的《中国的帝都》阐明了城市空间的变迁，那之后取得首个较大成果的是进行现场调查而详细地阐明北京城内的地区特性的阵内秀信的《北京》[27]。其次，作为近年的新动向，可以往 4 个方向去论述。第一个方向是着眼于城市和园林关系的同时，继承先行研究的框架和方法，追求精细化。比如反复精读文献的外村中的研究[28][29][30][31][32]。第二个方向是与先行研究一样地，以帝都（首都）为焦点，同时如以下研究的方法一般地扩大研究框架。比如：意欲掌握欧亚大陆规模的妹尾达彦的《长安的城市规划》[23]、意欲整体掌握东亚和印度以及受印度影响的东南亚的应地利明的《都城的系谱》[33]等研究。第三个方向是阐明与中央政权建立的城市对比的（处于朝贡关系的）周边国家的王都的包慕萍、三宅理一的研究[34][35][36]。第四个方向是影射明代藩城、清代八旗城等具有各时代特征的地方城市群的包慕萍和颜敏杰等的研究[37][38][39]。

　　然而，这些研究都是属于都城研究范畴。着眼今后中国的"城乡规划""的研究中还需要关于镇和乡村的研究。可是，除了阵内秀信和高村雅彦的水乡(镇)研究之外,关于镇、乡村的研究几乎没有[40][41]。关于乡村的研究仍停滞在民俗建筑学层面。从现在的市域追溯到过去,整体把握都城和部落的研究是有的[42],但是不是看现在的视域,而是必须通过当时的文脉来掌握有机关联性。虽说人文科学研究方面,人类学家 G. W. Skinner[43],历史学家 W. T. Rowe[44][45],以及斯波义信[12]等有机地掌握了城、镇、乡村的城市化,但是作者认为今后也是有必要从城市规划学角度去掌握城、镇、乡村的有机关系。另外,其他具有特征的研究当中,可以列举:把承德定位为旅游城市的研究[46],以檐廊、骑楼、亭仔脚等为城市要素因而被冠名为"城市廊",寻求这个"城市廊"的起源的研究[47]等。

综上所述,诞生于近年着眼于风水的规划理念研究、周边王都、藩城和八旗城等各时代的政治要因的地方城市研究有了新的进展,都城研究也逐渐地变得丰富起来。然而,与着眼于今后"城乡规划"研究相关联的镇、乡村的城市规划史的研究只有些许,根据当时的文脉有机地掌握都城、镇、乡村的研究可以说几乎没有。另一方面,整体掌握欧亚大陆规模、或者东亚、印度、东南亚的研究或许会对今后全球化角度的城市规划研究有参考意义。

四、关于近现代城市规划史研究

近代的研究中,关于殖民城市的内容最多。关于殖民城市用语,由于有殖民地、租界、租借地等用语和满铁附属地、傀儡政权等许多统治形态的原因,所以谈及"殖民地城市"之际,就容易局限地联想到只是殖民地的城市。然而,本稿中的"殖民城市"是涵盖上述所有内容的。

作为日本城市规划史研究史的一部分,上述殖民城市的研究是越泽明取得了很大的成就[4][5][6]。但是,越泽明的研究在积极地评价当时的殖民城市规划的先进性的另一方面,却对殖民城市的特质没有兴趣。故虽说这样的研究成果诱发了以后殖民城市统治形态城市规划研究,但是避免使其成为一个方向却没有起到作用。与此相对,村松伸以租界上海为对象动态地掌握了西洋列强、民国、日本等各国的动向,与此同时,对城市规划的先进性进行了批判性的评价。为了考虑应该如何继承"负的遗产"——曾经的殖民城市这一问题,村松伸冷静地将过去客体化,并把自身的研究定位为其尝

试之一[48]。根据以上二人对照性的先驱研究,如今可以看到更多样的研究进展。

首先,以布野修司为中心的探索殖民城市起源的研究[49][50][51]。布野修司就西欧列强的殖民城市的形成过程做了如下整理。首先,葡萄牙形成了不包含领域支配的交易据点的网络。其次,西班牙在统治土地、破坏文化的基础之上建立了以一定的西欧理念为基础的城市。再者,荷兰以沿岸港口城市为基地,以吸取当地社会、引进多样的移居者的形式,创造了殖民城市的原型,成为了最初的欧洲霸主国家。最后,英国和法国往内陆侵占,支配了多处领土。其中英国取得了7年战争的最终胜利,以产业革命为契机夺得了荷兰的霸主地位。以布野修司为中心的研究小组勤奋地对这些殖民城市进行现场调查,并详细地阐明了宗主国的城市传统、统治政策以及实际的城市空间的变容。这一系列的研究不仅对掌握近代殖民城市规划的特征和技术很有帮助,而且正如他所说"所有的城市都可以说是殖民城市"的这一说法,这些研究关心城市本质相关问题,对从古至今的中国城市规划史整体研究很有参考价值。

从整体上掌握日本的殖民地研究中,经济学者桥谷弘的《帝国日本与殖民都市》[52]一书阐明了作为日本的殖民城市的特质,并指出了后发的帝国——日本是与本国近代化并行地进行着殖民支配。因此,在日本人国内、国外施行着同样的政策,也会出现先进手法被导入外地的所谓逆反现象。另外,关于台湾和满洲的城市规划,桥谷弘也指出了人、资金、土地齐全,无需考虑政府机关之间的调整、针对居民的对策等,这样的殖民城市特有的状况。以中国东北地区建筑和建筑家的动向为中心的研究方面取得很大成功的西泽泰彦[53][54][55][56][57][58]指出日本在与西洋列强的殖民地竞争中,很有必要具备世界普遍性和先进性的样式建筑和城市的美观。然而,作者认为桥本指出的"逆反现象"和西泽指出的"先进性"在西洋列强各国中的情况也差不多是一样的。比如,霍华德的田园城市理论的形成以及之后的发展被指出和英国殖民城市的发展关系密切,作者也认为近代城市规划技术的展开和近代殖民城市的展开本质上是密不可分的。

关于日本殖民城市规划理念的研究,会列举到五岛宁的研究[59][60][61]。他验证了台湾、朝鲜、满洲国的城市规划原理是否是依据风水和"考工记"

的。日本在各地进行的城市规划既不是对传统规划原理的人为破坏也不是尊重。五岛宁总结到这样两极端的评价意味着对殖民城市规划的过大评价，作者对这一结论很有兴趣。

能够凸显殖民城市规划技术的研究中，土地开发、港湾地开发、居住分离、种植园开发等取得了较大成果。关于土地开发，鲇川慧详细地阐明了1843年正式割让之前，香港被英国土地占领、再分配这一过程是依据殖民城市的军事和经济原理而进行的[62]。另一方面，对租借地上海进行详细研究的陈云莲提出了以下观点：因为英国政府工部局在英国商人扩张借地开发之后进行了公路修整，所以可以看出其实根据中国旧有的部落构造而建立了旧英租界地[63]。关于租借地天津，王艺武等人以建筑用途为中心，分析了土地利用情况[64]。关于日本国策公司——南满洲铁道公司和满洲国的土地政策，越泽明详细地阐明了租赁和出售方式[65]。

关于港湾开发，上述的鲇川慧阐明了英国最初的港湾土地分配，恩田重直则阐明了从清朝时期起到英国租借地设定期再到租借地撤收以后的民国期的厦门[66][67]。关于后发帝国日本是如何对中国和西洋列强进行开发的这一问题，陈云莲则以日本邮船公司的动向为中心对其进行了详细分析[68]。

关于居住分离，有以中国东北为中心，苏联人、中国人、日本人居住地区的研究。通过这一实证性的研究，可以看出当时的中国人逐渐地将居住分离制度无效化这一有趣的成果[69][70]。关于后发的日本如何在居住分离明确不可能的情况下形成"日本人地区"这一问题，仍然还是陈云莲的一系列关于租借地上海的研究成果最为出色[71][72][73]。

关于种植园开发，有小野启子等人的日本的南洋种植园城市研究[74]。此研究阐明了：日本在中日战争后，更加地向南洋诸岛扩张支配地域。其中台湾的种植园城市可以说是日本的种植园开发的起点，以夏威夷为模型的城市景观阶段性地呈现出来。

关于日本殖民城市特有的神社建设，有必要说到青井哲人的以香港和台湾为中心的研究[75]。此研究将神社视作港湾、铁路、市场、监狱、医院、教育设施等的殖民城市的城市设施的一项，并把神社定位于在与根据西洋的建筑景观建立起的象征殖民政府权威的中心地区相对应，阴郁森林景观（神社内景）和木造建筑（神社）的精神结合、宗教权威的表象。

其实,普遍的城市规划技术当中也可以探视到殖民城市特质。然而,因为其分析太具体,作者决定在篇幅的允许情况之内,分地区地概括其大致特征。首先,关于台湾[76][77][78][79][80][81][82][83][84][85][86][87][88],从清朝统治的中心城市变为日本统治的地方城市的台南、成为日本统治中心的台北、连接台南和台北的台中等各地区特质的研究在不断被推进着。从内容方面来看,主要是日本和台湾的城市规划制度制定的先后关系、技术的差异。关于包含满洲国的中国东北地区方面的研究则会说到西泽泰彦的以建筑为中心的一系列研究[53][54][55][56][57][58]。西泽泰彦详细地关于城市规划以建筑规制为中心进行了阐明。关于沈阳和大连的绿地[89][90],过去的城市规划开发的产物被视作社会资本,为了将其继承下去的研究在被进行着。关于相继被德国和日本占领过的青岛方面的研究[91],以与上述同样的研究定位而被进行着,其城市规划和林荫道的关系被阐明了。其他的研究中,虽然田中重光的研究稍微断断续续,但是他也阐明了各城市的多样事实[92]。

综上所述,殖民城市研究不仅仅单是日本的殖民城市研究,日本以外的殖民城市研究也取得了很大的成果。因此,可以说日本殖民城市研究变得更加客观和普遍了。日本的殖民城市除了北海道和冲绳外,最先的是台湾,第二是朝鲜,第三是满洲国,第四是中日战争后的大陆占领地,第五则是南洋各城市。以上所见,关于台湾的研究很多,再者此处没有提及到的朝鲜研究其实也很多。今后,期待着包含从最初期开始就一直存在的租界、租借地、铁路附属等,以阶段性理解和同时代相关性为中心的研究有更大的进展。作者认为阶段性定位和同时代相关性应该以包括西洋列强在内的整体眼界来进行。通过深化殖民城市研究,作者认为应该可以拓宽探究以下问题的视野。如何定位剑指民国而非帝国的中国在世界史上的位置?中国的此类特质如何在城市规划中体现?

相对与殖民城市和租借地,主要着眼于近代中国内部背景的研究有比较中日铁路建设和城市之间的关系研究[93][94]、日本统治前的台湾的研究[95][96]、民国期的首都计划[97]、城市改造[98][99][100]、街道铺设[101]、港湾建设[67]、商业地区开发[102]等研究。可见是力求十分精细地追溯清末到民国期的规划之间的古代城市的变容。关于城市规划的导入的研究中,徐苏斌详细地阐明了清末的城市空间的变迁和民国时期柳士英的苏州城市规划[103]。

另外,不仅关于中国国内,也有关于网罗东南亚的华人街的研究[104]。作者认为华人街是与近代殖民城市不同的殖民城市,并且认为关于其今后在国际性框架中的研究是有可能性的。

现代的研究不是俯瞰现代进行历史性评价,而是着眼于如何应该应对眼下面前的城市课题,和解明直至今日的直接性的缘由。即为了眼下城市规划更新的缘由的整理和问题点的找出。其中针对历史环境破坏的保护制度和伴随城市规模的扩大城市政策和农村政策出现矛盾的城中村等的研究尤其受关注[105][106][107][108][109][110][111][112][113][114][115][116]。

连接近、现代的研究与现代研究一样,以注重今后的城市规划更新的研究为主。台湾研究中,有把握全部历史变迁的研究[117][118]、以城市规划技术——建筑线制度为重点的研究[119]。香港研究中,因为其在近现代除了5年日本占领期之外,全部都是在英国的统治下,所以关于香港的研究比较能够自然地连接近、现代[120][121]。今年,大陆研究中也可以逐渐见到对现行的政策进行历史性定位、从长远的角度来把握为了追求改善而追溯到近现代的变迁的研究[122][123][124]。

结　语

如上所见,作者把日本的中国城市规划史研究分成古代研究和近现代研究来两个部分,并作了若干考察。古代研究中,可以看到建筑学的村田治郎、文献史学的斯波义信之后有了很多的进展。关于城市规划理念性的研究中,对风水的基础理解有了进步。城市空间分析中,除了阵内秀信的以至地调查为中心的分析之外,往文献解读的精细化、研究框架的扩大化、周边王都研究、地方城市研究等4个方向的研究也有了新进展。然而,没有人文科学中所见到的有机地掌握城、镇、乡村的研究。近现代研究中,殖民城市研究占了绝大篇幅。因为对先行的西洋列强的殖民城市和后发的日本的殖民城市的阶段性理解有进步,而且个别调查也日渐丰富,所以作者期待着今后关于以同时代相关性为中心的研究。另外,随着殖民城市研究的深化,与殖民城市相对或者说超越殖民城市的中国城市的特质把握的可能性也随之显现。与殖民城市相对,主要着眼于中国历史文脉的研究也出现了,但是殖

民城市的特质和其有着密不可分的相关联系,同时城市空间也日渐变化了,作者认为应该在进行针对二者均衡分析的同时,推进中国独特的城市规划理念的探寻研究。

最后,作者想提及关于现如今在日本很盛行但在中国却很少见的中国城市规划研究。是关于作为日本特征而被大家所熟知的"Machi－Zukuri"(社区营造)的研究。其分为为了提供"Machi－Zukuri"的核心——具有历史价值的遗产信息的研究和居民参与的方法论。关于前者,既往的历史研究都可以成为其参考材料,与至今为止的中国城市规划史研究大同小异。然而,我们应该关注的是被提倡着的新的遗产概念——"城市规划遗产"。边探寻学术问题"何为城市规划?",边积极地继续今后实际的城市规划方面研究。后者作为文献史学的中国城市史研究的近年卓著的成果之一,阐明了租界上海的公共性的形成与展开,但是着眼于公共性的城市空间的构造并没有进行解明。正如明清代的善堂里所见到的,在古代也设有以乡绅为中心的各种公共职务。那样的从下层开始的城市空间改造是经过怎样的过程、被多大程度地进行着呢? 怎样把在那里生活的人们的要求当作今后中国"城乡规划"的一部分? 怎样构筑不断持续的改良机制? 作者认为很有必要阐明具有较高参考价值的历史事例,并不断地积累对其的阐明。

参考文献

[1]渡辺俊一.「都市計画」の誕生——国際比較からみた日本近代都市計画[M]. 東京:柏書房,1993.

[2]石田頼房.日本近代都市計画の百年[M]. 東京:自治体研究社,1987.

[3]石田頼房.日本近現代都市計画の展開:1868—2003[M]. 東京:自治体研究社,2004.

[4]越澤明.植民地満州の都市計画[M]. 東京:アジア経済研究所,1978.

[5]越澤明.満州国の首都計画——東京の現在と未来を問う[M]. 東京:日本経済評論社,1988.

[6]越澤明.哈爾浜の都市計画——1898—1945[M]. 東京:総和社,1989.

[7]中島直人,西成典久,初田香成,等.都市計画家石川栄耀——都市探究の軌跡[M]. 東京:鹿島出版会,2009.

[8]村松伸.中国都市史研究の概況と文献目録[M]. 東京:東京大学工学部アジア都

市研究会,1981.

[9]徐苏斌.日本对中国城市与建筑的研究[M].北京:中国水利水电出版社,1999.

[10]大田省一.アジアの都市史——都城比較研究の地平[J].都市史研究,2014:127—134.

[11]砺波護,岸本美緒,杉山正明.中国歴史研究入門[M].名古屋:名古屋大学出版会,2006.

[12]斯波義信.中国都市史[M].東京:東京大学出版会,2002.

[13]水羽信男.日本的中国近代城市史研究[J].历史研究,2004(6):166—171.

[14]妹尾达彦.中国城市建筑史研究在日本[C]//东南大学建筑学院.刘敦桢先生诞辰110周年纪念 暨中国建筑史学研讨会论文集.南京:东南大学出版社,2009:117—125.

[15]中村元哉.日本の中国近現代史研究の動向(2000年度～2010年度)[J].近代中国研究彙報,2012:133—145(中文版:中村元哉.日本的中国近现代史研究动向(2000年～2010年)[J/OL].日本当代中国研究 2012,2012:111—120.http://www.china—waseda.jp/jscc2012/pdf.html.

[16]村田治郎.中国の帝都[M].京都:綜芸舎,1981.

[17]大室幹雄.劇場都市——古代中国の世界像[M].東京:三省堂,1981.

[18]大室幹雄.桃源の夢想——古代中国の反劇場都市[M].東京:三省堂,1984.

[19]大室幹雄.園林都市——中世中国の世界像[M].東京:三省堂,1985.

[20]大室幹雄.干潟幻想——中世中国の反園林都市[M].東京:三省堂,1992.

[21]大室幹雄.監獄都市——中世中国の世界芝居と革命[M].東京:三省堂,1994.

[22]大室幹雄.遊蕩都市——中世中国の神話・笑劇・風景[M].東京:三省堂,1996.

[23]妹尾達彦.長安の都市計画[M].東京:講談社選書メチエ,2001.

[24]黄永融.風水都市——歴史都市の空間構成[M].京都:学芸出版社,1999.

[25]李桓.風水説における理念の考察——風水に関する計画学的基礎研究その1[J].日本建築学会計画系論文集,1994(11):115—121.

[26]李桓.中国の歴史における「三大幹龍」の地形認識とその立地論的な意味——風水に関する計画学的基礎研究その2[J].日本建築学会計画系論文集,2009(5):1109—1115.

[27]陣内秀信,朱自煊,高村雅彦.北京——都市空間を読む[M].東京:鹿島出版会,1998.

[28]外村中.中国古代の都市と園林についての初歩的考察[J].佛教藝術,2004:13—33.

[29]外村中.帝繹天の善見城とその園林[J].日本庭園学会誌,2009:1—19.

[30]外村中．賈公彦『周禮疏』と藤原京について[J]．『古代学研究』古代學研究會，2009：26－33．

[31]外村中．魏晉洛陽都城制度攷[J]．『人文學報』京都大学人文科学研究所，2010：1－29．

[32]外村中．唐の長安の西内と東内および日本の平城宮について[J]．佛教藝術，2011：9－51．

[33]応地利明．都城の系譜[M]．京都：京都大学学術出版会，2011．

[34]包慕萍．モンゴルにおける都市建築史研究——遊牧と定住の重層都市フフホト[M]．东京：東方書店，2005．

[35]包慕萍．雲南麗江の都市空間と宮室建築——ナシ土司政権の都としての麗江研究[J]．日本建築学会計画系論文集，2012(10)：2481－2487．

[36]三宅理一．ヌルハチの都[M]．东京：ランダムハウス講談社，2009．

[37]包慕萍．清朝における内モンゴル・フフホトの満州八旗城(綏遠城)の都市及び建築の空間構造に関する研究[J]．日本建築学会計画系論文集，2002(4)：311－316．

[38]顔敏傑，波多野純．藩城の地域的特質と変遷——明時代に藩府が建設された地方城市の都市設計(1)[J]．日本建築学会計画系論文集，2010(4)：969－977．

[39]顔敏傑，波多野純．藩城の都市構造——明時代に藩府が建設された地方城市の都市設計(2)[J]．日本建築学会計画系論文集，2013(7)：1667－1676．

[40]陣内秀信．中国の水郷都市[M]．东京：鹿島出版会，1993．

[41]高村雅彦．中国江南の都市とくらし——水のまちの環境形成[M]．东京：山川出版社，2000．

[42]黄武達，小川英明，山根正彦，内藤昌．清朝以前台北市域の集落分布と市街形成[J]．都市計画論文集，1990(25)：481－486．

[43]G．W．スキナー．中国王朝末期の都市——都市と地方組織の階層構造[M]．今井清一，译．京都：晃洋書房，1989．

[44]William T. Rowe. Hankow－Commerce and Society in a Chinese City，1796－1889[M]．Stanford：Stanford University Press，1984．

[45]William T. Rowe. Hankow－Conflict and Community in a Chinese City，1796－1895[M]．Stanford：Stanford University Press，1989．

[46]畢鮮栄，渡辺貴介，十代田朗．中国避暑山荘と承徳市の発達に関する研究[J]．都市計画論文集，1993(28)：205－210．

[47]高木真人，仙田満，任菼棣．中国の都市廊に関する研究——起源と機能について[J]．都市計画論文集，1997(32)：535－540．

[48]村松伸.上海·都市と建築——一八四二——九四九[M].东京:PARCO出版,1991.

[49]布野修司.近代世界システムと植民都市[M].京都:京都大学出版会,2005.

[50]布野修司,Jimenez Verdejo,Juan Ramon.グリッド都市——スペイン植民都市の起源,形成,変容,転生[M].京都:京都大学学術出版会,2013.

[51]ロバート·ホーム.植えつけられた都市——英国植民都市の形成[M].布野修司,安藤正雄,译.京都:京都大学学術出版会,2001.

[52]橋谷弘.帝国日本と植民地都市[M].东京:吉川弘文館,2004.

[53]西澤泰彦.日本植民地建築論[M].名古屋:名古屋大学出版会,2008.

[54]西澤泰彦.日本の植民地建築——帝国に築かれたネットワーク[M].东京:河出書房新社,2009.

[55]西澤泰彦.海を渡った日本人建築家——20世紀前半の中国東北地方における建築活動[M].东京:彰国社,1996.

[56]西澤泰彦.図説「満洲」都市物語——ハルビン·大連·瀋陽·長春[M].东京:河出書房新社,1996.

[57]西澤泰彦.図説満鉄「満洲」の巨人[M].东京:河出書房新社,2000.

[58]西澤泰彦.図説大連都市物語[M].东京:河出書房新社,1999.

[59]五島寧.台北都市計画に見る植民地統治理念に関する研究[J].都市計画,2002(236):84—92.

[60]五島寧.日本植民地都市計画に見る伝統的計画原理の取扱いに関する論説[J].都市計画論文集,2006(41):893—898.

[61]五島寧.台北城の伝統的計画原理と日本統治下の台北市区計画における改編に関する論説[J].都市計画論文集,2010(45):229—234.

[62]鮎川慧.アヘン戦争下の香港におけるイギリス人による都市建設 香港島の地理——自然環境からみる土地区画の分配とその利用[J].日本建築学会計画系論文集,2013(8):1875—1881.

[63]陳雲蓮,大場修.1849—66年間における上海英租界の道路,土地開発過程:近代上海租界の形成過程に関する都市史研究その1[J].日本建築学会計画系論文集,2007(12):239—244.

[64]王藝武,紙野桂人,舟橋國男,等.近代天津租界形成における土地利用並びに建築用途の変化特性に関する研究[J].都市計画論文集,1995(30):445—450.

[65]越沢明.満州の都市計画事業——土地公有化と土地経営[J].都市計画論文集,1981(16):97—102.

[66]恩田重直. 中国福建省の厦門における港湾空間の形成過程に関する考察[J]. 日本建築学会計画系論文集,2003(10):201—208.

[67]恩田重直. 騎楼と飄楼による街路整備の実施過程——1930 年代初頭,中国福建省の厦門における都市改造[J]. 日本建築学会計画系論文集,2007(1):245—251.

[68]陳雲蓮,大場修. 近代上海港における日本郵船会社による港湾施設建設過程[J]. 日本建築学会計画系論文集,2009(9):2125—2131.

[69]金鐵権,三宅諭,戸沼幸市. 植民都市ハルビンにおける空間形成とセグリゲーションに関する研究——1898—1931 年のハルビンを中心にして[J]. 都市計画論文集,2002(37):475—480.

[70]金鐵権,戸沼幸市,佐藤洋一,等. 中国東北・極東ロシア5都市における都市形成に関する研究——主体の多様性に着目した街区の変遷とその特徴[J]. 日本建築学会計画系論文集,2002(12):193—200.

[71]陳雲蓮,大場修. 1890—1910 年代における上海旧日本人街の形成背景——近代上海旧日本人街に関する都市史研究その1[J]. 日本建築学会計画系論文集,2009(7):1691—1697.

[72]陳雲蓮,大場修. 上海共同租界における日本人による都市開発過程と施設配置の実態——上海の都市形成に関する研究[J]. 日本建築学会計画系論文集,2010(8):2047—2054.

[73]陳雲蓮. 開発実態から見る上海日本人地区の成立とその空間特性に関する研究その1——北四川路旧日本人住宅地を実例として[J]. 日本建築学会計画系論文集,2012(2):487—493.

[74]小野啓子,安藤徹哉. 南洋群島における日本植民都市の都市構造に関する研究(その3)——台湾における日本糖業プランテーションタウンの形成過程[J]. 日本建築学会計画系論文集,2007(2):177—184.

[75]青井哲人. 植民地神社と帝国日本[M]. 東京:吉川弘文館,2005.

[76]陳湘琴,池田孝之. 日本統治時期における台中市都市計画の特徴と整備過程に関する研究[J]. 日本建築学会計画系論文集,2001(12):209—215.

[77]五島寧. 日本統治下台北における近代都市計画の導入に関する研究[J]. 都市計画論文集,2009(44):859—864.

[78]黄蘭翔. 日本植民初期における台湾の市区改正に関する考察——台北を事例として[J]. 都市計画論文集,1992(27):13—18.

[79]五島寧. 計画技術・制度としての市区改正に関する京城(1912—1937)・台北(1895—1932)の比較研究[J]. 都市計画論文集,1999(34):865—870.

[80]五島寧．台北市区改正と台湾神社の関係についての歴史的研究[J]．都市計画，2002(240)：75－86．

[81]五島寧．横浜震災復興計画における台湾市区改正の影響に関する研究[J]．都市計画論文集，2003(38)：847－852．

[82]高田寛則，後藤純，渡辺俊一．植民地統治下の台北市における台湾都市計画令——旧都市計画法との比較を通して[J]．都市計画論文集，2005(40)：217－222．

[83]五島寧．台湾都市計画令の立案における委任立法制度の影響に関する研究[J]．都市計画論文集，2012(47)：529－534．

[84]五島寧．台北の公園道路に関する歴史的研究[J]．都市計画論文集，1996(31)：265－270．

[85]劉東哲，油井正昭．台北市における都市公園計画に関する歴史的研究——1895年から1945年まで[J]．都市計画論文集，1998(33)：661－666．

[86]木村雄人，伊藤裕久，栢木まどか，等．日本統治期における台湾公設市場の空間構成と街区形成過程に関する復原的研究——台中市、彰化県員林鎮、台南市を主な対象として[J]．都市計画論文集，2011(46)：721－726．

[87]黄武達，小山英明，山根正彦，等．日本植民地時代における台南都市構造の復原的研究[J]．都市計画論文集，1991(26)：37－42．

[88]木川剛志，加嶋章博，古山正雄．スペース・シンタックスを用いた台北市の近代化過程の考察——日治時代(1895—1945)中期における西門町形成過程の形態学的分析を中心として[J]．都市計画論文集，2007(42)：373－378．

[89]李薈，石川幹子．中国瀋陽市における公園緑地系統計画の展開に関する歴史的研究——19世紀末から1945年までを対象として[J]．都市計画論文集，2010(45)：235－240．

[90]張丹，石川幹子．中国における海浜リゾートの計画理念と展開に関する歴史的研究——大連星ヶ浦リゾート事例をとして[J]．都市計画論文集，2010(45)：823－828．

[91]江本硯，藤川昌樹．中国青島市における並木道空間の形成(1891—1945)[J]．日本建築学会計画系論文集，2013(11)：2321－2328．

[92]田中重光．近代・中国の都市と建築[M]．東京：相模書房，2005．

[93]呉凝，鈴木充．初期鉄道建設からみた日中両国の都市近代化過程——日中両国の都市近代化過程の比較研究(一)[J]．日本建築学会計画系論文集，1994(3)：261－270．

[94]呉凝，鈴木充．市街電車の導入と都市改造——日中両国の都市近代化過程の比較研究(三)[J]．日本建築学会計画系論文集，1995(4)：251－260．

[95]黄永融，鳴海邦碩．清代末期における台北市街地の形成過程とその特質に関す

る考察[J]. 都市計画論文集,1995(30):439－444.

[96]黄永融,鳴海邦碩. 清末における台北城の形態計画の理念に関する考察[J]. 都市計画論文集,1996(31):259－264.

[97]樹軼,石田壽一. 中華民国時期の南京都市計画の策定過程と実施状況(1919—1928)に関する研究[J]. 日本建築学会計画系論文集,2008(5):1139－1146.

[98]箕浦永子. 中華民国期蘇州における都市改造と住宅地開発に関する研究[J]. 都市計画論文集,2008(43):151－156.

[99]傅舒蘭,永瀬節治. 近代の杭州における湖浜地区計画に関する研究[J]. 都市計画論文集,2011(46):709－714.

[100]傅舒蘭. 近代初期の杭州における都市の形態と概念の変遷に関する研究——20世紀初頭の5つの計画への着目[J]. 都市計画論文集,2012(47):697－702.

[101]陳雲蓮,大場修. 1854—66年における上海英租界の道路,下水道整備過程——近代上海租界の形成過程に関する都市史研究その2[J]. 日本建築学会計画系論文集,2008(11):2533－2538.

[102]于小川. 近代北京市における王府井商業地区の形成と変容過程に関する研究[J]. 都市計画,2002(237):77－83.

[103]徐蘇斌. 中国の都市・建築と日本——「主体的受容」の近代史[M]. 东京:東京大学出版会,2009.

[104]泉田英雄. 海域アジアの華人街——移民と植民による都市形成[M]. 京都:学芸出版社,2006.

[105]葉華,浅野聡,戸沼幸市. 中国における歴史的環境保全のための歴史文化名城保護制度に関する研究——名城保護制度の枠組みの整備過程の特徴と課題[J]. 日本建築学会計画系論文集,1997(4):195—203

[106]王郁,三村浩史,東樋口護,等. 水郷都市・蘇州における都市開発と歴史的空間形態の保存——1980's以降の改革開放期について[J]. 都市計画論文集,1998(33):271－276.

[107]呉禾,樋口忠彦,岡崎篤行. ハルピン市の旧市街地再整備事業における歴史的環境保護行政の役割[J]. 日本建築学会計画系論文集,2002(2):223－230.

[108]林宜徳,畔柳昭雄. 中国山東省烟台市における歴史的建造物の保護制度に関する研究——アジアの歴史的文化遺産の保護に関する調査研究 その1[J]. 日本建築学会計画系論文集,2004(2):223－230.

[109]陰劼,鳴海邦碩,澤木昌典,等. 中国・大理古城における歴史的市街地の変容と保存施策に関する研究[J]. 日本建築学会計画系論文集,2004(9):83－90.

[110]林美吟,浅野聡,浦山益郎.台北市大稲埕地区における歴史的環境保全計画に関する研究[J].日本建築学会計画系論文集,2005(6):123-130.

[111]銭威,岡崎篤行.北京における歴史的環境保全制度の変遷並びに現在の構成[J].日本建築学会計画系論文集,2008(5):1007-1013.

[112]馮旭,山崎寿一.中国における「歴史文化名鎮名村」保護制度の展開とモデル計画事例に関する考察——1980年以降の「面」的保護に着目して[J].日本建築学会計画系論文集,2013(2):373-382.

[113]馮旭,山崎寿一.中国西南地方における歴史文化村鎮保護の展開と保護計画の特徴——国家級歴史文化名鎮・李庄鎮(四川省宜賓市)を例に[J].日本建築学会計画系論文集,2013(12):2513-2520.

[114]王成康,出口敦,箕浦永子,等.南京市における城壁空間の変遷と類型に関する研究[J].日本建築学会計画系論文集,2012(2):385-391.

[115]黎庶旌,三橋伸夫,藤澤悟,等.中国広州市城中村の形成過程における法規制の推移と空間構成の変化との関連性[J].日本建築学会計画系論文集,2013(2):383-391.

[116]白英華,西山徳明.中国都市部における改革前の住宅供給政策に関する研究[J].都市計画論文集,1998(33):433-438.

[117]李宜晉,浅野聡,戸沼幸市.台北市における総合計画の計画内容変遷に関する研究——「台北市綱要計画」「台北市総合発展計画研究報告」「台北市総合発展計画」を対象として[J].日本建築学会計画系論文集,1995(9):129-138.

[118]李宜晉,戸沼幸市.台湾における都市整備関連計画(国土、区域、都市レベル)の変遷に関する研究[J].都市計画論文集,1993(28):619-624.

[119]陳湘琴,池田孝之.台湾の都市計画における建築線制度の役割と細街路「現有巷道」の形成実績——台中市での運用状況を中心として[J].日本建築学会計画系論文集,2002(3):225-230.

[120]木下光.香港における市場空間の管理政策の歴史的変遷に関する研究[J].都市計画論文集,1998(33):403-408.

[121]木下光.香港における公設市場の歴史的変遷と機能の複合化に関する研究[J].日本建築学会計画系論文集,2003(1):245-251.

[122]劉暢,姥浦道生,赤﨑弘平.瀋陽市都市計画における近郊地域の位置づけの歴史的変遷に関する研究[J].都市計画論文集,2008(43):553-558.

[123]石鼎,石川幹子,片桐由希子.1910年代以降の観光事業が中国杭州西湖風景名勝区の文化的景観に与えた影響に関する研究[J].都市計画論文集,2011(46):619-624.

[124]李薔,石川幹子,片桐由希子.中国瀋陽市南運河帯状公園の歴史変遷と空間構

成に関する研究[J]. 都市計画論文集,2011(46):625-630.

◎ 作者简介:松本康隆,东南大学建筑学院博士后;
李百浩,东南大学建筑学院教授。

历史城镇形态的区域研究：康泽恩学派的理论与实践

◆ 蒋 伟

前　　言

过去 30 年的快速城镇化为中国城市带来前所未有的变化，城市历史特征区域在快速发展的压力下如何保存，如何在新的时期焕发出新的活力，保护与发展的矛盾使得城市历史形态的保护成为政界和学界共同关注的重要话题[1]。

科学保护离不开合理规划，而合理规划离不开对保护对象的深刻解读。自 1980 年代以来，相关保护规划的制定和政策法规的出台为城市历史文化遗产的保护奠定了重要的制度基础[2][3][4][5][6]。然而，对历史城镇的保护在基础性工作上仍存在一定缺失，其中，如何科学系统地解析城镇形态，在区域层面对保护对象形成深刻的认知，是现有单体形态保护所不能替代的基础性工作。本文将对康泽恩学派的起源与发展、历史城镇形态区域化的理论要点，以及该学派在世界范围内的理论实践进行梳理，以期能为该学派的城市形态区域化理论勾勒出一个清晰的轮廓，为国内学界认识这一学派的理论与实践价值提供一定的参考。

一、历史城镇形态区域研究的起源和发展

关于城镇形态的研究在西方学术界非常丰富，涉及城市规划、建筑历

史、考古研究和城市地理等诸多领域，近年来也吸引了众多国内学者的关注[7]。其中，起源于德国、发展于英国的城市形态学流派——康泽恩学派，强调从区域层面认知城镇形态，对于历史城镇形态区域的认知已经形成一套完整的理论方法，并在世界范围内的许多城镇都开展了大量实证研究。

城市形态学是在 19 世纪末初创的一个知识领域，在德国地理学界出现一批专注于城市物质风貌的地理学家[8]。其中，施吕特尔是其中的佼佼者，他将城镇形态作为研究对象，并认为城镇风貌作为文化景观的一个特殊类别，是历史过程与自然环境的有机结合，并在长期的演化过程中形成自身的发生发展机制。施吕特尔的观念深深影响到后进的地理学者，城市形态作为文化景观的重要部分被引入到地理学的研究当中，并迅速成为 20 世纪初地理学研究的重要领域[9]。施吕特尔关于城镇平面格局的论文，是城市形态分析的开山之作，在学科方法论上奠定了以历史地图作为基础的形态基因分析方法[10]。盖斯勒在但泽的城市形态研究中，对城市地图中的平面格局、土地利用和建筑形式进行的综合研究，正式对施吕特尔所开创的形态基因分析法的早期发展与应用[11]。

德国城市形态学研究的集大成者是后来移居英国的地理学家康泽恩[12]。康泽恩将研究视点从德国城镇转移到英国英国众多中世纪古城镇的物质形态变迁之中，在其最系统化的著作《诺森伯兰郡的安尼克镇：城市规划分析研究》中，康泽恩利用历史平面图对城市形态结构展开了细致的分析，并从中辨别出三类城镇形态的主要构成要素：城镇平面（包括城镇的街道系统、产权地块以及产权地块内部建筑的平面基底），建筑形式（主要是建筑的三维特点）以及土地利用性质。从这三者出发，康泽恩在研究中引申出一系列后来奠定城市形态学理论基础的重要概念：平面单元（plan unit）、形态周期（morphological period）、形态单元（morphological regions）、形态框架（morphological frame）、地块变化周期（plot redevelopment cycles）和城市边缘带（fringe belts）等。除康泽恩的研究之外，怀特汉、斯莱特及小康泽恩等众多城市形态学者也在世界范围内开展的大量实证研究工作，极大推动了康泽恩理论方法的扩展与跨文化之间的比较应用[13]。

二、历史城镇形态区域研究的理论要点

(一)城镇平面

城市形态学具有严谨的概念体系,康泽恩系统地将城市物质景观区分为城镇平面格局(town plan)、建筑(building fabric)、土地用途(land utilization)3部分,其中,城镇平面格局包括街道(street)、地块(plot)和建筑基底(building block)3元素。从变化过程来看,城镇平面相较于建筑和土地利用来讲,留存的时间更长,对于形态的变化最具有抗拒性,并且这种规划平面的残存特征会在长期发展中被一代代延续下来。

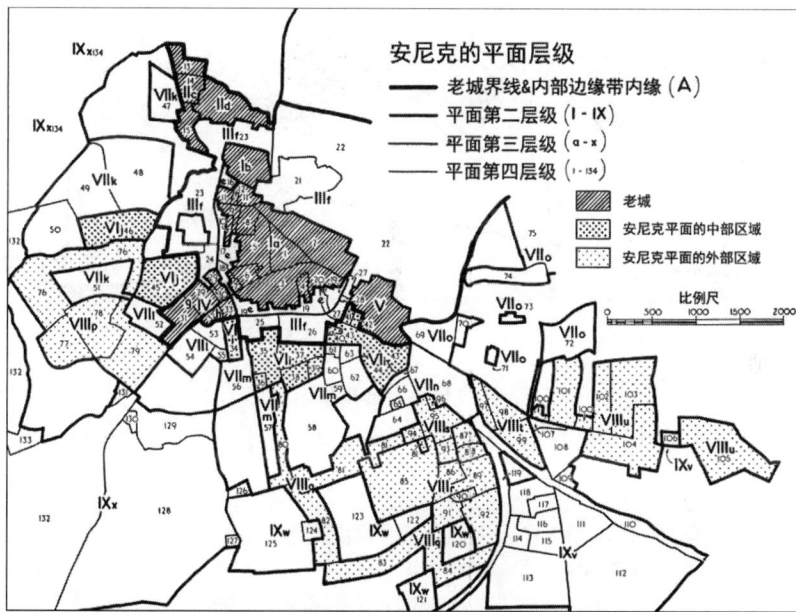

图1　安尼克城镇平面

资料来源:Conzen M. R. G. Alnwick Northumberland: a Study in Town plan Analysis[M]. London: George Philip, 1960.

正是由于城镇平面格局最为稳定,因而平面往往就是城市发展历程中各阶段残余特征最完整的集合,所含历史信息最为丰富,对平面格局的分析就成为分析历史城镇形态演变过程的基础性工作。康泽恩在《诺森伯兰郡的安尼

克镇：城市规划分析研究》中，展示的正是对历史城镇平面要素的仔细考察与严格区分，从不同的历史断面中辨识城镇形态的主要肌理与重要类型[14]（图1）。

(二)地块周期

产权地块特指中世纪英格兰和苏格兰自治镇当中的自由民或公民向国王或贵族支付一定年租或提供一定服务后作为回报而获得的具有土地所有权的带状地块[15]。产权地块一般由两部分组成：头部和尾部。头部为临主要街道一端，建筑覆盖较密集，是地块中建筑的主要部分，尾部则为另一端，一般临巷，最初是为花园或菜园，仅有少量的建筑覆盖。这样前密后疏的空间形态就是产权地块最初的形态特征。

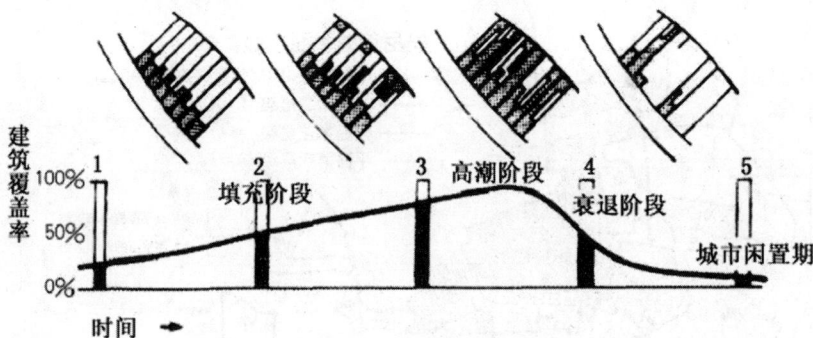

图2 产权地块发展周期示意图

资料来源：段进，邱国潮．租地权周期与微干预规划设计[J]．城市规划，2010，34
（8）：24—28．

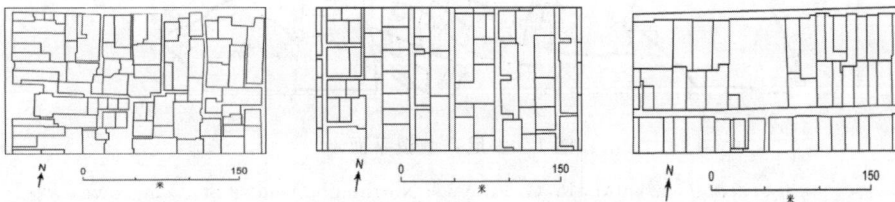

图3 三类变形程度不同的地块

资料来源：Conzen M. R. G. Morphogenesis, Morphological Regions and Secular Human Agency in the Historic Townscape as Exemplified by Ludlow[A]. In Denecke D and Shaw G ed. Urban Historical Geography：Recent Progress in Britain and Germany[C]. Cambridge：Cambridge University Press，1988：261.

产权地块的演化是城镇形态变迁的缩影,其形态演化具有普遍的规律性。在城市社会经济要素的推动下,产权地块的演变主要表现为变化周期与地块变形。产权地块完整的变化周期由初始阶段、填充阶段、高潮阶段、衰退阶段组成,最终演化为城市闲置地,并为下一个周期做准备(图2)。在变化周期中,建筑填充的同时也伴随着地块的分解与整合,在不同产权所有者对地块的改造下,地块相较于初始阶段会发生不同程度的变形(图3)。而地块变形与建筑填充的结合在不同时期社会经济的影响下持续不断地对城镇形态进行塑造,使得不同时期的城镇形态得以层叠累积形成今天的历史城镇景观。

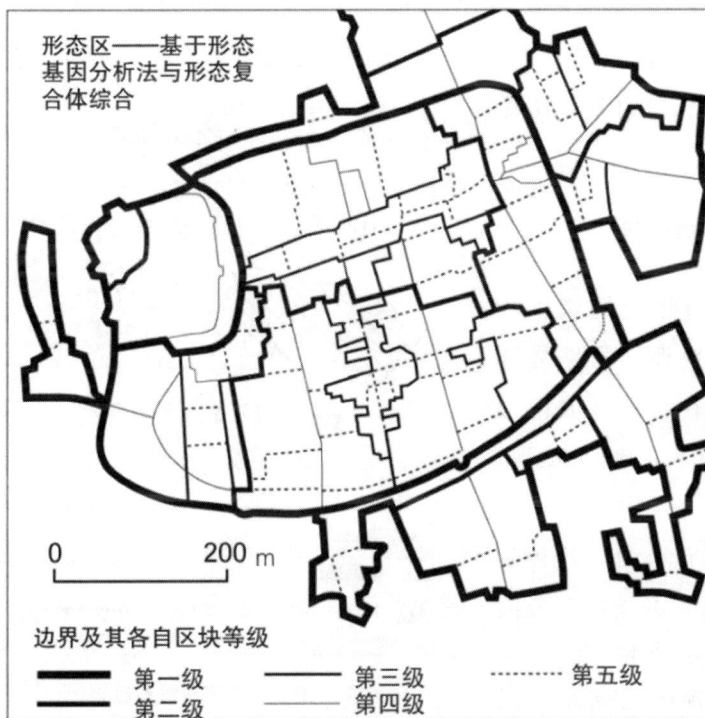

图 4　拉德洛形态单元

资料来源:Conzen M. R. G. Morphogenesis, Morphological Regions and Secular Human Agency in the Historic Townscape as Exemplified by Ludlow[A]. In Denecke D and Shaw G ed. Urban Historical Geography: Recent Progress in Britain and Germany[C]. Cambridge: Cambridge University Press, 1988:261.

（三）形态单元

形态单元由城镇平面、建筑类型和土地利用性质复合而成，是康泽恩理论中直接应用于历史城镇保护的重要概念[16]。在对拉德洛城镇形态的研究中，康泽恩根据不同地块及地块序列的平面、建筑形式及土地利用这三个基本形态要素对于外力的反应程度不同，在实地调查与文献研究的基础上，辨别出在形态特征上彼此呈现鲜明特点的区域，在绘制的形态单元地图中，每幅地图上的等级序列都明确表达了平面、建筑和土地利用性质等特定形态复合体的演化，展现了拉德洛历史城镇景观在时空上的分异特点（图4）。形态单元的概念标明，康泽恩学派城市形态学关注区域层面的城镇形态，并从不同尺度上对区域形态进行解析，进而使得城镇历史形态的保护从建筑单体中走出，转向对整体历史肌理的关注。

（四）城市边缘带

城市边缘带的概念最早由德国地理学家路易斯提出[17]。在对柏林城市形态的研究中，路易斯发现，城市向外扩张的路径是不均衡的，也正是由于这种时断时续、既有停顿也有分离的向外扩张，在扩张过程中就形成呈现圈层结构的边缘带。边缘带的地块与城市最初的集中建设区的地块模式明显不同，这些地块在尺度上通常较大，并包含大量的开敞开敞性公共用

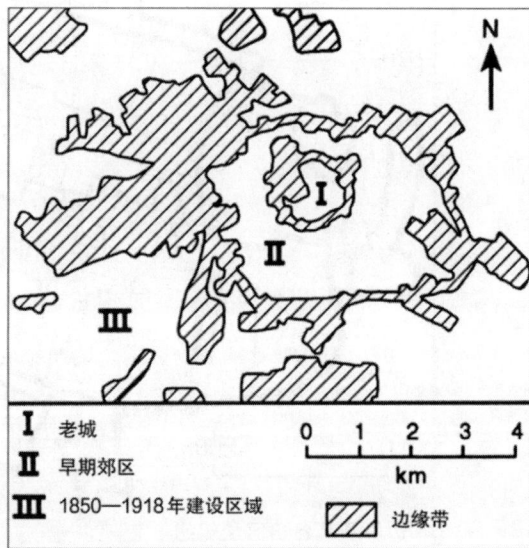

图5　柏林城市边缘带

资料来源：Louis H. Die geographische Gliederung von Gross-Berlin[J]. In Louis H and Panzer W ed. Landerkundliche Forschung: Krebs-Festschrift. Stuttgart: Engelhorn, 1936:146—171.

地（包括公园绿地、广场、运动场等），路网密度较低，交通流量也相对较少。正是在这样一个扩张路径之下，柏林形成了环绕核心区边缘的两个城市边缘带（图5）。

从形成机制上看，边缘带的形成与一个城市的建房数量及其地价的波动有着密切的联系。地价上升的时候，开发商及个人是推动建房高潮的主要因素，当地价走低，建房进入低潮时期，边缘地区由于用地条件较好，往往吸引大型公共机构和公益性机构入驻，城市边缘带就容易形成。与此同时，交通方式也是影响边缘带向外扩张的重要因素，在步行与马车时代、电车时代、公共汽车时代和汽车时代，边缘带距离城市中心的距离都有差异，由此而形成的边缘带形态也各有不同（图6）。

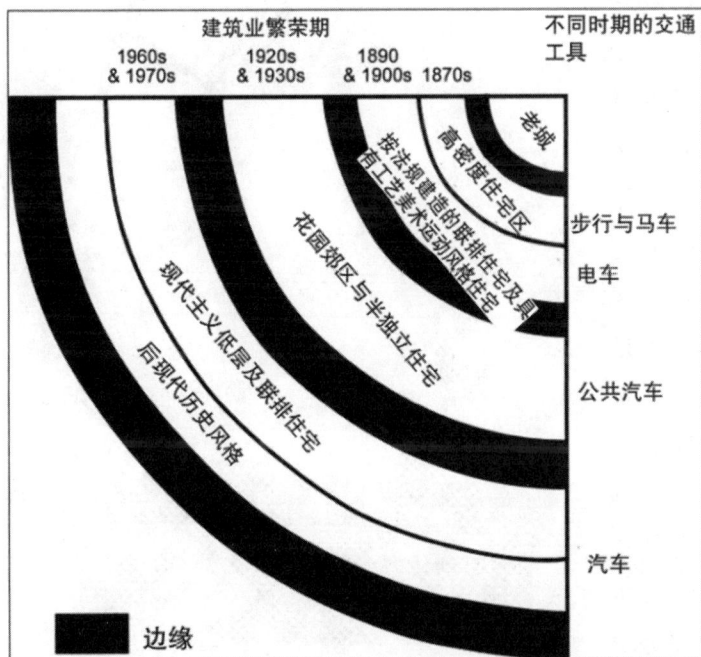

图6 边缘带形成机制模型

资料来源：Whitehand J. W. R., Kai Gu. Fringe belts and socioeconomic change in China [J]. Environment and Planning B：Planning and Design，2010.

三、历史城镇形态区域化的研究实践

自1980年代以来,康泽恩学派开始关注跨区域的城市形态比较研究,众多学者在世界范围内对历史城镇开展广泛的比较研究,在形态发生机制和形态历史性的演化方面辨析出不同文化背景下的城镇形态特点。

在众多的研究主题中,城市边缘带以其显著的变迁特征无疑成为跨文化比较研究的重点[18]。小康泽恩、谷凯与怀特汉等人对意大利科莫和中国平遥的对比研究更是呈现出两个风格迥异的历史城镇在边缘带特征上的差异性与相似性[19]。

科莫城市边缘带形成于19世纪,在工业大发展和持续战争的影响下,顺应地形特点形成了三个边缘带,其中,内部

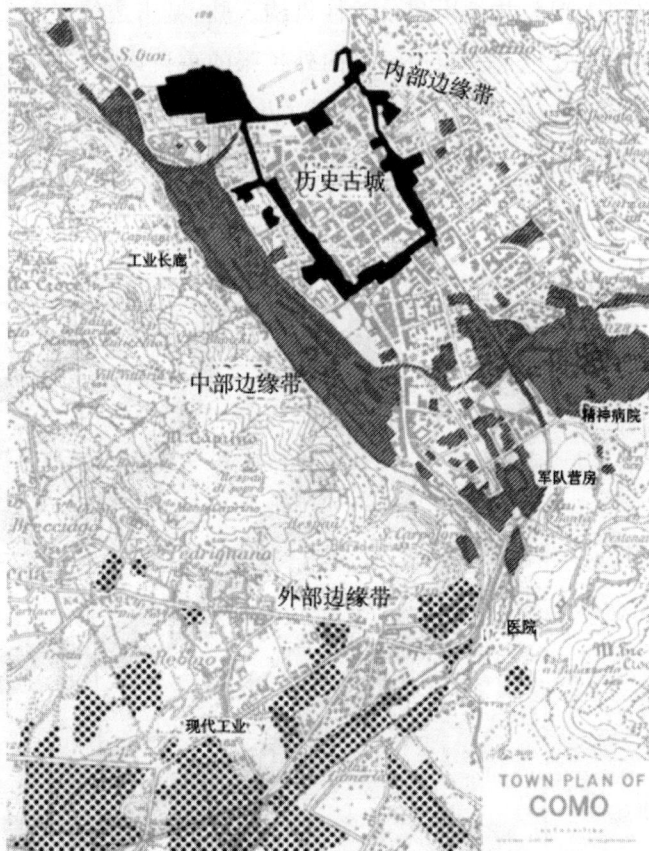

图7　科莫边缘带

资料来源:陶伟,蒋伟. 平遥古城形态研究:西方视野中的探索、分析和发现[J]. 城市规划学刊,2012(2):112-119.

边缘带(Inner Fringe Belt)以古城墙及其周边的环状绿地为主,中部边缘带

（Middle Fringe Belt）沿铁路线延生，外部边缘带（Outer Fringe Belt）则由于地形条件的限制，在古城南部形成以轻工业和物流仓储为主的不规则带状区域（图7）。与科莫形成鲜明对比，平遥的城市边缘带在形态分异上主要是边缘带的内部分异，在城墙及环城公园以外的带状区域，受工业化和旅游快速发展的影响，形成了边缘带内部四个主要的形态单元（图8）。

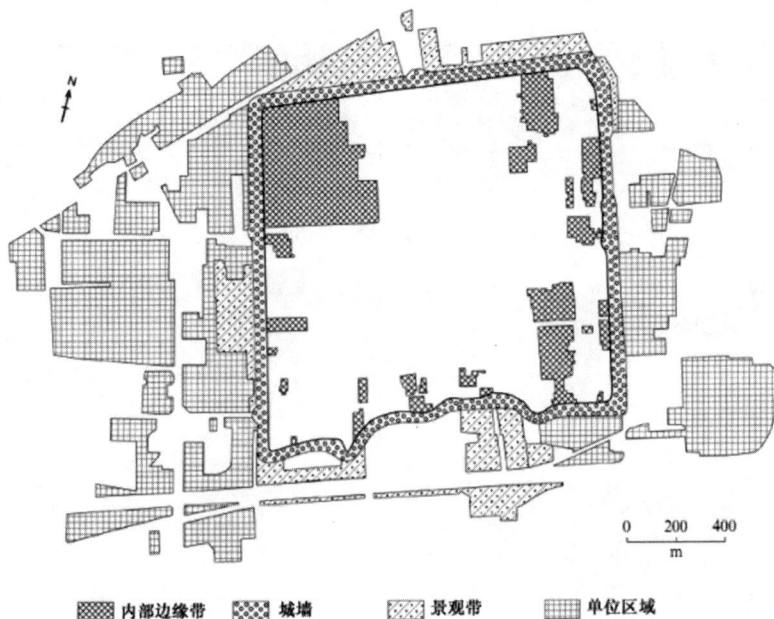

图 8　平遥边缘带

资料来源：陶伟，蒋伟．平遥古城形态研究：西方视野中的探索、分析和发现[J]．城市规划学刊，2012(2)：112－119．

　　根据两个城市边缘带不同的形态特点，相关规划策略应当建立在对其形态特征的充分理解之上，考虑到不同城市的历史脉络和形态机理。然而，在两个城市边缘带的保护与利用规划当中，都存在着割裂城市景观，不尊重形态肌理的问题。近年来，科莫古城内带的保护归功于意大利建筑师卡尼吉亚在1960年代对古城核心区做的合理规划，核心区的形态演变得以动态有序地进行。内带得到充分保护的同时，中部边缘带和外部边缘带却没有得到相应的重视，高密度建筑且高差不一的商住功能综合区和高速公路的

修建,使得边缘带景观与古城建筑风貌不相协调(图9)。而平遥古城的边缘带,在1989年的方案中较多考虑了城墙的定置线作用,提出绿地和开敞空间的适当建设,然而在2000年和2005年的两个方案中,则对边缘带上的公园绿地进行了大规模扩建,建设北方古城镇中少有的大片开敞空间,从景观脉络来看,这一举措并没有考虑边缘带上各时期形态结构的特点,缺乏对形态过程的认识,割裂了城市景观变迁的延续性(图10)。

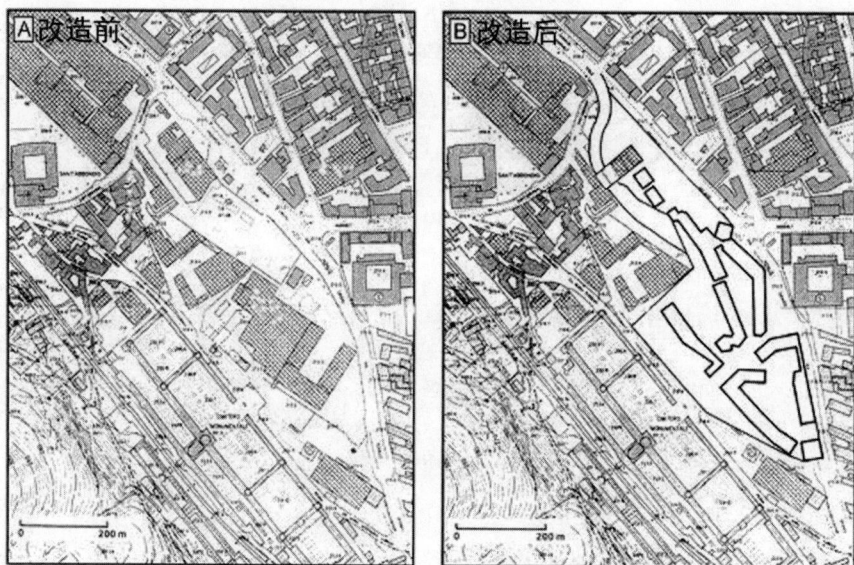

图9 科莫中部边缘带工厂的改造

资料来源:陶伟,蒋伟. 平遥古城形态研究:西方视野中的探索、分析和发现[J].
城市规划学刊,2012(2):112—119.

第二个案例是关于俄罗斯圣彼得堡世界遗产地的(范围)划定[20]。图11显示了2005年的提名范围,同时也显示了城市中间边缘带的内侧边缘,实际上是第一次世界大战之后城市建成区的边缘。边缘带是城市生长过程中的间隙,它的特性反映了许多年前城市物质空间向外缓慢的扩展(与其内部人口的高密度相反),在此期间当时的市区边缘的土地已经有了非常广泛的各类用途,而边缘带的内边缘(即图中实线),依然是使圣彼得堡闻名于世的18、19世纪城市景观边缘的鲜明标识。但与之相反,世界遗产地的提名

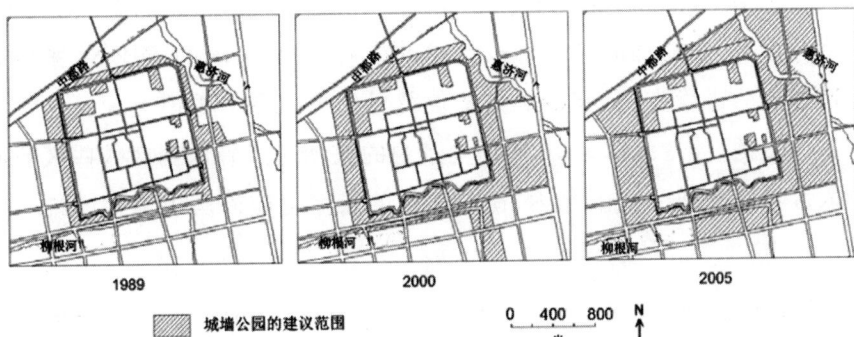

图 10　平遥边缘带规划的三个方案

资料来源:陶伟,蒋伟.平遥古城形态研究:西方视野中的探索、分析和发现[J].
城市规划学刊,2012(2):112—119.

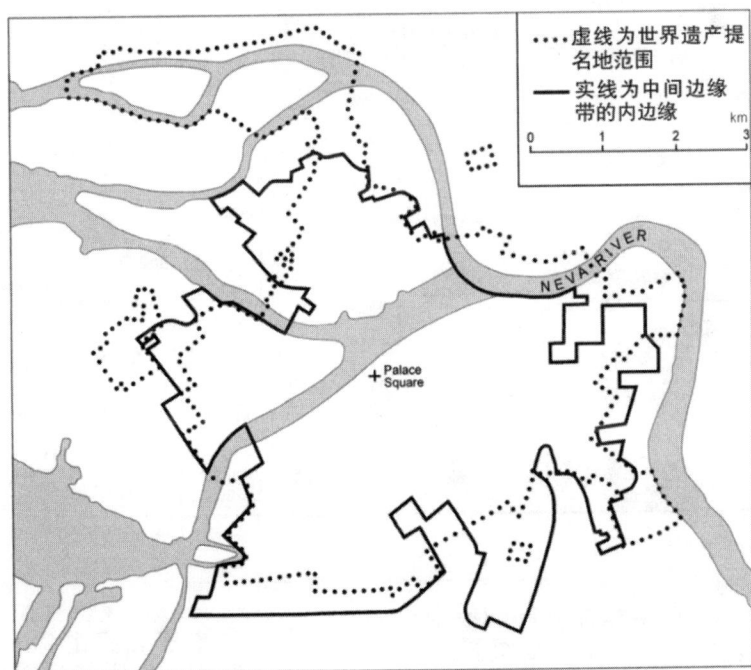

图 11　圣彼得堡的世界遗产提名范围与形态边界的对比

资料来源:陶伟,蒋伟.平遥古城形态研究:西方视野中的探索、分析和发现[J].
城市规划学刊,2012(2):112—119.

127

范围没有包括边界内的许多地段,然而却包括了许多边界之外的地段。正如许多城市,历史地理的进程形成这样的格局:一个紧凑的建成区,紧接着就是其外侧的边缘带,这同样也是圣彼得堡形态的一个重要方面。通过圣彼得堡的案例,怀特汉认为,对于历史景观的认知应当确认到底哪些区域应当纳入世界遗产地的范围之内,遗产保护的依据也应以历史地理的统一性为准。

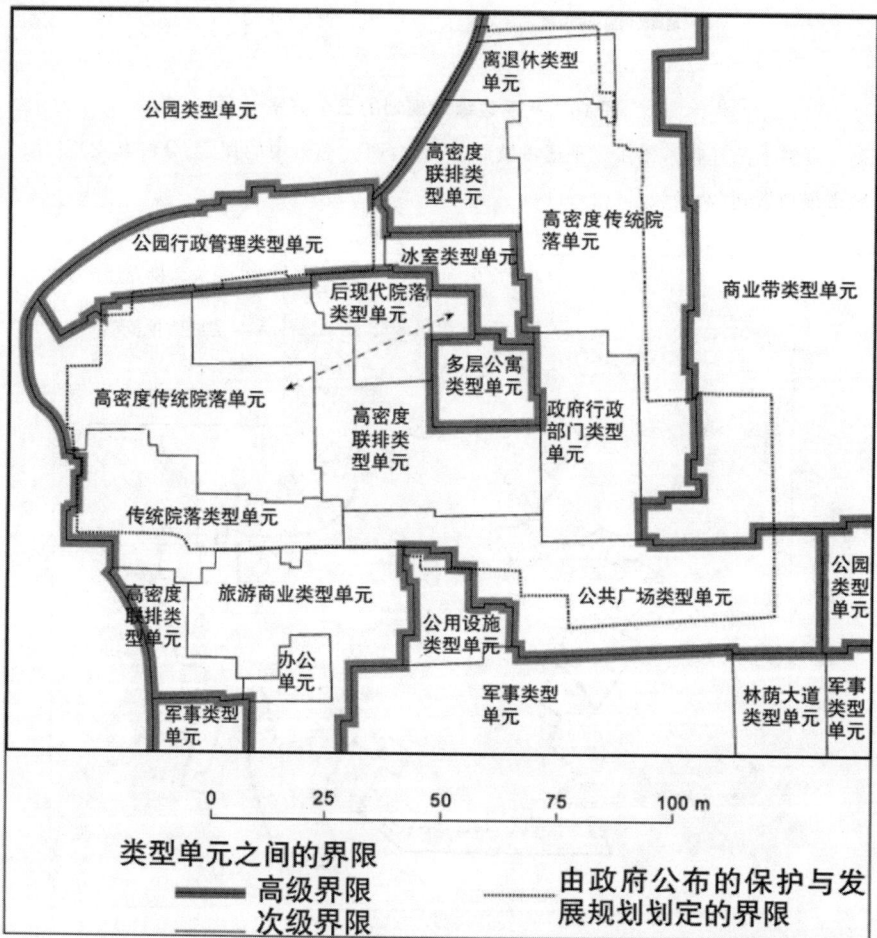

图 12　北京陟山门地区保护规划与形态边界的对比

资料来源:Whitehand J. W. R. The Structure of Urban Landscapes: Strengthening Research and Practice[J]. Urban Morphology, 2009(13):15—23.

康泽恩学派的研究者对北京案例的选择则直指保护规划在保护区域划分上存在的偏差。以北京陟山门街区的一块特定区域为例，从对比图中可以看出，传统保护规划的编制是从孤立的建筑或地块出发，通过评估其历史价值并将其进行分类，从而使建筑和地块得到保护（图12）。然而，这样的保护却忽视了区域的历史地理动态演进过程，在很大程度上把建筑乃至地块与周边的区域环境隔离开来，形成区域形态历史连续过程的断裂。在康泽恩形态学理论指导下的城市形态单元划分，具备平面单元类型、建筑类型和土地利用类型的扎实研究基础，并将历史保护的视点从单体层面解放出来，从区域性的角度来看重整体风貌的塑造引导，这样一来，历史建筑不再是"脱离语境的碎片化信息"，而是一个动态、连贯的记录城市形态演进的"卷轴"。

四、启示与讨论

（一）形态区域化理论对于保护规划的启示

1. 重视城市纹理中的历史过程

城市历史纹理在历史过程中形成的连续性历史产物在现今的历史城镇中往往存在连续性的物质载体。在当今的古城镇保护规划当中，城市规划师一般情况下很少去关注这些连续性城市载体的发生与发展及其与城市整体历史纹理之间的关系，也很少有人能够意识到城市纹理背后，实际上暗藏的是在漫长的时间序列中层层累积的景观特色。因而，在规划所划定的行政管理边界上往往打破城市历史过程的连续性和形态单元的完整性，导致对整体历史形态的割裂。

此外，历史城镇是一个广义概念，任何城市都处于历史变化当中，其景观的连续性可以通过重要的节点性要素（如重要建筑与重要事件）呈现。对历史城镇的保护，仅仅关注城市的现有遗存远远不够，如何认知节点性要素，还原各要素之间的联系与脉络，辨识历史特征的连续性才是历史城镇保护的关键，而不是仅仅满足于对单个要素数据的收集和描述。城市历史保护，应当更加关注不同部分在城市历史演进过程中彼此之间的相互关系，关

心城市的过去与现在,关心城市经历过且正在经历的历史地理过程。对于物化载体的充分认知是科学规划决策的前提,而充分的认知,离不开对保护对象的系统化描述、理解和分析。

2. 形态单元对于保护规划的启示

形态单元是康泽恩从规划管理角度提出的核心概念,也是融合了城市形态学科学分析与历史保护系统管理的理论与实践产物。重视形态单元的历史性表达与形态单元的"形态基因主导"是形态单元对于保护规划的重要启示。形态单元的历史性表达是城市历史过程赋予城市景观的特殊意义,长久的财富价值远远超过其现代功能需求,而要了解其潜力与价值,则需要综合评价其形态组合的历史特征及形态过程,进而解释城市形态的历史与地理秩序。形态单元所体现的区域思想是对城市历史价值的物化载体的科学认知。另一个重要思想是关注形态单元的"形态基因主导"。历史形态的形成,其对时间具有最强抵抗性的形态要素,往往成为当今历史形态的最基本形态框架,比如古老的街巷与城市的平面格局。正如康泽恩在拉德洛的研究中所表明的,平面格局对城市形态的其他部分形成持久的框架约束,而成为形态单元层级体系的重要界线。

(二)讨 论

1. 关于学科的融合

由于康泽恩学派的形态分析建立在地块尺度上,对微观城市形态的分析仍有待深入。因此,借鉴建筑学领域的理论方法就显得尤为重要。其中,建筑类型学由于在理论基础与表述方式上与康泽恩形态学存在着可以相似与互补之处,因而也存在着可以整合的基础。建筑类型学与城市形态学一样,更关注普通建筑构成的城市结构和其发展变化的过程,并且二者都认为准确地阅读、理解和分析城市的物质形态和历史发展是城市和建筑未来发展的基础。与此同时,在方法论上,二者也具有相当的互补性,城市形态学派关注分析与概念性而非单纯的描述性地解读和分析城市景观,而建筑类型学关注如何提炼现有的形态特征来把握形态发生的脉络,以创造新的建筑形式[21]。因此,二者的相似性与互补性为创造综合的"类型一形态"新的城市分析框架提供了可能性。

2. 关注人的因素

城市形态的探究强调社会与城市形态的长期作用，而在具体的形态塑造过程中，各种社会团体和利益相关者在实际的土地开发中扮演着关键角色。因此，把人的因素纳入到城市形态变化动因的分析当中，对于形态研究理论视野的扩展将具有至关重要的作用。正如怀特汉指出，康泽恩的理念有时候很难在残酷的团体决策中幸存下来，其形态分析的理论，只有在比较理想化的环境当中才能得以实现，整个理论体系是建立在这样一个假设之上：城市形态保护的实践者是完全理性的，并不存在任何主观因素的干扰。而在实际城市开发项目中，怀特汉剖析了土地所有者、开发商与地区规划机构等各利益团体对形态变化的影响，他认为，城市景观的管理不单纯是技术性的，还包括各种社会团体的主观因素，因此，景观的最终形态是不可准确预测的，开发商、土地所有者及地方规划机构在整个开发过程中所作出的决策相互作用、相互影响，对最终的建设模式和景观形态具有极大的影响力。

3. 植根于中国城市的土壤

中国城市的历史发展具有不同于西方城市的特殊性，在生长模式和规划手法上都具有自身的特点，同时，历史文献的丰富与历史地图的缺乏也为中国城市的研究带来了一定的挑战与困难。因此，西方视野下的形态学研究在中国城镇中进行具体运用时，需要更多考虑到中国城镇自身的发展特点与研究的实际条件。对于中国学者而言，如何将康泽恩学派的城市形态学理论植根到中国城市的土壤当中，如何根据中国城镇历史特点对其基本的分析框架进行调适，来使之适应中国城市的研究实践与具体问题，发展符合中国城市条件的历史文化分区、分类方法和相关的参照体系，对于中国历史城镇的形态研究将具有深远的价值与指导意义。

参考文献

[1]田银生,谷凯,陶伟. 城市形态研究与城市历史保护规划[J]. 城市规划,2010,34(4):21—26.

[2]王景慧,阮仪三,王林. 历史文化名城保护理论与规划[M]. 上海:同济大学出版社,1999.

[3]张松. 历史城市保护学导论——文化遗产和历史环境保护的一种整体性方法[M].

上海：上海科学技术出版社，2001.

[4]齐康．建筑・空间・形态——建筑形态研究提要[J]．东南大学学报（自然科学版），2000（1）：1—9.

[5]陈泳．城市空间：形态，类型和意义——苏州古城结构形态演化研究[M]．南京：东南大学出版社，2006.

[6]梁江，孙晖．模式与动因——中国城市中心区的形态演变[M]．北京：中国建筑工业出版社，2007.

[7]谷凯．城市形态的理论与方法——探索全面与理性的研究框架[J]．国外城市规划，2001（12）：36—41.

[8]Conzen M. R. G. Thinking about Urban Form：Papers on Urban Morphology，1932—1998[M]. Oxford：Peter Lang，2004：124—125.

[9]Schlüter O. Bemerkungen zur Siedlungsgeographie[J]. Geographische Zeitschrift，1899(5)：65—84.

[10]Schlüter，O. über den Grundriss der Städte[J]. Zeitschrift der Gesellschaf t für Erdkunde，1899(34)：446—462.

[11]Geisler W.，Danzig：Einsiedluns Geographischer Versuch［M］. Danzig：Kafemann，1918.

[12]Conzen M. R. G. Historical townscape conservation. The Urban Landscape：Historical Development and Management[M]. Academic Press，1966.

[13]张健，田银生，谷凯．伯明翰大学与城市形态学[J]．华中建筑，2012(5)：5—8.

[14]Conzen M R G. Alnwick. Northumberland：a Study in Town—plan Analysis[M]. London：George Philip，1960.

[15]段进，邱国潮．租地权周期与微干预规划设计[J]．城市规划，2010，34(8)：24—28.

[16]Conzen M. R. G. Morphogenesis，Morphological Regions and Secular Human Agency in the Historic Townscape as Exemplified by Ludlow[A]. In Denecke D. and Shaw G. ed. Urban Historical Geography：Recent Progress in Britain and Germany［C］. Cambridge：Cambridge University Press，1988：261.

[17]Louis H. Die geographische Gliederung von Gross-Berlin［J］. In Louis H and Panzer W ed. Landerkundliche Forschung：Krebs—Festschrift. Stuttgart：Engelhorn，1936：146—171.

[18]Whitehand J. W. R.，Kai Gu. Fringe belts and socioeconomic change in China［J］. Environment and Planning B：Planning and Design，2010.

[19]陶伟，蒋伟．平遥古城形态研究：西方视野中的探索、分析和发现[J]．城市规划学

刊,2012(2):112—119.

[20]Whitehand J. W. R. The Structure of Urban Landscapes：Strengthening Research and Practice [J]. Urban Morphology，2009(13)：15—23.

[21]陈飞,谷凯. 西方建筑类型学和城市形态学:整合与应用[J]. 建筑师,2009(138)：53—58.

◎ 作者简介:蒋伟,重庆市规划研究中心工程师。

中央官制演进视角下中国古代都城行政空间格局的解读

◇ 袁 琳 袁 琳

前 言

历朝新政权成立后,首要之事不外乎立朝仪、定官制、造都邑。朝仪即君臣之礼,其本质即君、臣之权力关系;官制则为君臣、臣臣之间的权力关系、分配和组织,如秦汉之三公九卿制度、隋唐之三省六部九寺五监;而都邑则是朝仪和官制之物理空间载体。因此,历代都城内核心的行政空间之格局、制度,除了受到都城营建制度的影响,即建都之初营建者对都城空间的整体控制,同时也会受到来自职官制度,尤其是中央官制的设置之影响,本朝职官制度、政治制度的特征亦会在都城行政空间中得以体现。

中央官署在不同的朝代有不同的机构名称、组成方式,不变的是其核心空间是权位最重的是次高级决策中心,也就是宰执的议政场所。从形态上看,宰执的议政场所历朝都是作为较独立的建筑群,出现在皇宫附近,一定程度上象征了君权与相权互相依赖而又矛盾之微妙关系。历代皇宫和宰相议政场所的位置和格局都受到了营国思想、行政制度、相权设置等方面综合因素的影响,而产生各种变化,反之,议政场所和皇宫的空间关系也反映了朝仪制度和中央官制的相关特征。

一、两种视角下的都城中央官署制度发展分期

(一) 政治史视角下的历史分期

日本政治史领域的学者平田茂树在他的研究中提出了"场"(政治空间)的概念,并且以"场"的空间形式、参与人员、参与形式的性质特点来划分了中央官署制度的,这也是将抽象的政治和具象的空间相结合的重要理论。

按不同时期"场"的特点,他将中国历代中央官制的发展分为三个阶段:古代、中世,以及唐代后半期以后三个阶段。古代主要包括秦汉时期,这个分期的起始时间是秦代,排除了夏商、春秋战国等先秦的朝代,这一时期,"大议、公卿议等由具有一定身份的官僚召集",但他对"古代"的政治场的描述较为简略,空间形态亦没有发现显著特点;中世主要指六朝、隋唐时代,这一时期,"各种专项会议、宰相会议开始得到发展",逐渐形成了官僚集团决策的"场"(政治空间)的中心,并且出现了"门阀士族集团决策的'场'从皇帝的政治权力中脱离出来的现象。"第三阶段为唐代后半期以后,包括了宋元明清在内的整个中国历史后半期。这一时期,"皇帝决策的'场'作为直接联络皇帝和官僚的体系,得到了很大的发展。决策过程转移到以皇帝为中心的空间"[1]P10。

官制的发展随着朝代演进逐渐成熟且保持各朝的独特性。如:丞相制的逐渐形成,使中央权力不集中在皇帝一人,形成了权力集团,这个权力集团在不同的时期有不同的表现形式,如唐代为贵族门阀,宋代为士官阶层,在同一时期,围绕在皇帝周围的权利集团可能有多个,如唐末的宦官集团、宰相集团、藩镇势力等。随着中央官制的成熟,这些权力集团人数增加、权力分散、互相牵制,成为维护君权的巨大体系,这也是中央官署制度的本质。

在先秦、秦汉时期,我们看到朝堂、大司徒府等代表宰相的权力空间的建筑的位置、等级、面积还很大,并且某些方面还同构于皇城,而魏晋时期出现了转变,各种政治空间随着权力的分化也随之出现分化,例如,朝议的中枢是每天在朝堂召开的"参议"会议,此时门阀士族(官僚)逐渐表现出其非从属的性质;另一方面,皇帝的权力则集中体现于太极殿和朝堂。

到了唐代,中央官署逐渐演变为办事机构,其空间形态出现了分散化、小型化的特点,而皇城内产生了多种受君权干涉的"权力空间"(延英殿等),这个转折大概出现在唐代中期。此后的宋、元、明、清朝继承、发扬并稳定了这种政治体系,在空间上,形成了都城内皇宫和中央官署并置,但空间形态和等级差别甚大的中央政治空间体系。

(二)建筑史、城市史视角下的历史分期

傅熹年先生注意了历史上中央官署的分布和功能的几次重要改变[2]P82-83:

(1)分布和格局。即三国、南北朝时宫内中央官署与宫城正门骈列,宫外官署集中于宫城前;隋唐时中央官署集中于宫城前、皇城内;明代中央管束仅集中于皇城外。

(2)功能。唐以后才形成纯办公功能的中央官署。唐以前,宰执的府宅往往即朝议场所。

郭湖生先生则用"战国体系、邺城体系,汴京体系"来概括中国古都的三个阶段。这个体系也包含一些他对历代中央官署建筑的诠释:"大体上说,汉承秦制中央集权之后,又有汉武帝加强君权,削弱相权的举措;于是有中外朝之分,最后导致尚书代替丞相九卿的职能。于是自邺城起朝廷政府并列于宫城,形成了我称之为骈列制的格局。所以魏晋南北朝的宫城南垣宫门骈立。相应有两条宫前大道。……又如隋唐有皇城,宋代没有,明清又有,但性质内容不同于隋唐,这里有一个内容转换的过程,皇城也不是周礼制度的要求"[3]。

虽然论述年代和讨论视角略有差别,但二位学者对中央官署制度的理解有相契合之处。他们共同描述了相权和朝堂的形成和发展、独立、最终被君权压制的过程,而且不难发现,这一过程中,建筑形制的变化总略微滞后于权力和制度的变化。

二、历代中央官制和官署制度的长时段考察

参考上述学者对于中央官署制度的认识,笔者按照中国历史朝代的时

间顺序,以考古材料和文献为基本考察对象,考察各时期中央官署与皇宫或皇城的位置关系、各时期中央官制的特征和异同。以得出政治制度和官署建筑之间的联系和他们的变化规律。

(一)先秦时期

西周初年定中央官制。周太王古公亶父"贬戎狄之俗,而营筑城郭、室屋,而邑别居之。作五官有司"[4]卷四.周本纪.,但遗憾的是在先秦都城遗址中很难找到符合功能的建筑遗址。在目前已有较确定考古遗址的先秦都城中,以城市结构(城郭、宫城、建筑基址等)的辨识度较高的偃师商城为例分析。

目前考古界对偃师商城的城址性质认定为"汤都西亳"[5]P10。偃师商城的基本格局是大城、小城相嵌、宫城在小城内偏南,居中。宫城内西南部分被认为是主要宫殿区,为前朝后寝格局,其中二、三、七号宫殿遗址所组成的区域被认为是主要的"举行国事活动、处理政务"[5]P7的前朝区;宫城外主要建筑遗址中有二号、三号基址,分别位于宫城的西南和东北角,"带有极浓厚的专用色彩和封闭色彩"[6],功能上被认为具有"府库、仓廪或屯兵防卫的拱卫城性质"[7]。换言之,宫城外的建筑群性质以仓储、防卫为主,没有官署建筑之分类。推测彼时朝议功能应该在宫内的外朝部分,如图 1。

(二)秦汉魏晋时期

秦代设三公九卿,然具体职官和所属空间语焉不详,文献中惟提及咸阳宫和阿房宫前殿有会群臣之功能:

如咸阳宫,秦王或秦皇"接见各诸侯国使臣、贵宾,为皇帝祝寿举行盛大国宴,与群臣决定国家大事"[8],都在咸阳宫内进行。

再如阿房宫,始建于秦始皇三十五年,前 207 年秦亡,营建工程半途而废。阿房宫兴建之因有二:一是咸阳旧宫小:"始皇以为咸阳人多,先王之宫廷小。……乃营作朝宫渭南上林苑中,先作前殿阿房"[4]卷六.秦始皇本纪。二是为大会群臣:"秦始皇上林苑中作离宫别观一百四十六所,不足以为大会群臣,二世胡亥起阿房殿,东西三里,南北三百步,下可建五丈旗,在山之阿,故号阿房也"[9]。

和偃师商城一样,秦咸阳宫和阿房宫前殿为"大会群臣"之场所,并提出

宫城外的建筑基址分布　　　　　宫城内的功能分布

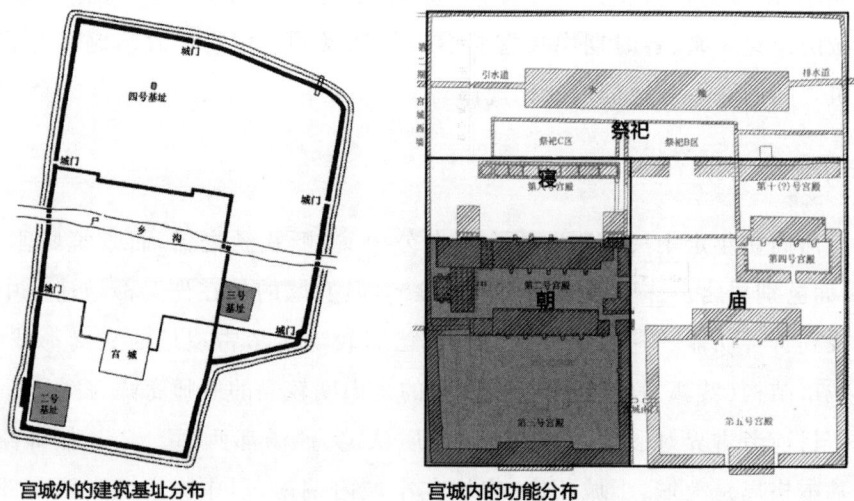

图1　偃师商城宫城外的大型建筑群基址和宫城内的外朝部分

资料来源:杜金鹏,王学荣 主编. 偃师商城遗址研究[M]. 北京:科学出版社,
2004(8):537.

"前殿"之概念,形成制度,象征着皇帝是中央权力的核心。同时也意味着中央官署尚未形成对应于中央官制的独立于皇宫之外的建筑群。

汉初,沿秦"三公九卿"制度,三公为丞相、御史大夫、太尉,但较秦制其内涵已有相当的不同:首先,较秦之极端中央集权,汉之君权稍弱,相权中,三公之权也受到新置中朝官的分割,相权和君权互相制约,达到了一个新的平衡状态;其次,皇宫建筑功能分化,原来混和皇帝起居、朝仪、朝议功能的皇宫,演化为皇宫、朝堂、三公之府宅(二府)和普通官寺。

(1)皇宫。汉代宫室营建活跃,如长乐宫、未央宫、北宫、桂宫、明光宫、建章宫,等等,多为离宫,可见皇宫的功能也出现了一定分化,更加偏向皇室的生活功能。

(2)朝堂。朝堂制度在西汉宣帝后形成,为皇帝与百官议政的场所:"西汉时虽以未央宫为主宫,但史载它的大朝会却在司徒府,皇帝在府中百官朝会殿与丞相百官议国之大政,相当于《周礼》之外朝,则西汉时宫殿尚以皇帝日常听政和居住为主,不具外朝功能"[2]P18。此时,"政治是通过大议、公卿议、有司议、三府议等多层的会议来进行的"[1]P9。因此可以说朝堂是当时真正的政治中心。

（3）二府。二府和普通官寺形制不同，因汉代相权强大，二府在制度等级上可比肩于宫阙："汉制以丞相佐理万机，无所不统，天子不亲政，则专决政务，故其位最尊体制最隆，丞相谒见天子，御坐为起，在舆为下，有疾天子往问。其府辟四门，颇类宫阙，非官寺常制也"[10]。在建筑形制上："署曰丞相府，……门内有驻架庑，停车处也。有百官朝会殿，国每有大事，天子车驾亲幸其殿，与丞相百官决事，应劭谓为外朝之存者，其说甚当。盖西汉初营长安，萧何袭秦制，仅制前殿，供元会大朝婚丧之用，而庶政委诸丞相，国有大政，天子就府决之，观政西有王侯以下更衣所，足为会朝议政之证。至若丞相听事之门，以黄涂之，曰黄阁……阁内治事之屋颇高严，亦称殿，升殿脱履，与宫殿同制。……两汉官寺皆有官舍寝堂，以处媵属，其在丞相府者，简称府舍，又曰相舍，其舍至广，有阁，有庭，有堂，其后有吏舍以居椽属。又有客馆、马厩、奴婢等室，以东阁推之，似在府之东部，然不能定也。……御史府又谓之宪台，在未央宫司马门内……与丞相府同，门内殿舍之制，悉无考焉"[10]。

（4）普通官寺。两汉官寺既有散布于宫中的，也有位于宫外的，既有带官舍寝堂以处媵属的，也有官署宅邸散布在宫城之外的间里之间的，可能和官职性质和官员等级有关。

到东汉，相权极大的局面又发生变化。"皇帝开始不出席朝议"[1]P9，东汉初南宫为主要宫区，明帝时大修北宫，并兴建德阳殿，作为举行大朝会的场所，将外朝的功能重新收回到皇宫内，并且，皇宫分内外朝的格局为后世沿袭："此后宫殿遂成为兼具代表国家政权的外朝与家族皇权的内廷之地，直至明清"[2]P18。

两汉时期，君权和相权在激烈之较量和博弈中，中央官制较秦有了极大的发展，皇宫保留了外朝之功能，而中央官署从前殿制度中脱离出来，形成君、臣共议之朝堂、相之府宅和普通官寺三种独立于皇宫之外的建筑类型。说明不仅军权和相权，相权内部之组织和分割方式也都更加复杂和微妙。

魏晋时期，新设中书省，逐渐成为实权之职。这一时期的实权之职还有门下省、集书省等。用新设职官的方式来分割相权，已成为惯用手段，这种方法也为历代因袭。这一时期是"邺城体系"时期，代表城市有曹魏邺城、西晋洛阳、东晋建康、北魏平城、北魏洛阳等。

曹魏邺城开创了东西堂骈列制,并且中央官署机构集中于宫前御道两侧,后者为后世都城因袭。东晋建康宫(台城)也为骈列制东西堂的格局,这是不同于前朝的独特制度。

(三)隋唐时期

隋在魏晋中央官制基础上形成较稳定的三省六部制,唐在此基础上更增加了二十四司九寺五监。

在都城空间上,隋大兴城首创皇城制度,采用宫城、皇城、大城三重城形制,中央官署和宫城被皇城空间所统一,这一制度也逐渐控制了宫、府、民城市用地的比例,皇城不再像秦汉朝毫无节制的占用城市土地。中央官署集中于宫城前:"'皇城之内,惟列府寺,不使杂居止,公私有便,风俗齐肃'……既把一般居民和宫城隔得更远,又把皇帝住地的宫城和其他大小统治者的宅第严格分开,以使宫城的卫护更为加强"[11]。

宰执议政场所——政事堂的功能和形制也发生了变化。唐初,三省长官以门下省的政事堂为议政场所,后来将政事堂迁到中书省,唐玄宗开元十一年(723年)又改政事堂为中书门下。之后,政事堂逐渐从宰相议政场所演变为宰相办公衙门。此转变的原因是宰相之上朝方式的改变:开元之前,宰相身兼他职,有各自办公机构,而朝堂为众官员议政之场所,即"午前议政于朝堂,午后理务于本司",开元之后,宰相转为专职,沦为普通官员,朝堂则沦为宰相办公之机构。"为适应宰相办公的需要,就于后堂设置吏、枢机、兵、户、刑礼等五房,分曹以主众务,实为宰相的五个秘书处"[12]。

(四)宋元明清时期

北宋前期,为取消前代实权机构议政和决政之职权,在宫内设中书门下,在宫外设三省六部,"三省长官非宰相者一般不得登政事堂,实际上剥夺了三省议政和决政的职权"[13]。

北宋中期开始的官制改革,导致了官署建筑功能的进一步分化:机构化、分散化、规模缩小。换言之,唐代以前的中央官署机构,是有议政功能的,而宋代及以后的中央官署,大多沦为办事机构,议政空间向皇宫内部转移,议政形式向"转"、"对"等官僚利用各种机会直接向皇帝陈述意见的更加高效、对皇帝更加有利的方式发展。

因此,以宰执为核心的次级决策机构逐渐消失在中央官署建筑的类型中。在北宋都城开封,中书省、门下省、枢密院、都堂、中书门下后省等原"宰相空间"还因袭唐制,设置在宫内外朝部分,但仅为形式而已:"而皇帝一天所有的主要的活动则都在内朝(内廷)展开"[1]P293。到北宋崇宁二年(1103年),尚书省迁至宫外,其格局有都堂,有议事厅,有六部公廨,是议事和机构之结合,到南宋临安,则上述建筑如其他官署机构,全部设于宫城外了。当然这种相权渐弱之趋势在历史发展潮流中亦有起伏而非一成不变,到南宋,向高级官员馈赠私宅的做法流行起来,宰相私宅有时成为政治决策的场所,这也是南宋初期重要的政治空间之一。

元代,大都(今北京)接受了宋东京和金中都的影响,并创建了宫前御街千步廊州桥的政治空间序列。"大都城内的中央官署,主要有中书省、枢密院、御史台及其下属各机构。与中原王朝行政中央机构相比,元代官制显得异常杂乱,新设大量的皇室家政机构和官府化的怯薛执事机构,有十五院、十寺、十二监、三司、五府之称"[14]。而其后的明清紫禁城,沿袭了这个序列并有所发展,形成定制。

结　语

根据上文的考察,可以看到,历代中央官署空间体系的演变过程,是皇权和皇宫从中央政治空间中抽离的过程,也是相权和中央官署逐渐被皇权分化、碎化和机构化的过程。此过程呈现两个特点:(1)稳定性。历朝开朝之初,中央官制多为因袭前朝,以确保政权交替的稳定性;同时,皇城、中央官署的营建多受都城选址、开朝营建者意愿的主导,强调礼制的合法性。(2)长时段的趋势。体现为皇权增强、相权减弱,同时职官制度逐渐成熟,金字塔的中上层的权力结构逐渐稳固。当然这个过程并非一成不变,而是随着政权争夺、更替、变化,其间或有起伏,各朝的具体表现形式也不尽相同,典型如汉初相权之极大化,以及由此带来的中央官署空间位置之特殊。此空间演变体系图示如下图所示。

西汉长安城
（未央宫和中央官署）

东汉洛阳城
（北宫、南宫和司空府、司徒府）

曹魏邺城
（宫城和中央官署）

北魏洛阳城
（宫城和中央官署）

隋唐长安城
（宫城和中央官署）

隋唐洛阳城
（宫城和中央官署）

北宋东京城
（宫城和中央官署）

元大都
（宫城和部分官署机构）

明清北京城
（皇城和部分官署机构）

比例尺 0 1000 2000(m)

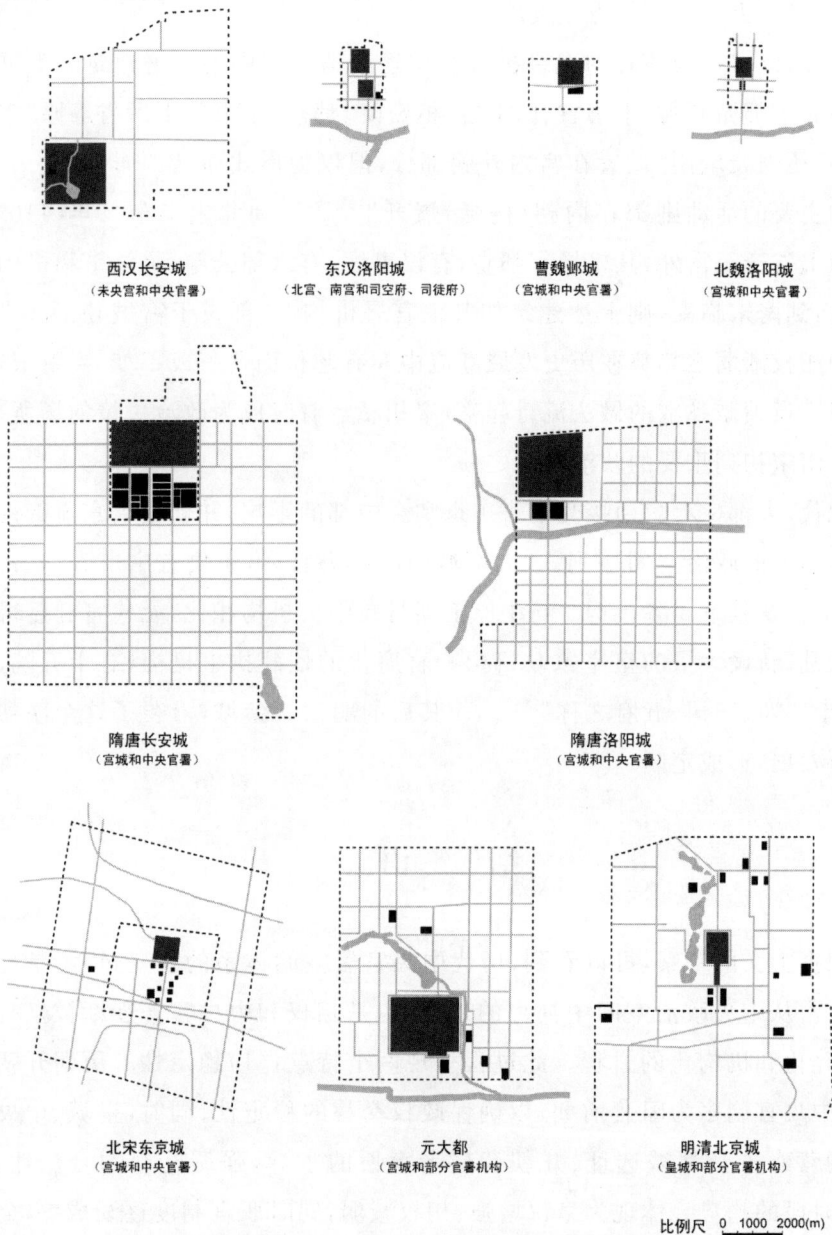

图2 历代部分中央官署空间体系简图

注：黑色为官署建筑，深灰色为宫城，虚线为城墙，浅灰色为道路和水系。

资料来源：西汉长安城：刘庆柱．汉长安城[M]．北京：文物出版社，2003．东汉洛阳城：

赵化成，高崇文．秦汉考古[M]．北京：文物出版社，2002．

曹魏邺城：贺业钜．中国古代城市规划史[M]．北京：中国建筑工业出版社，2003．

北魏洛阳城：贺业钜．中国古代城市规划史[M]．北京：中国建筑工业出版社，2003．

隋唐长安城：武廷海．从形势论看宇文恺对隋大兴城的"规画"[J]．城市规划，2009(12)．

隋唐洛阳城：潘谷西．中国建筑史（第四版）[M]．北京：中国建筑工业出版社，2001．

北宋东京城：李合群．北宋东京布局研究[D]．郑州：郑州大学，2005．

元大都：姜东成．元大都城市形态与建筑群基址规模研究[D]．清华大学建筑学院，2007．

明清北京城：傅熹年．傅熹年建筑史论文集[M]．北京：文物出版社，1998．

　　唐宋（中世）之后，中国的中央政治空间即形成稳定的固态：皇权稳固于权力金字塔之顶端，宰相、宗亲内戚、宦官、权臣及其他等级的官员以"天子门生"之地位对皇权制约和支撑，形成强有力的权力金字塔之中上层；都城结构也形成稳定的皇城为都城之核心、宫城为皇城之核心，中央官署及各级官署散布于皇城之外，并且在宫城之外的中轴线上形成宫前御街和两侧中央机构林立的空间形态，与皇宫一同构成中央权力空间的符号象征。

参考文献

[1] 平田茂树．日本宋代政治制度研究评述[M]．上海：上海古籍出版社，2010．

[2] 傅熹年．中国古代城市规划建筑群布局及建筑设计方法研究（上）[M]．北京：中国建筑工业出版社，2001．

[3] 郭湖生．关于中国古代城市史的谈话[J]．建筑师，1996(6)．

[4] 司马迁，张守节．史记[M]．中华书局，2005．

[5] 杜金鹏，王学荣．偃师商城近年考古工作要览——纪念偃师商城发现20周年[J]．考古，2004(12)．//杜金鹏，王学荣．偃师商城遗址研究[M]．北京：科学出版社，2004．

[6] 中国社会科学院考古研究所河南第二工作队．偃师商城第Ⅱ号建筑群遗址发掘简报[J]．考古，2005(12)．//杜金鹏，王学荣．偃师商城遗址研究．北京：科学出版社，2004：525．

[7] 张国硕．夏商时代都城制度研究[M]．郑州：河南人民出版社，2001：34．

[8] 刘庆柱. 论秦咸阳城布局形制及其相关问题[J]. 文博,1990(5).

[9] 萧统. 文选[M]. 李善,注. 影胡,刻本. 北京:中华书局,1977.

[10] 刘敦桢. 大壮室笔记[J]. 北平:中国营造学社汇刊,1932,3(3).1933,3(4). //中国营造学社汇刊. 第三卷. 第三期. 知识产权出版社,2006:137－138.

[11] 宿白. 隋唐长安城和洛阳城[J]. 考古,1978(6).

[12] 戴显群. 唐五代社会政治史研究[M]. 哈尔滨:黑龙江人民出版社,2008:16.

[13] 朱瑞熙,中国政治制度通史[M]. 第六卷(宋代部分). 北京:人民出版社,1996. //白钢 主编. 中国政治制度通史. 北京:社会科学文献出版社,2007:220.

[14] 姜东成. 元大都城市形态与建筑群基址规模研究[D]. 清华大学建筑学院,2007:112.

◎ 基金项目:本论文受北京市教委科研计划资助项目(Km2014 10009010)与北方工业大学科研启动基金——宋代地方城市营建制度综合研究资助。

◎ 作者简介:袁琳,北方工业大学博士讲师;

　　　　　　袁琳,清华大学博士后。

老子"有无相生"哲学对中国古代城市规划的影响

——以明清北京城中轴线为例

◇ 王浩然

前　　言

哲学思想是一个国家和民族文化传统的重要渊源,城市作为人类文化的重要承载者,其发展过程深受哲学思想的熏陶和影响。中国古代的哲学思想非常发达,在其影响下形成了独特的城市规划模式和建筑营造法式。其中,老子的哲学思想在国内外建筑界广受赞誉,突出展现其辩证视角和深邃内涵的"有无相生"哲学对中国古代城市规划产生了深远影响。本文试图通过对古代城市建筑和外部空间关系的分析,探讨城市空间"实与虚","有与无"的共存共生状态,在此基础上运用老子"有无相生"理论对明清北京城的中轴线进行解读。

一、老子"有无相生"哲学

"有无相生"的观点出自老子的经典著作《道德经》,在书中第二章他讲到"天下皆知美之为美,斯恶已。皆知善之为善,斯不善已。有无相生,难易相成,长短相形,高下相盈,音声相和,前后相随。"[1]美与恶、善与不善互相对立,但同时又是区分彼此的标准,有无、难易、长短、高下、音声、前后也是彼此相互依存的共生体,其中"有无相生"的概念相对抽象,也最能体现老子

辩证的哲学思想。在《道德经》第十一章中老子对这个概念进行了具体的阐释,他讲到"三十辐,共一毂,当其无,有车之用。埏埴以为器,当其无,有器之用。凿户牖以为室,当其无,有室之用。故有之以为利,无之以为用。"[1]此处老子举出具体的例子来阐述有与无的关系,指出车、器、室是依靠实体部分营造的"空"实现价值,"有"的部分是构成事物的有利条件,而"无"的部分使得有利条件发挥真正的作用。如果没有这种"无",就会失去它们作为"车、器、室"存在的价值[2],"有"是"无"存在的基础,而"无"又深化了"有"的价值,"有无相生"的辩证哲学是中国古代哲学的精华,也是中国古代城市观的重要组成部分。

二、"有无相生"哲学与中国古代城市规划

对于一个建筑单体而言,墙壁、屋顶、门窗等实体组成即是"有"的部分,而室内虚体空间则表示"无","有无相生"的观点揭示了建筑外部形态和内部空间之间的密切关系,如果把视角提升到宏观的城市层面,"有无相生"的哲学依然能够散发耀眼的光芒。城市中的建筑实体可以被整体地看作"有"的部分,而除建筑之外的城市外部空间则为"无",有与无、实与虚的共存共生状态和西方的图底理论有着相似的内涵,城市的"图"与"底"可以互换,空间的实与虚、有与无也是互相映衬的。

中国古代社会经历了漫长的封建统治时期,儒家礼制思想以其宗法伦理和等级制度成为历代封建君主治国的根本。古代中国城市的军事防御与社会管制功能大大高于商业和社会交往功能,形成城市的内向型发展方式[3],城市空间结构由层层嵌套的城墙构成,皇城作为统治中心所在处于城市的最内层,都城中的百姓生活于坊墙内,里坊制度直到唐代才开始逐渐瓦解。在这个层面上,中国古代的城市本身就是由城墙、坊墙等实体围合出来的虚空间,城墙起到防御作用的同时也限定了城市的规模,城墙四角的角楼在监视敌人的同时也是管理城市的工具。

儒家礼制思想注重的等级秩序在古代城市建设中的体现是皇城和外城拥有截然不同的建造理念,在皇城中,宏伟的建筑和广阔的外部空间"有无相生"、相互辉映形成气势磅礴的城市中轴,体现皇权的威严和至高无上;而

在外城中,里坊紧密排列,街道成为供百姓活动的主要外部空间。唐朝末年,随着里坊制逐渐被打破,街市出现,商业和瓦子勾栏在街市的兴起促使世俗生活蜂拥至街道上,作为"无"存在的街道和作为"有"存在的建筑共同构成了市民的城市生活,街市提高了城市的活力,改变了中国封建社会的传统生活方式。

"有无相生"哲学博大精深,道出了城市中实空间和虚空间对比融合、共存共生的关系,在古代中国的城市中,大至城市的中轴线小至民居四合院,处处都蕴含着"实"与"虚"的对比,其中明清北京城中轴线是"有无相生"哲学在中国古代城市建设中最完整的体现,这条长达近8公里的城市中轴由北向南完美贯穿了北京的内城、皇城和外城,使城市和文化、皇权和世俗完美地结合于此,堪称中国古代规划史上的经典之作。

三、应用"有无相生"哲学解读明清北京城中轴线

城市中轴线是一种统领城市整体空间秩序的方法,在崇尚"择中、对称、等级秩序"的中国古代城市中有非常广泛的应用。轴线本身是一个抽象的概念,它可以是一条由两排建筑限定出的街道,也可以是一个由若干房屋和院落串联成的空间序列,其组成部分必然包括对轴线空间进行限定的"实体"和由这些实体限定出的"空间"。明清北京城中轴线经历了明清两代的规划和修缮,在城市范围内串联了一系列重要城市节点和要素,创造出"虚实对比、有无相生"的城市中轴意向,是中国古代城市历史和文化的重要承载者(图1)。

(一)中轴线的"实"要素

1. 建筑要素

纵观城市中轴,从北京城外城南端永定门起,经过九重门阙(永定门两重、正阳门两重、大清门、天安门、端门、午门、太和门)直达三大殿(太和殿、中和殿、保和殿),并延伸到景山和钟鼓楼,高低错落的建筑形态和虚实相映的空间意象构成一幅气势恢宏的城市篇章。城楼大殿等建筑要素是组成中轴线最核心的要素,轴线上各个建筑的位置和规模支撑起轴线的整体框架,

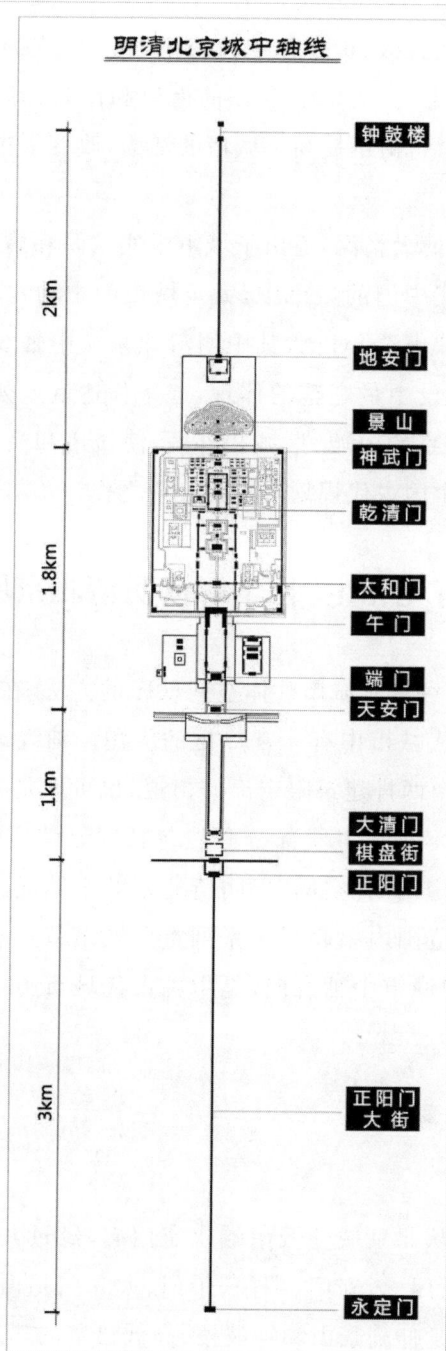

图 1　明清北京城中轴线

资料来源：作者自绘。

而虚空间就在建筑之间展开,形成以院落、街道、广场等形态存在的外部空间,虚实空间相得益彰,共同决定了中轴线的整体秩序和韵律。

从永定门开始,自南向北中轴线上城楼的形制和气势逐渐升高,经正阳门、天安门、午门进入紫禁城后,在太和殿达到顶峰,向北继续经历各宫殿的高潮迭起后,到达景山,随后气势减弱归于钟鼓楼。在建筑气势经历变化的过程中,轴线上的虚空间起到了不可替代的作用。从永定门以北的正阳门大街到天安门前的"T"形广场,经历紫禁城内一连串紧凑的院落到达景山,最后沿着地安门大街到达钟鼓楼,虚空间随着建筑实体的变化也呈现了先扬后抑的韵律。中轴线上的建筑要素作为实体要素,为虚空间的存在奠定基础,使"有无相生"的哲学以城市中轴线的形式得以表达。

2.自然要素

在以建筑为主的明清北京城中轴线上,也有着为数不多的自然要素。自然要素作为中轴线实体要素的重要组成部分,在空间表达和意境创造方面起到了画龙点睛的作用。位于天安门前的外金水河和位于太和门前的内金水河相互呼应,似玉带怀抱皇城,相比之下,内金水河的形态更加蜿蜒,犹如起伏巨龙的脊椎(图2)。由外金水桥经天安门、端门、午门到达内金水桥

图 2　蜿蜒的内金水河
资料来源:作者自摄。

图 3　景山上俯瞰北京中轴线
资料来源:作者自摄。

时,空间意象在似曾相识中得到了加深和提升,太和门前广阔的院落也因这条蜿蜒的流水增添了几分生气。此外,内金水河水系还与围绕宫城的护城河相连,承担了城内的排水和防火的职能。紫禁城北部的景山是中轴线上另一个重要的自然要素,其山体由开挖护城河的泥土堆积而成。作为中轴线上的制高点,景山不仅使宫城处于"山南水北"的风水宝地,还在垂直方向

上限定出中轴线的虚空间。站在景山上南眺,整个北京城的生命轴纵贯全城,天地之间的"有无相生"尽收眼底(图3)。

(三)中轴线的"虚"要素

1. 院落要素

院落要素是中轴线上最重要的虚空间构成形式,从天安门开始向北到达地安门,连续的院落构成了中轴线的核心空间。

院落是中国古代城市中常用的建筑形式,上至君王宫殿下至平民屋舍都对院落这种形式有广泛的应用,其由四周实体限定围和而成的四方空间深刻地符合了中国古人的宇宙观和保守心理。紫禁城内的院落是由宫殿、城墙和宫门围和而成的虚空间,院落的尺寸和形状取决于统领院落空间的主要建筑。如从天安门经端门到达午门,途经两个院落空间,贯穿院落中央的御道由此进入紫禁城,逐渐加深的南北向院落在视觉上绵延了御道的长度,也衬托出午门的宏伟气势。进入午门,太和门前的院落宽度明显增加,面积 $25000m^2$,形成开阔的空间意向,五座单孔拱券式金水桥环抱太和门,更映衬出该院落主要建筑——太和门的高大和庄严。经过太和门,迎面而来的院落尺度更加恢弘,御道的另一端是紫禁城中最宏伟的建筑——太和殿,太和殿位于高 8.13m 的三层汉白玉基座上,对整个虚空间起到了统领的作用。经过太和殿后,紫禁城北面,地势渐低,院落的规模也逐渐减小。宫殿和城墙作为实体要素围合而成院落的虚空间,也在此虚空间的映衬下彰显了主建筑空间的威严气势。

2. 广场要素

中国古代城市内向型的发展使城市中没有大规模修建广场的历史,在明清北京城的中轴线上,有两个功能截然不同的虚空间承载着广场的职能。

天安门南侧的"T"形广场(图4)是中轴线上的又一杰作。广场三面修宫墙,中间为御路,"T"形广场的南北向空间两侧是千步廊,集中布置了各类官署,遵从"左文右武"的布置原则。"千步廊"作为建筑实体,围合出的"T"形空间则作为国家重大庆典的场地。凡国家有大庆典(皇帝登基、册立皇后等)即在此举行"颁诏"仪式[4]。广场东西南北四个宫门的设置进一步限定出广场的方向性,突出天安门的核心地位,营造了一种"皇权至上"的空间氛

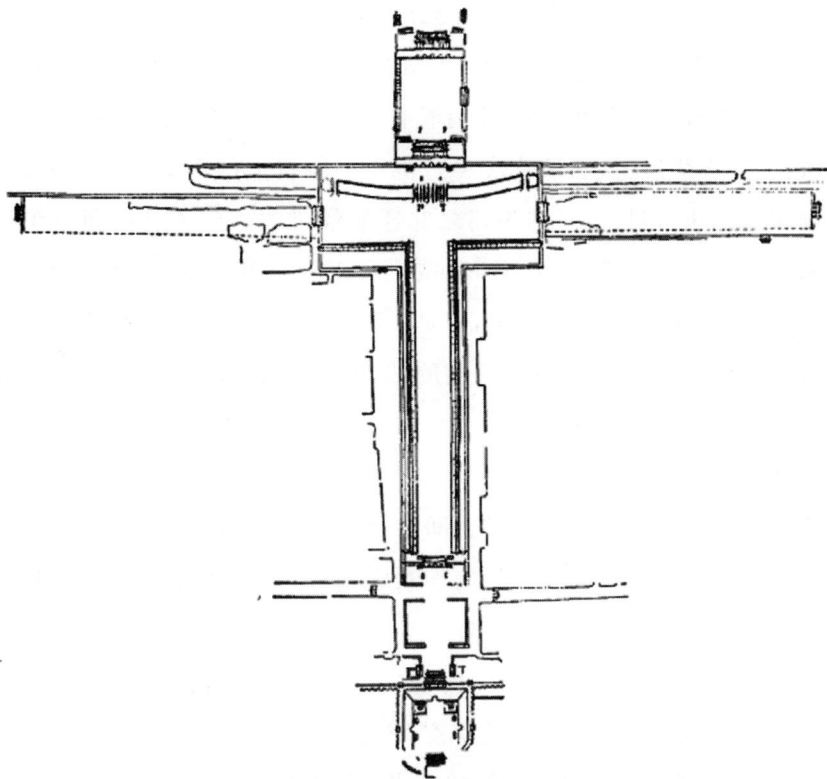

图4 "T"形广场平面图

资料来源:侯仁之,吴良镛. 天安门广场礼赞——从宫廷广场到人民广场的演变和改造[J]. 文物,1977(9):1—15.

围。据记载,清代的千步廊,从天安门前到大清门内,东西各有 144 间,共 288 间,形成相当开朗而又主次分明的效果。"无"正是空间的内涵和精华所在,其体现出的空间感受深远庄严,是处于"千步廊"建筑中无法体会的,"千步廊"的"有"和广场的"无"相互衬托,实现了空间形象的完美塑造和空间精神的准确表达。另外一个"广场"是位于大清门和正阳门之间,连接内外城的棋盘街,由于从大清门以北的皇城是一个封闭连续的空间,棋盘街又成为皇城南部的东西向交通要道。棋盘街围和的空间形式逐渐成为皇室、士大夫和平民阶层的活动场所,在一定程度上成为封建时期的广场。

3. 城门要素

城楼是中轴线上最具代表性的建筑,但把它们仅仅看成建筑实体的话,其空间体验就大打折扣了,城楼的"虚"体现在支撑其通行功能的门洞,如天安门、端门、午门等一系列门楼,都有长长的门洞位于门楼之下,从天安门进入皇城,再进入紫禁城,必须依次穿过位于中轴线上的天安门的门洞、端门的门洞和午门的门洞,然后在午门之北还要经过太和门才能见到坐在太和殿中的至高无上的皇帝,神圣、神秘、威严和庄重的感觉油然而生。此处,门洞的"空"不只是供人出入的通道,而是一种氛围营造的要素,每经过一道城门心灵就受到一次冲击和震撼,完美的贴合了设计意图,"无"在此的作用不可小觑。

4. 道路要素

道路是明清北京城中轴线虚空间的又一种表达方式,也是贯穿中轴线的一种虚空间要素。从中轴线的南端永定门起,一条宽阔的正阳门大街贯穿外城,直通内城的门户——正阳门。在正阳门外形成京城最热闹的城市街市,即著名的前门大街。经大清门进入皇城后,街市消失,但是道路的形态以御道的形式继续延伸,串联起紫禁城内连续的院落空间,成为皇权至高无上的象征。到地安门之外,轴线的形式巧妙地回归成了道路,与正阳门大街的相呼应,地安门大街直通钟鼓楼,为中轴线画上完美的句号。道路要素在中轴线上是最简单的一种虚空间要素,但是却以其连续性贯穿了轴线的整个过程,实现了皇权和世俗在城市中轴空间的完美结合。

明清北京城的中轴线上集合了丰富的建筑元素,具有实际使用功能的重重城楼以及宫殿和无实际使用功能的牌坊、华表等共同构成了中轴线的实体部分,即成中轴线的"形",而这些实体建筑元素之间的外部空间才是中轴线的"神"所在,"空"增加了景深,深远了意境,衬托了主体,增强了气势。设计中通过"有形"的建筑元素和其之间"无形"的外部空间相互渗透,相互对应,形成了在视觉上通达,景观上延续,功能上统一的城市中轴线。从个体建筑来讲,每一处古代建筑都是一幅优美图画;从整体来讲,虚实结合的空间序列又构成了中国画的长卷。建筑元素和外部空间的设置恰如中国水墨画的运笔,虚实相映,行云流水,言有尽而意无穷。

结　语

　　中国古代城市规划建设中从宏观到微观层面都受到老子"有无相生"哲学的影响，并在此思想的基础上创造出了许多形态和意象兼备的空间。在当今城市规划工作中，设计师应更多的关注城市外部空间设计，使建筑和外部空间的关系更加和谐。无论何时何地，哲学的发展都是建筑事业发展强有力的推动力。相信人们会在老子《道德经》中挖掘更多更深刻的东西，去指导人类建设自己和平、美好的家园。

参考文献

　　[1] 齐豫生，夏于全．中国古典名著——老子庄子[M]．长春：北方妇女儿童出版社，2006．

　　[2] 黄友敬．老子传真[M]．福州：海峡文艺出版社，1998．

　　[3] 周艺，张哲．文化的力量——中西方古代城市公共空间对比与分析[J]．建筑设计管理，2009（9）：33－34．

　　[4] 夏晟．中国城市公共空间结构与社会演变的关联[J]．建筑与文化，2005（21）：60－63．

　　◎ 作者简介：王浩然，河北工业大学建筑与艺术设计学院硕士生。

基于历史地理视角下的老城变迁研究：
以温州乐清为例

◇ 陈　饶

前　　言

　　2013 年，乐清市启动了《乐清北大街历史文化街区保护与整治规划》项目，并将北大街列为乐清市历史文化街区，力图在保证历史遗产真实性、完整性的前提下鼓励城市历史空间与环境的合理再利用，发挥历史资源的重要价值。本文着重于项目前期的乐清城市发展历史研究，研究范围并非局限于乐清老城内部，而涉及温州地区多座沿海城市。

　　乐清的人居史有 4000 多年，建置史约 1600 多年。自建置以来一直是县治所在地；商业区位于县治前（即今北大街），后随着人口增多而逐渐南移，这一功能延续至今。乐清的街巷格局在宋元时期已基本形成，明清时期趋于稳定，今天仍保留较为完整。但是，乐清独特的"山·海·城"的城市格局、较稳定的城市空间形态、典型的"鱼骨式"街巷系统并未被世人所充分认识、挖掘，这与乐清市场经济发育早且很发达有着密不可分的关系。1990 年代，乐清从农业社会向工业社会全面转变，摧毁了大量的城市历史空间。如今乐清面临城市再次转型，面对城市未来整体复兴，要求规划者的关注点从局部的项目转向区域整体，正确深入的分析理解城市发展历史是老城复兴最为迫切的任务之一。本文通过对温州乐清地区历史地理发展情况的梳理，总结乐清地区成陆的过程与原因、军事防御系统的形成与原因、乐清老城的选址与城市空间变迁的过程。从区域视角出发,研究城市变迁历史,对多个城市的空间变迁过程形成系统认知,挖掘城市的历史价值。

一、乐清区位概况

乐清市位于浙江省东南沿海,为温州市所辖,地处浙南丘陵沿海小平原,东临乐清湾,与玉环、洞头两县隔海相望;南以瓯江为界,与温州市隔江相望;西与永嘉县毗邻;北与台州市黄岩区接壤;东北与温岭市为邻。市境陆域略呈长方形,位于浙江沿海经济走廊,历来是主要经贸集散地,是温台沿海产业带的重要组成部分,属温州大都市区的副中心。乐清山水形胜,拥有雁荡山、乐清湾、七里港等资源优势。乐清历史悠久,远在四千多年前,东瓯先民即在此繁衍生息。东晋宁康三年(公元 375 年)乐清从永宁县中分出单独设县,延续至今。乐清老城是个集自然景观和人文景观于一体的具有丰富内涵的山海卫城,千年古县(图 1)。

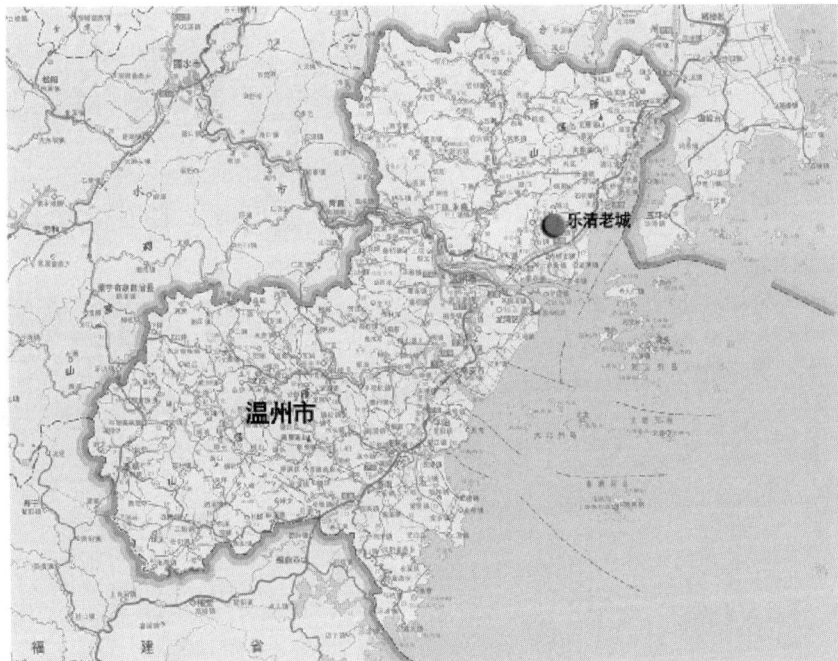

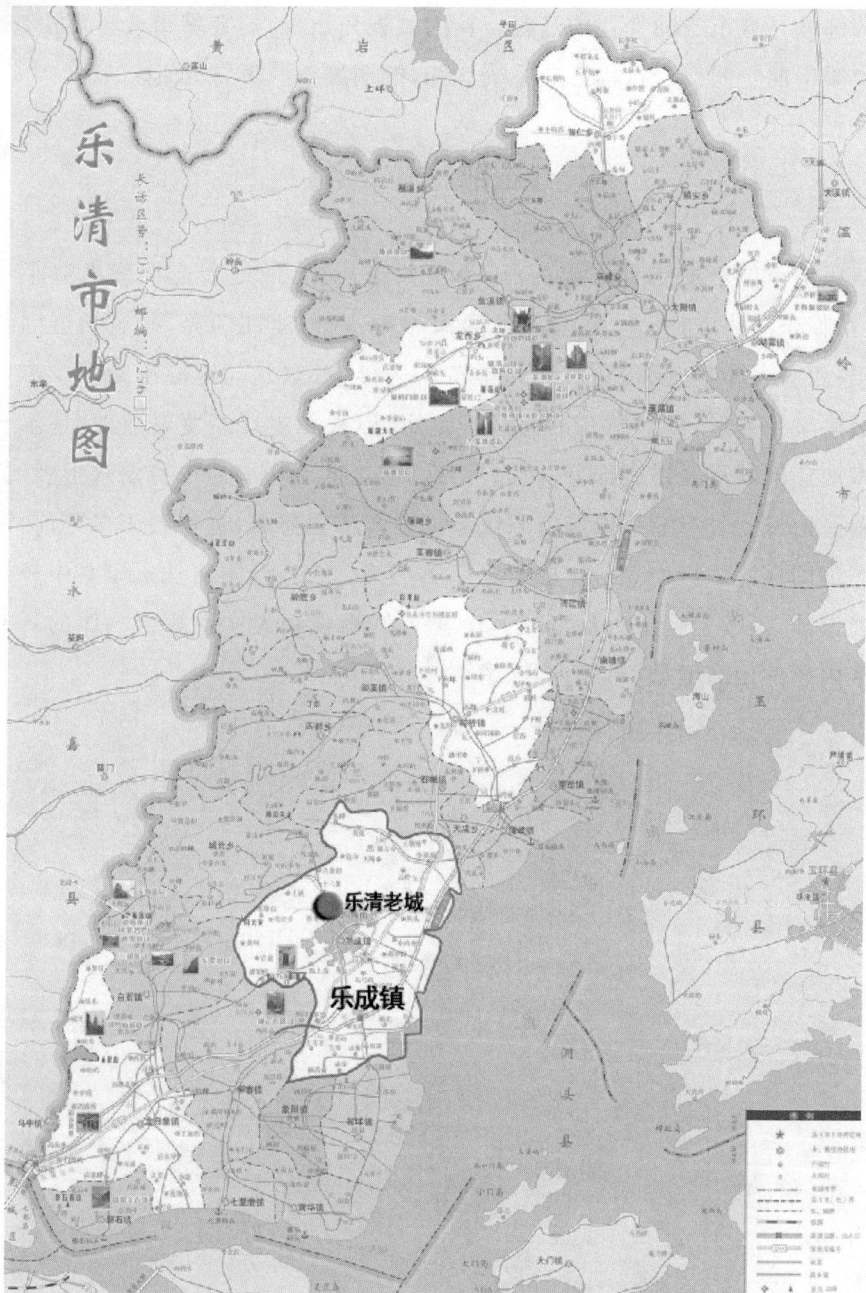

图 1　乐清区位图

资料来源:作者绘制。

二、乐清成陆过程

——乐清文明史，一部乐清地貌不断改变的历史

(一)温州沿海平原成陆成因

浙江温州地区的沿海平原是中国东南沿海小平原之一,其由瓯江、飞云江、敖江3条河流及海水所携带的泥沙堆积而成,乐清市位于瓯江北岸的小三角平原上。远古时代的温州并没有沿海平原,根据古地理学的研究,由于遭遇第四纪大海侵,在5000年以前这3条河流的河口都类似于今天的杭州湾——属于溺谷形海湾,海水一直到达今天的青田县城、平阳县城和平阳水头镇一带,大罗山是海中孤岛,今天的平原地区一片汪洋。此后,随着海平面的下降和沿海泥沙的堆积,岸线后退,约三四千年前温州许多浅海区逐渐成陆。乐清白象馒头山、温州杨府山、瓯海南白象、平阳钱仓镇北凤山、苍南鲸头等地都发现过南朝之前的文物与考古遗址,表明当时已有人类在此定居。

从整个温州沿海岸线变迁可见,温州沿海成陆范围基本在东北——西南走向的南、北雁荡山脉和几条东西向支脉之间。在诸支脉间造陆完成后,泥沙才开始在支脉以东的海域上堆积,形成纵贯乐清湾至平阳沿海的滩涂地带[1]。两晋南朝时今沿海平原西侧沿海山麓边缘已经形成平原,这与温州及各县的建置时间基本吻合,除温州老城外,乐清、瑞安、平阳、苍南均在东晋时建置,且治所均沿海山麓边缘,是温州沿海成陆最早的区域。明代开始,浙南山区人口激增,中上游山区开始采矿、种植、伐木、农耕等垦殖活动,森林破坏,泥沙流失,加速了明嘉靖以后沿海平原的成陆速度,尤其在雍正、乾隆年间,成陆速度不断加快,年代越往后成陆速度越快(图2)。

温州地区远古岸线　　　温州地区南朝岸线　　　温州地区唐宋岸线

温州地区明岸线　　　　温州地区清岸线　　　　温州地区今岸线

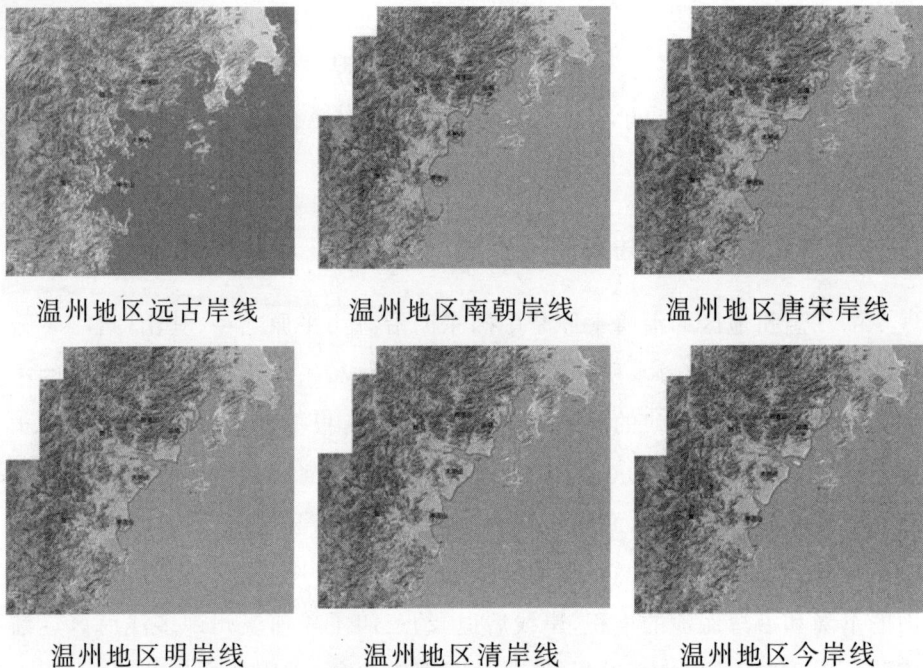

图2　温州地区岸线变迁

资料来源:作者绘制。

(二)乐清平原形成陆过程

乐清位于瓯江北岸。今瓯江北岸的柳市平原,西、北都是山脉,东、南也有多座孤山,古代为白石湖所在地,湖北岸有白石岩。2000年前,今乐清市城区至柳市镇公路所经地带仍是海峡,到了南朝时期,柳市平原接近山麓的区域已经形成,古泄湖演变为面积较大的湖泊——白石湖,至唐后期湖的范围已延伸至白石岩前。唐末五代时湖泊所在的湖心、柳市等地都已建立寺院,由此可见湖的主体部分已经成陆并得到开发。北宋后期建村的曹田、莲池头和长林盐场,南宋前期兴建海塘的黄华,都已靠近或位于今天的海岸线,表明今天瓯江北岸大部分海岸线已经形成。乐清湾与瓯江口的村落分布从宋到明嘉靖年几乎没有变化,可以看出宋代至明代嘉靖年间海岸线几乎没有变化。雍正四年乐清湾西岸开始淤涨,从雍正四年(1726年)到乾隆五十九年(1794年)长林盐场滩涂涨约2754hm²,之后岸线变化趋于停止。光绪年间,盐场所在地团叶一点有坍塌。民国以来又开始淤涨,尤其是蒲岐一带,从百袋陡门、沙头陡门、岐头陡门到瓯江口,堆积了两三千米的滩涂[2]。

古时候乐清城以东也是被乐清湾海水淹没。传说古乐清城关的东门和西门口就能看到浪潮拍打着堤岸。根据老人说法,乐清城关过去是一个海边渔港,银溪河从北向南流到这里,与乐清湾上涨的潮水相汇,不断冲击而形成港湾——"港桥头"(即今望莱桥),与乐清老城的"市头"(即今南北大街与东大街交汇处)不到百步,水运便利[2]。由此,古时候乐清城关的海岸线,是沿着东门、西门一带依山环绕的。现在乐清东南的村庄,如悬浦、水深、南岸、白沙、坝头、土墩塘等与均海水和海岸有关,可以考证,这些村子都是乐清湾海岸线向东南不断延伸后形成的一个个小渔村,随着生产力的发展,筑塘建坝技术的提高,一代代乐清人不断将海岸线向大海深处拓展(图3)。

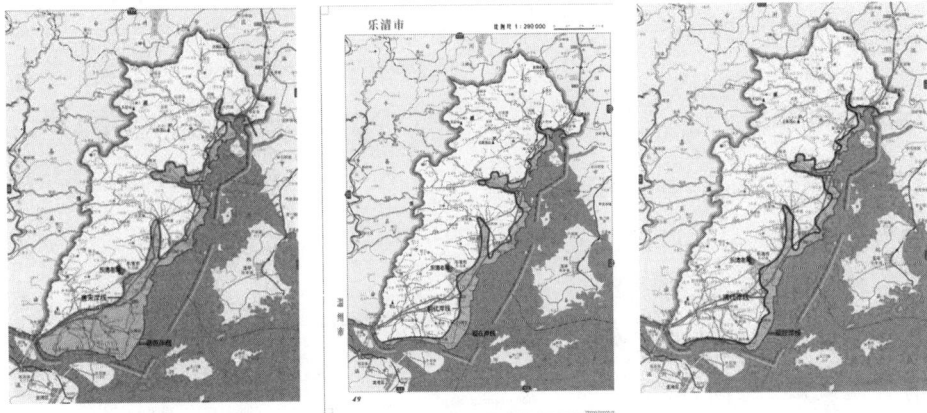

乐清地区唐宋岸线　　　　乐清地区明岸线　　　　乐清地区清岸线

图3　乐清地区岸线变迁

资料来源:作者绘制。

(三)乐清岸线与海塘建设

乐清乃至整个温州海岸线的形成与海塘的建造都有着密切的关系。唐贞元年间,温州一位名叫路应的刺史,亲临乐清考察后,发现旧有的泥塘失修多时,常造成海水倒灌,于是下令民众重新修筑加固,此时乐清海塘仍为一段段不连贯的海塘雏形。乐清唐宋时期的海岸线也就是乐清历史上第一条古海塘,基本上是沿着乐清塘河(又名西运河)到琯头的瓯江口岸。此时,柳市、白象一带基本上还是一片被海水浸盖的泥涂,两宋后,乐清县城至琯头的平原才

慢慢开始形成。这是古乐清人第一次向大海开发拓展的历史记载。

乐清第二条古海塘的筑成使得柳市、乐成和虹桥平原的出现。在明洪武年间，乐清的第二条古海塘，距 1994 年的海岸线 4km～8km，这条海塘筑了将近 500 年，古代乐清人又将海岸线向乐清湾海面拓展了几公里。

乐清第三条古海塘的形成基本上奠定了今天乐清的地貌状况。这条古海塘是在清代后一步步连结而成，从此有了慎海、南塘、清北、下塘等小平原。因此也可以说，乐清的文明史也是一部海塘不断建设的历史[3]。

三、军事防御系统
——乐清城建史，一部千年抗倭的血泪史

(一)防御城堡

如果说沿海平原的形成为乐清的向东发展提供了有利的自然因素，那么军事防御设施的建造则是乐清后续发展、稳固、壮大最为重要的政治力量。乐清历史上建造过 14 座城堡，除县城建于唐、大荆城建于清之外，其余皆为明代抗倭而建。由于特殊的地理位置，从东汉开始乐清就有了海防设施。宋帝建炎南渡，乐清海防更加严密，温州共分 13 寨，在乐清琯头、大荆和白沙设有 3 座寨，其中大荆是温境最北端的 1 个寨。

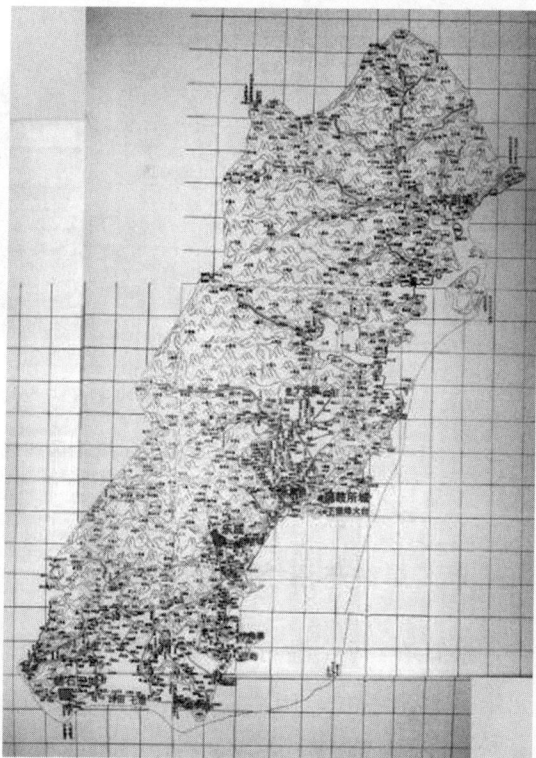

图 4　乐清防御城堡分布

资料来源:作者根据《光绪浙江全省舆图并水陆道里记》底图绘制。

元朝,乐清设万户府、千户所,元末明初,由于战乱,部分民众散居于海岛与日本浪人勾结,对沿海各地进行劫掠。于是明代朝廷采取对策,在沿海要冲地方设卫所,驻地的官兵筑城防御。洪武十七年,信国公汤和奉命巡视宴会险要,决定于磐石卫筑城,后又设蒲岐千户所,同时筑城。后来因寇势猖狂,内地的竹屿、瑶岙等地也自发筑城堡而自卫,这些城堡当年在防倭方面起到一定作用(图4)。

清顺治十八年(1661年),朝廷为断绝沿海人民与郑成功的联系,下"撤沿海三十里而空其地"的迁海令,全县内迁85%的人口,仅留1万人左右,这期间,沿岸诸城有所荒废。之后随着人口的回迁,诸城又慢慢修建、加固,城堡所在地仍然是乐清诸平原的中心。清朝末年,乐清县内还保留着九座有城墙的城池,其中就包括乐成县城、磐石城、蒲歧城、后所城、大荆城、许公堡、永康堡、寿宁堡、宁安堡,尔今只有蒲歧城保存尚好。

乐清老城为政治中心,距离海岸有一定的距离,且前有后所城防御,虽多次遭到倭寇袭击,但仍得以保存至民国。磐石为温州海上兵防要隘,自古以来瓯江发生战事,磐石则首当其冲,颇似长江的采石,乃兵家必争之地,于民国34年始建新港,成为温州港的咽喉。蒲岐是一个由屯兵形成的具有海边渔盐特色的历史古镇,蒲岐濒临乐清湾,与台州的玉环半岛隔海相望,周围古迹较多,蒲岐人世代以打渔为生,是抗倭重镇、历史文化名镇以及海产名镇。大荆在清代的地位超过其他卫所,一度被称为"乐清之附郭",地处温台交界、驿道要津,是周边相邻的黄岩、温岭、永嘉等地土特产的集散中心,南来北往的商贾行旅云集于此,逐渐成为商贸集镇,又因依托雁荡山而逐渐发展成旅游名镇(图5)。

乐清古代地图　　　　　　　磐石古代地图

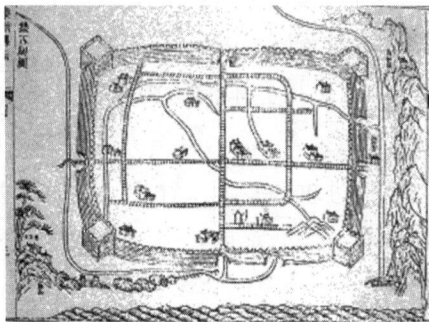

蒲岐古代地图(卢瓯武提供)　　　　　　　　大荆古代地图

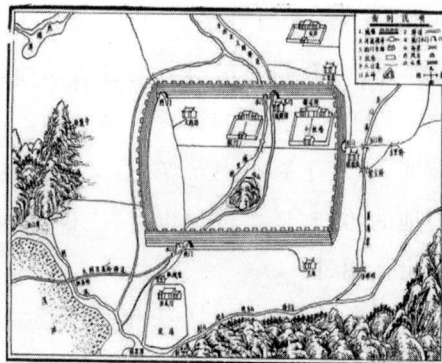

图 5　乐清防御城堡古代地图

资料来源:《乾隆温州府志》,卢瓯武提供、网络。

(二)乐清的烽火台

明朝,为了抗倭,烽火台、辖台应运而生,密布于乐清海岸线上。乐清有烽火台 19 座。磐石卫 7 座,蒲岐所 8 座,辖台 2 座,设立于明洪武二十年(1787 年);到了清朝,经过调整,设有 17 座烽火台(即墩台)。而今这些已几乎全部毁坏湮没,唯有蒲岐下堡(岐山)的烽火台完整地遗留下来。

(三)乐清炮楼

炮楼在乐清又称之为"炮台楼"。其功能与开平碉楼基本一致,但区别是,开平的碉楼有防御兼居住功能,而乐清炮楼主要是以防御为主,居住功能次之,而且是住宅的附属建筑。清末至民国时期,战乱频繁,民不聊生,海匪猖獗,不时登陆打家劫舍,沿海一带的富庶人家,纷纷筑炮楼,备枪弹监视和反击海匪侵扰。乐清境内至今幸存的炮楼,就是反映当年抵御匪患的实物见证。1930 年代末,自卫大队和各区队还在县域内构筑许多碉堡,驻兵把守,以防御进攻和控制来往交通。这些炮楼,由南至北,从黄华、七里港沿海岸线,直到乐清北部的芙蓉、湖雾等多个乡镇的村子里零散分布[4]。

四、乐清老城选址特点分析

从地理上看，乐清下有柳市平原，上有虹桥平原，乐清县选址于雁荡山东南延脉的山坳中，具有如下一些特点：

第一，从地质角度考虑，柳市平原由泄湖演变，蒲岐以南多为滩涂，猜想唯乐成三角平原，地质较牢，适宜建城。

第二，位于山坳之间便于防卫，后依雁荡山，前障乐清湾，从乐清塘河的位置可推断，唐代乐清建城之时，海水仍在今南护城河的位置，自然条件形成了天然的防卫屏障，是乐清老城择址最为主要的原因。

第三，风水方面，乐清城建置晚于温州，必然深受郭璞按照风水原理建筑温州城的影响。古人在营造乐清老城完全符合理想风水模，两侧有东皋山、西皋山为护龙，东南有临海的印山、盐盆山、沙头等作朝山案山，中间堂局分明，地势宽敞，城周围有中、东、西溪三水及南门河等环绕，共同构成一个三面屏障，一面略显开敞的相对封闭的小环境。

可见，乐清老城是中国古代依据堪舆之术选址营造的典型案例(图6)。

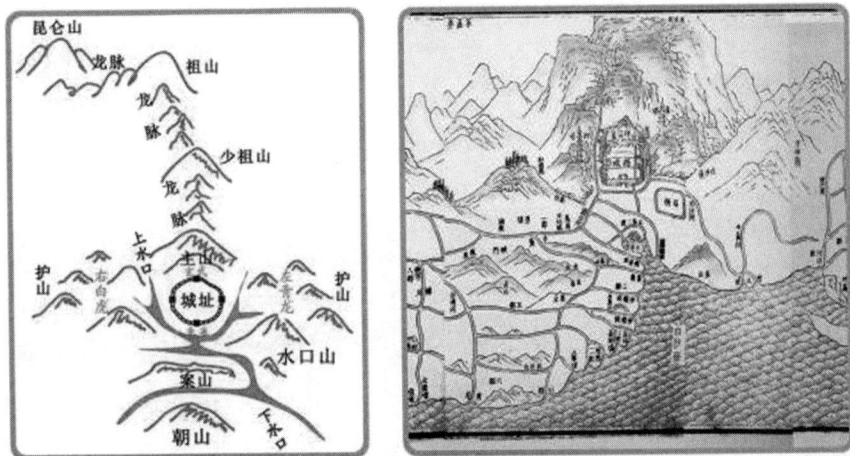

图6　乐清山水格局图

资料来源：《乾隆温州府志》。

五、乐清老城历史空间形态的变迁

乐清建置与沿海陆地的形成有着密切的关系。远古温州疆域就有先民在这此繁衍生息,但是人烟稀少,并无建置记载,未形成大面积聚落城邦,主要是沿海尚未形成大面积陆地,先民多居于近海的低山中,或海中岛上,从事渔猎和耕作,固有"瓯居海中"的说法。至楚威王七年(公元前 333 年),楚威王破越国,杀越王无疆。越部分族迁东瓯定居,此时,温州境内人口开始有规模的定居。东汉顺帝永和三年(138 年)该地区置永宁县,户不满万,县始于瓯江北岸,是为温州建县之始。东晋明帝太宁元年(323 年),在温峤岭以南地区置永嘉郡,治所设于永宁,辖永宁,安固、横阳、松阳四县,此时并无乐成县,建郡城于瓯江南岸,是温州建城之始。东晋宁康二年(374 年),分永宁县置乐成县,由于东晋南朝时期今温州沿海平原的大部分均未成陆,因此虽设立了县城,但是并为建城郭。另外,乐清较瓯江南岸的瑞安、平阳地区的建置始要短,乐清真正筑城是唐天宝三年(744 年),虽周仅一里,但是位置延续至今。元代废除;明洪武六年(1373 年)起,乐清开始有规模的筑城,明朝期间逐渐向南拓展,但志书上并无明确记载明朝城池的规模;至清嘉庆元年(1796 年)重修城墙,周长 4km 多,奠定了乐清古代城池形制;直至民国二十七年(1938 年),为了躲避日军空隙,便于人口疏散,拆除大部分城墙仅留残垣基础,现乐清老城内人武部后仍留有明代残垣 1 处。

乐清的县治从东晋宁康二年始建以来,历代政治中心都在城北角翔云峰下(今人武部驻地),几经重建,直至民国,位置均未变。新中国成立后,县政府与县委合并,1955 年迁址今人民路 2 号的县府大院,至此,乐清的政治核心的位置才发生改变。自设县至唐宋以来,乐清的商业中心在县治前,随着人口的增加,商业区逐渐南移,十字街口的"市头"、"市心"等名称在明初的《永乐志》中已经出现。唐时县学建在望来桥东南十步,宋崇宁三年(1104 年)迁至桥西。绍兴五年(1135 年)重建在今市人民政府的里面,教谕、训导衙也设在这里,一直至清末。所以,唐、宋、元、明、清,东街和南街所包围的这一块,是乐清的文化区。

明代乐清有五街二十五坊,清末则有七街二十三巷,对照明初的《永乐志》和清末的《光绪志》可以看出，乐清的街、坊、巷名虽稍有变动，明代两次修城，城厢的范围有了些变化，但总数和范围没有增减。由此，明代乐清老城形态基本奠定，清代老城内以街为主、以巷为辅的交通网络初步形成，奠定了日后的城市空间形态，直至民国。新中国成立后乐清老城街巷基本维持原有格局，1960年代后期，随着商业繁荣、人口增长，街区扩大，1980年代开始新建或填河改建一批巷道，到1990年，老城内形成今天的街道系统，在原有传统街巷系统的基础上，沿河新建环城路、清河路、银溪路、云浦路等。

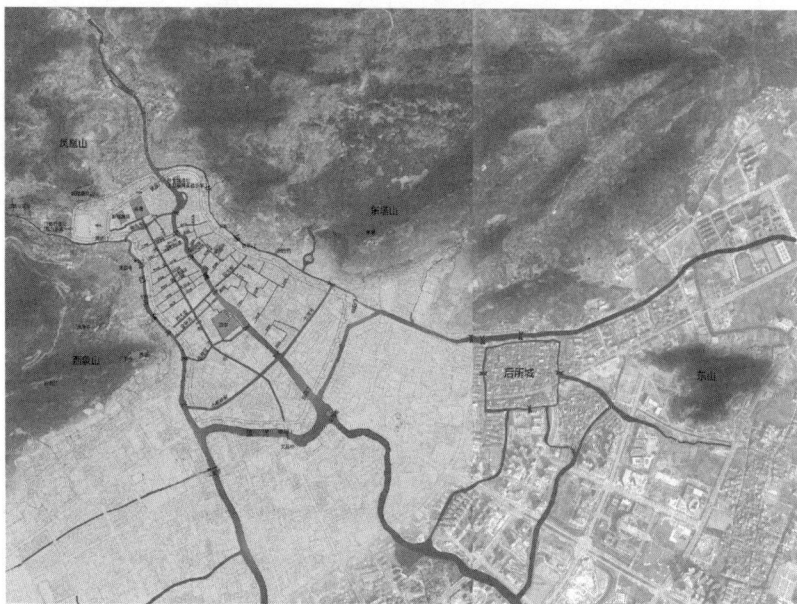

图 7　乐清老城街清末民初转译图

资料来源：作者绘制。

为了更好的在矢量图上分析古代乐清的城市空间，本文通过历史地图转译的方法进行分析。对乐清老城的志书文献、城市地图（如清嘉庆元年乐清老城图、民国时期乐清老城图等）进行解读，将老城空间信息相关要素提取出来（如山水系统、城池系统、街巷系统等），加以整理，在现代城市地形图上进行重组、定位，使其成为可量化的空间信息。这个过程需要对文献进行详实比对、考证，以佐证历史信息的准确性。对空间要素进行横向、纵向分析，可以发现和总结城市演变过程与发展规律，明晰历史空间要素在现代城

市空间格局中的位置。以"历史地图转译"为依据对老城进行保护整治设计,对老城被填河道、历史街巷等历史空间,通过不同材质铺地、LED灯标识、特色小品、景观植被等方式重现,为物质空间定位提供依据(图7)。

六、乐清老城的价值

(一)千年卫所,抗倭名城

乐清城池建设史也是一部千年抗倭的血泪历史。乐清从东汉开始就建有海防设施,宋代时候设有军事大寨,明代为了抗击倭寇,沿岸建有卫城、所城、指挥使司、大寨、堡垒、烽火台、炮台等,这些军事设施的延绵于乐清岸线。未来在区域层面,可以将瓯江南北多座卫城、所城、堡城共同保护,打造成浙东沿海的"防御遗址"带,延续该地区自古形成的卫所文化,打造多个抗倭爱国名城。

(二)特色"山·海·城"格局

乐清老城山环水绕,北依凤凰山,西靠西象山,东依东塔山,老城位于群山夹峙的谷地中,中、东、西溪三水环绕贯穿,是浙东沿海地区古代城市的典型代表。保护过程应充分考虑乐清的山水环境,除了对城区、街区物质层面进行保护外,应对历史环境加以保护利用。

(三)特色街巷系统

老城区的西北部是乐清城区空间的肇始地(今金溪、银溪、西大街及凤凰山之间),是老城的政治中心、商业及居住中心,可以说乐清城市文明的源头。该区域街巷肌理保持完整,自明起基本保持,极典型的"鱼骨状"街巷完整的呈现,在江南地区也并不多见。每条巷头、巷尾均可见两侧的山峰,景致及佳;街巷尽头连接金溪、银溪,形成良好的生态循环。由此可见,古人对于乐清规划建设是建立在生态科学的基础上。

（四）非物质文化名城

千年乐清，文脉绵长，多种文化和谐融合，丰厚非遗独具魅力。乐清人民在长期的生产生活实践中，创造和积淀了弥足珍贵的非物质文化遗产。通过对乐清老城的非物质文化的传承现状及载体环境的调查、分析及特色性与可发展性评价，确定部分非物质文化保护项目规划，再现和展示乐清历史风貌和生活氛围。恢复特色节庆如元宵灯会、祭祖、二月二吃菜饭；弘扬民间文艺：乐清歌谣、乐清田歌、祭祖舞等；传承风味食品如传统小吃如大荆冬米糖、绿豆面、太极芋泥；继承传统工艺如金漆圆木制作、黄杨木雕、细纹刻纸。领略宗族文化、商帮文化、古代教奇文化、宗教文化、民俗文化等可通过遗址陈列、修复殿庙、参观家族宗祠、运营带说书、乐清对歌的茶馆等活动进行传承和对外展示。

结　　语

中国对城市历史文脉延续的重视已经达到空前高度，倍受政府和学界的关注。国家屡次强调对于城市文化遗产保护及城市文脉的延续，仇保兴部长指出"保护文化遗产和自然遗产"是实践健康城镇化的五类底线之一[5]。在新形势下，传统的关注历史城区物质空间层面的保护理念，正逐渐转向大区域范围内城市复兴的理念，其牵涉到城市历史、经济建设、城市发展等一些列社会经济问题。

中国城市文化正处于社会转型期的文化多元交叠发展阶段，城市历史文脉出现多次断裂。农业经济向工业经济转型所确立的发展优先、效率第一的价值观长期以来影响并冲击着城市保护工作。在历史城市更新过程中延续城市文脉，需要学者对城市发展史进行深入的研究，从而确立普世性价值观。为规划人员提供系统的区域发展的规律认识，为下一步保护规划工作准确的实施奠定城市历史理论基础，是保护规划、城市发展建设、城市文化树立的至关重要的第一步。

参考文献

[1] 吴松弟. 浙江温州地区沿海平原的成陆过程[J]. 地理科学,1988(2):173−180.

[2] 吴松弟. 温州沿海平原的成陆过程和主要海塘、塘河的形成[J]. 中国历史地理论丛,2007(2):05−13.

[3] 乐清市地方志编纂委员会编. 乐清县志[M]. 马升永,主编. 北京:中华书局,2000.

[4] 余群鸣. 乐清炮楼的分布与建筑特色[J]. 东方博物,2011(2):88−92.

[5] 仇保兴. 简论中国健康城镇化的几类底线[J]. 城市规划,2014(1):9−15.

◎ 作者简介:陈侥,东南大学建筑学院博士生。

略论石门商会与近代石家庄城市建设

◇ 敬　鑫　许　方　于海漪

前　言

随着规划理论研究的不断深入,人们已经不仅仅局限于研究正统历史规划,而是开始关注"非官方"机构对城市规划建设的影响。然而研究中很多中西方学者对近代中国城市规划历史的研究已有一些积累,而在西方规划理论影响下,调查研究主要集中在天津一样租界城市,或者青岛的外国人独占城市身上,而忽略石家庄这样近代才开始兴起的中小型城市,研究对象也是以外国人的实践为主,对以中国人为主的本土实践关注不够。

石家庄是兴起于近代的中小城市,它并非租界、外国人独占的城市,以往对近代石家庄城市史的研究主要集中在铁路与石家庄的城市兴起,而对其城市规划与建设研究较少,加之近代本身石家庄缺乏官方制定的规划,故本研究选取当时私人民间组织——石门商会为线索,通过查阅文史资料,实地调研走访,归纳总结石门商会在近代石家庄城市建设的实践,以达到对总结私人、非官方组织在城市规划中的角色与作用,补充近代石家庄城市规划与建设历史的目的。

(一)研究目的和方法

本文旨在通过对石门商会的发展历程梳理,归纳石门商会在城市建设

中重要的一些举措,从而总结石门商会对近代石家庄城市规划建设的重要作用,丰富了近代中国规划史的研究。

本文主要研究方法有:(1)文献调查法:着重收集与石门商会有关的历史文献,如年鉴、地方志、出版物、回忆录、新闻报纸等和与城市规划建设相关的文献,如城市规划图、市政报告、法规、测绘地图、城市地图、照片等,通过阅读、考证、整编资料,为以后继续深入研究提供系统资料。(2)实地调查法:通过实地调查,一方面可以补充文献资料的不足,另一方面可对照实际情况,有助于资料的掌握、解释与理解,将会对研究思路有所启示。(3)归纳总结法:将其文献资料图纸总结分析,从而得出结论,概述石门商会在城市建设中所承担重要作用。

(二)相关名词释义

近代　中国近代史起止时间为 1840 鸦片战争至 1949 年中华人民共和国成立前,而在本案例中,石家庄市因为 1902 年芦汉(京汉)铁路的修建才开始慢慢登上历史舞台,故本文中关于石家庄近代规划建设的时间段界定为 1902—1949 年。

商会　商会起源于法国,指商人依法组建的、以维护会员合法权益、促进工商业繁荣为宗旨的社会团体法人。在中国,商会是近代化的产物,始于清末,一般由同业公会会员或是商号会员组成,常为大资本家及地方士绅控制,与当时西方的民间商会相比较,它更具官方色彩。

一、石门商会的历史沿革

(一)石家庄市概况

石家庄市旧称石门市,河北省省会,位于"京津冀都市圈"内(图 1),华北地区第三大城市。1902 年前的石家庄,还只是一个面积约 0.5km² 的小村庄。随着京汉铁路、正太铁路的相继修通,石家庄成为两路的交叉点,因此被誉为"火车拉来的城市"。

1925 年,石家庄与休门等市合并,从中各取一个字,称为"石门市"[1]。

1937 年 10 月 10 日,日本侵略军占领石门。设立了伪"石门市政公署筹备处"。

1947 年成为全国解放最早的较大城市之一。

(二)石门商会的发展阶段

石家庄自铁路修建而来,商贾云集,各行各业随之兴起,市面日臻繁华,对工商业的组织管理已成当务之急,遂有商务会之设立。据旧中国经济年鉴与有关史料记载,石门商会,原名石家庄商务会,成立于 1910 年 8 月,当时隶属于天津商务总会管辖。会长王云华,有会董 11 人,会员 70 人[2]。

图 1　石家庄与"京津冀"都市圈

资料来源:作者根据"京津冀都市圈规划"绘制。

从 1910 年石家庄商务会成立到 1937 年,按照两年选举一次的规定,应该存在 13 届经过选举产生的商会,但由于遭受战火的袭击,商会旧址被炸毁,一切问卷荡然无存,目前能收集到的石门商会历届的资料屈指可数。

作为跨行业商人联合团体,石家庄商会是本埠最高的民间商人社团,也是以推动当地工商业发展为己任的独立自主的商务管理机构。经过长期的发展,石门商会可以分为以下四个发展阶段(图 2):

(1)成立期(1910—1921):石门商会成立初期,"该处商会,无甚成绩,出直营兵差外,几无事务"。主要负责地方商务,调解同行业内部纠纷,没有其他拓展职能。

(2)发展期(1921—1925):在石门市自治筹备阶段,当地乡绅对此表现出极大的热情,随后石家庄、休门合并,石家庄商务会也改名石门商会。商

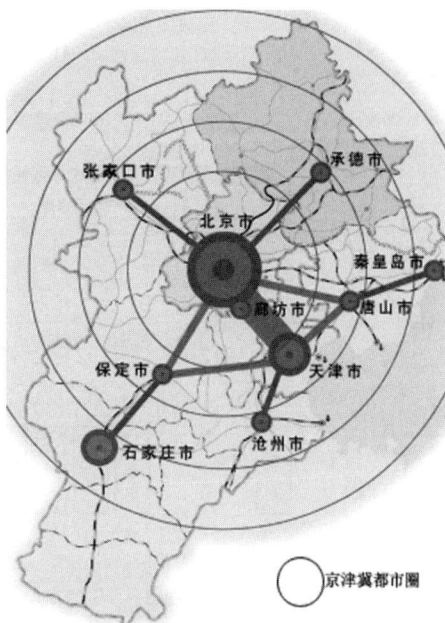

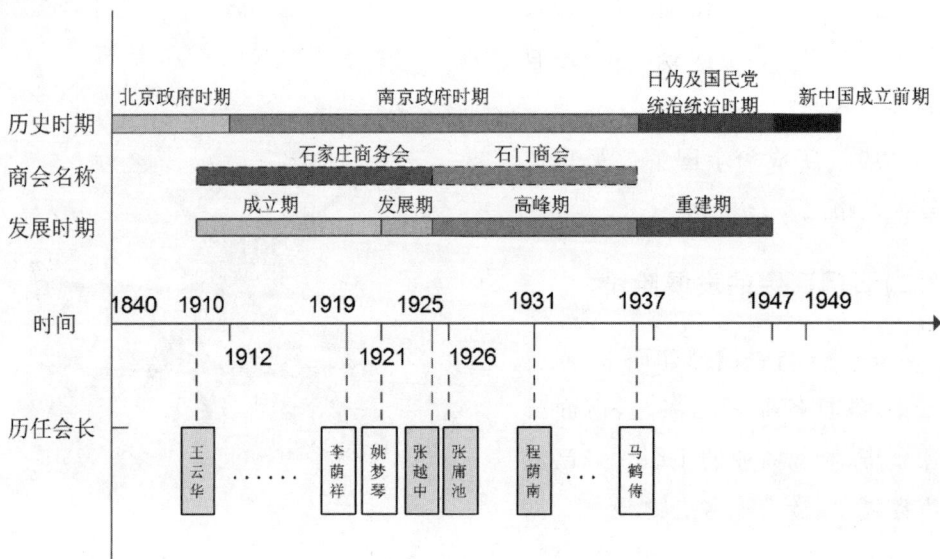

图 2　石门商会历史发展沿革示意图

资料来源:作者自绘。

会会长张士才自称石门"市长"①,并从中取得了处理相关事务的权力。

(3)高峰期(1925—1937):该阶段又分为 1925—1928 年石门市自治阶段,有石门商会背景的周维新当选石门市长,成为名副其实的管理者,许多有关石家庄城市建设的项目就是在此期间制定实施的,这大大加强了石门商会的地位[3]。1928—1937 年后市自治阶段,石门自治会将大量资料送交石门商会,因此石门商会城市后"市自治"的主要善后机构,地位更加重要。

故石门商会成为一个商人政府[4],在石门市市自治前后,石门商会俨然成为石家庄地方"政府衙门"机构,其作用几乎触及自治城市的整个社会。

(4)重建期(1937—1947):1937 年,经历战火侵袭的石门商会重新组织,马鹤传为会长,但是其性质、地位、作用发生了根本性的变化。

---

①　1926 年 11 月初,张士才以"市长"名义向直隶全省自治筹备处汇报,而张士才实际职务为石门市自治筹备处处长,此后张士才一直沿用"市长"称谓。

二、石门商会的主要举措

（一）主持慈善事业，设立救济院

20世纪初，石家庄在形成区域经济中心的同时，也成了破产农民和街头乞丐的聚集地，石家庄商会最初救济乞丐的活动，完全是出于维护商家能够正常进行买卖生意的的目的，在商会会长姚梦绅的倡议下，由商会出资在石家庄村的西北龙王庙后面购买了一亩多土地，盖起5间半砖半坯的矮平房，作为乞丐避风寒的栖息之所，称为"穷人店"，这就是石门救济院的雏形[5]。

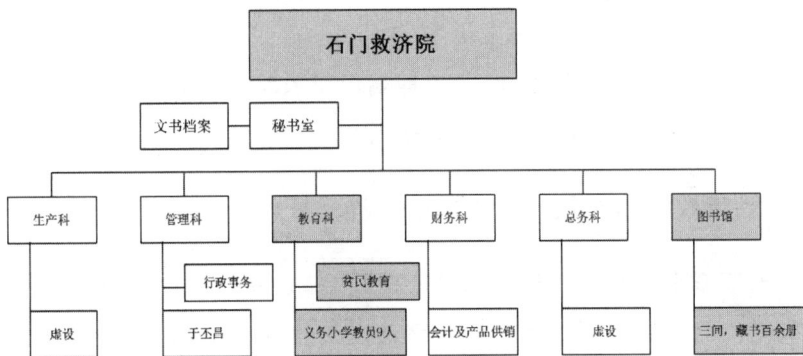

图3　石门救济院组织结构简图

资料来源：作者摘自高亮彭，秀良，于媛宁. 石门救济院的社会救助事业[J]. 中国社会工作，2013(31):54-55绘制。

1926年，石门市政公所正式成立，原石门商会的副会长周维新被推举为市长，与石门商会相互配合，对石家庄地区的商业市场、社会及税务行政实行自治管理。周维新在任市长期间，以开办慈善事业维持地方治安为由，通过商会拨款和募捐，购地建房扩建"穷人店"，并将其与石门地区的游民习艺所合并为一体，以此奠定了石门救济院发展的基础。

石门救济院的社会救助活动主要包括主动收容、贫民教育和生产自救，资金来源其中重要的一部分就是商会拨款、义演收入和募捐，并且形成了一

套相对完整独立的运行机构(图 3),而石门商会主要负责资金来源,无论是领导层还是会员都对石门慈善事业起到极大的促进作用。

(二)关注社会教育,设立初级中学

前文中提到的石门救济院中运行机构中,其中一个重要的机构就是教育科,负责贫民教育。石门救济院正式建立以后,将原来附设的完全小学改建为救济院两级小学,连同初级预备班共有 7 个班级。其聘请的教师多为义务小学教员,共有 9 人;学生人数最多时达 500 人。

在商会大力扶持下,1930 年石家庄市第一所中学——石门中学创立招生,校董会成立后,周维新任董事长,石门商会副会长张庸池任副董事长,各行业公会会长为董事[6]。在"后市自治时期"商会每年拨付 2000 元作为学校正常经费,而扩建等临时性费用,再由商会另行筹措。这一举措既推动了石家庄的本就落后的教育事业,为当地输出了大量青年人才,也巩固了校董会(商会会长)张庸池、周维新在石家庄的政治经济地位。

(三)主持市政设施建设,制定发展规划

石家庄城市社会管理和基础设施建设,都是商会广泛关注并积极投身参与和主持管理的事项。在处理城市建设工程问题上,商会也完成了一些重要建设项目。例如,由于平汉铁路切割市区,导致了东西方向车辆的交通不畅。1929 年在商会主持下,由大兴纱厂出资"壹千玖佰陆拾两整",修建了石家庄第一座"地道桥"。

在解决石家庄南道岔口扩建改造工程方面,成立专门组织机构①,统一商讨石家庄道岔改造方案。最后由王骧作为民间社团代表,与 1927 年制定出第一份石家庄城市发展规划,即《开展石家庄商埠计划书》,刊载于 1929年 1 月 15 日出版的《河北工商月报》第一卷第三期中[7]。

---

① 在此工程中,石门商会协助部分租赁道岔的转运企业成立了"京正两路矿务转运道岔联合会",该会屡次提出改造旧道岔格局方案意见,且不仅仅局限于解决当前的岔道调整计划,而是"博采众长,许加讨究"来开展将来之石家庄。

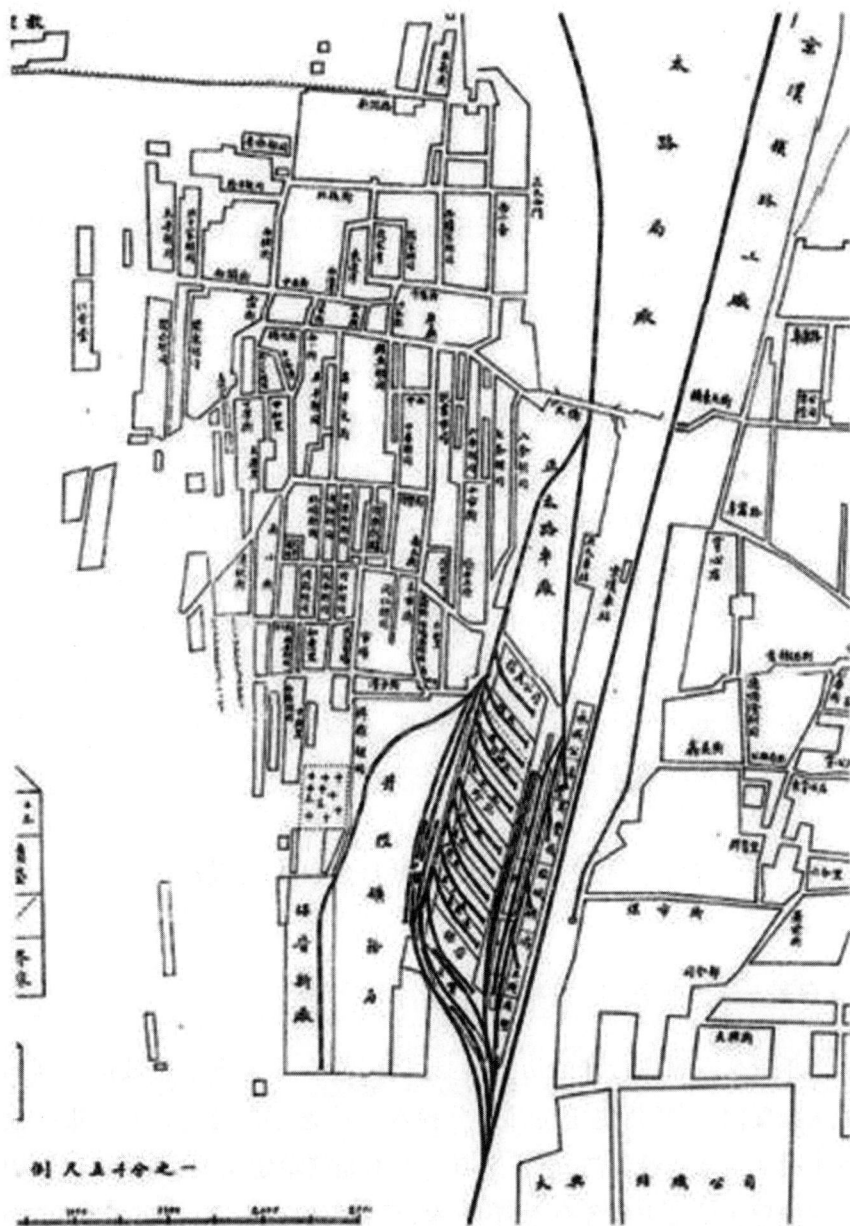

图 4 石家庄已成之道岔及街市图

资料来源:王骧.《开展石家庄商埠计划书附图:第一图石家庄已成之道岔及街市图》.《河北工商月报》1927,1(3):29.

计划书共 9 部分：1. 石家庄之沿革；2. 石家庄之重要；3. 石家庄已成之设置与前途之障碍；4. 石家庄之新道岔联合会；5. 新道岔之不足现拟之开展计划；6. 石家庄之市街计划；7. 石家庄之京汉道东西应有隧道；8. 石家庄可成水旱码头；9. 石家庄开展之将来。

另附 3 幅图：《石家庄已成之道岔及街市图》、《石家庄新道岔联合会拟开之新道岔图》、《现拟开展之石家庄新道岔及马路图》。最重要的是附有一张 1/5000 的《石家庄已成之道岔及街市图》(图 4)，非常详细记载了当时石家庄的街市、胡同、商号的原貌，它对澄清石家庄城市发展史上一些重要事实具有重要意义。

《开展石家庄商埠计划书》以规划石家庄枢纽货运道岔为重点，但又不仅仅拘泥于道岔的改造，对石家庄城市发展问题进行了一系列颇有见地的论述。这份规划，针对石家庄工商经济发展和城区建设中存在的一系列亟待解决的重要问题，在物资转运、铁路道岔利用和分配、街区规划、公园绿地规划等方面，提出了可行的发展计划，为石家庄发展提供了蓝图。

诚如计划书中所说，城市规划"则须有官厅之主持，有地方之辅助，方能成功"，由于时值兵荒马乱，石家庄城市地位迟迟没有得到确认，《计划书》也没有得到当局正式确认，故未能实施。

三、石门商会对近代石家庄城市建设的影响

(一)它是一个"非官方"机构

由于近代石家庄特殊的历史背景，石门商会作为石家庄城市规划的领导者毫无疑问，但是历史定位却十分模糊。首先是在近代石家庄市并没有官方正式的城市建设部门，而石门商会也不能简单定义为"规划部门"，因为他的职能覆盖了城市的各个方面；再次，尽管石门商会在"市自治"前后领导主持了石家庄城市建设的众多项目，本质已经是一个商人政府，但是其"政府"的地位并不为历史认可，至今仍然被定义为一个民间性的社团；最后，石门商会参与城市建设的重要途径，是资金的投入，而非在政策上做过多的指导，与现在城市规划的职能有很大区别。因此所以石门商会在近代石家庄

城市建设中的地位仍是一个"非官方"机构。

(二)促进政府决策,扩充城市空间

在李惠民教授[8][9]的著作《近代石家庄城市化研究》中认为,近代石家庄城市化历程可以分为四个阶段:1901—1911 年城市化启动阶段,1912—1925 年农村城市化初兴阶段,1926—1937 年农村城市化迅速发展阶段,1938—1949 年农村城市化停滞与畸形发展、衰退、恢复的时期。这与本文中石门商会的发展脉络在重要节点上完全一致,尤其是石门商会的发展期和高峰期正是涵盖了石家庄城市化的迅速发展阶段,这从一定程度上表明了石门商会推动了石家庄的城市化进程。

1926 年前,由于工商业日趋繁荣,人口不断增长,街市日益扩展,石家庄已逐渐与东面的休门连为一体,时任石门商会会长的张士才积极促成石家庄、休门两地的合并,并且推行"市自治",其本人也以"市长"自居。这一举动扩大了石家庄的城市空间,拓展了城市建设的发展方向,同时也满足了商会自身的发展需求。

(三)具有一定前瞻性,制定发展规划

相比于其他商会,石门商会具有一定前瞻性:

(1)1927 年王骧的《开展石家庄商埠计划书》,是石家庄最早的一个城市发展规划。这本身就是一个极为重要的文献,从历史沿革分析直至图纸绘制,都体现了当时石门商会对城市规划建设的重视程度。从严格意义上说,该计划书是一个侧重城市布局的规划,虽然并未实施,但其中的重要见解对石家庄城市发展产生了深远影响。

(2)在改造工程流程上,形成了一个由商会(政府)牵头,商家(委托方)、井陉矿务局(设计方)三方共同参与规划的一个雏形。首先,在项目初期,专门成立联合会,主要协调道岔扩展中各商家利益,商讨石家庄道岔改造方案。其次,对该地段进行详细调研后,在商会会长过问之下,该会提出改造旧道岔格局方案。再次,最终方案由井陉矿务局局长的王骧提出编制(并非石门商会提出)。这也是一种极具创新性的规划合作方式。

(四)本土力量对城市建设的尝试

在石门商会成立的 27 年里,有一个重要特征就是未被欧日等国家所左右,历任会长均为中国人,因此石门商会是作为一个独立的本土团体参与到城市建设中来的。他并没有西方系统规划理论的指导,也没有中国传统大城市背景的限制,但他代表了当时特殊背景下中国人对城市规划建设的理解,或许仅仅是一种尝试和探索,在无序中进行发展,但这对于中国近代规划史而言却是极为宝贵的。

结　语

石门商会作为石家庄最高民间商人团体,作为一个本土力量,虽然他并不是一个官方的城市建设机构,却对石家庄的城市建设起到至关重要的作用:扩充城市空间,关注慈善教育事业,主持城市市政建设,制定发展规划,这些历史贡献是不可磨灭的。

参考文献

[1]江沛,熊亚平.铁路与石家庄城市的崛起:1905—1937 年[J].近代史研究,2005(3):170—197.

[2]白靖安.简话石门商会[Z].石家庄文史资料第八辑,1988:1—5.

[3]熊亚平.石家庄"市自治"述论(1921—1928)[J].民国档案,2008(3):71—76.

[4]李惠民.石家庄"后市自治时期"城市管理体制述评(1928—1937 年)[J].石家庄职业技术学院学报,2013,25(1):8—15.

[5]高亮彭,秀良,于媛宁.石门救济院的社会救助事业[J].中国社会工作,2013(31):54—55.

[6]李惠民.略论近代石家庄的企业办学[J].中共石家庄市委党校学报,2009,11(12):23—25.

[7]王骧.开展石家庄商埠计划书[J].河北工商月报,1927,01(3):29.

[8]李惠民.近代石家庄城市化发展的基本历史分期[J].石家庄职业技术学院学报,2008,20(1):1—4.

[9]李惠民.近代石家庄城市化研究(1901—1949)[D].河北师范大学,2010.

◎ 基金项目：北京市属高校人才强教项目，批准号：067135300100；北
　　　　　京市教委科研计划项目，批准号：Km201310009009。

◎ 作者简介：敬鑫，北方工业大学建筑与艺术学院硕士生；
　　　　　许方，北方工业大学建筑与艺术学院副教授，博士；
　　　　　于海漪，北方工业大学建筑与艺术学院副教授，博士。

沈阳近代城市空间演进历史研究(1898—1945)

⊕ 李晓宇　张　路

前　　言

沈阳有着 2300 年的城市建设史,先后经历军事卫城、都城、陪都、近代工商业城市和全国重要的工业城市多个历史阶段,是东北地区为数不多的国家历史文化名城之一,同时也是全国世界遗产①最为集中的城市之一。

1898 年,沙俄在沈阳修建"谋克顿"火车站,拉开了沈阳近代化发展的序幕。随着殖民势力在沈阳从事的商贸、生产及居住等活动越来越多,传统城市格局(图 1)基础被强行植入了大片的"西式街

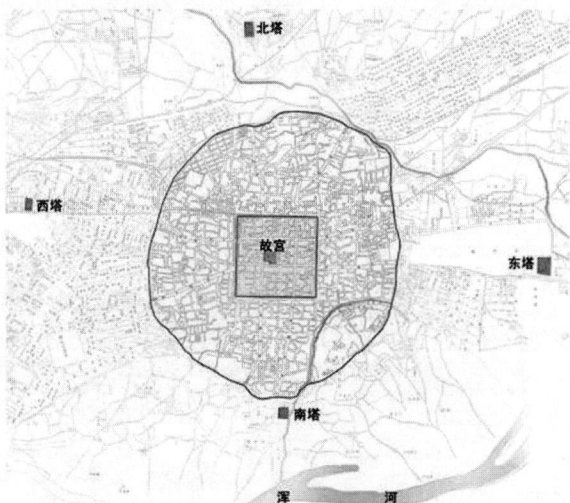

图 1　清代盛京(沈阳旧称)城阙图

资料来源:沈阳市档案馆。

---

① 沈阳的世界遗产地包括一宫两陵,即沈阳故宫,清昭陵、福陵。

区",同时引发了国人主动革新与借鉴,这一系列事件构成了近代沈阳城市发展的基本脉络。沈阳传统的城市发展历程被殖民势力所打破,被迫进入了近代城市发展的转型期,打开了国际化与近代化的大门,突变式地加快了工业化和城市化的历史进程,进入了城市空间、经济模式、政治体制和文化思潮的全面转折和革新时期。今日沈阳城市之中心依然继承了近代城市的精华,保留着部分近代城市的空间风貌,延续并强化了近代城市的主要职能。本文拟对 1898—1948 年沈阳城市空间发展历程进行回顾,梳理其阶段,总结其特征,探析其影响,并对这一历史时期的城市空间演变做出客观谨慎的评价。

一、沈阳近代城市发展转型动因

(一)殖民主义的全面入侵

1896 年和 1898 年,沙俄先后强迫中国签订《中俄密约》和《旅大租地条约》等不平等条约,攫取修建和经营中东铁[①]干支两线(图 2)的特权。1898 年,沙俄在沈阳修建"谋克顿"火车站,强取周围 6km² 的经营权。

1905 年日俄战争后,按照《朴茨茅斯条约》规定,日本接管了长春至旅顺口的铁路及铁路用地,将"铁路用地"改为"南满铁路附属地"。日本开始大规模向沈阳地区移民,并设置驻军、设警和税捐、司法等机构,开办工厂,经营商社,由此彻底打开了沈阳这座封建陪都的大门[1]。

(二)晚清政府的被动开放

1906 年,清政府根据不平等的中日、中美《通商行船续约》,在盛京老城区与"满铁附属地"之间开辟了约 10km² "奉天省城商埠地",供外国人在这里租地、建房以及经商,并成立奉天省城商埠地管理局,对其进行单独管理

---

① 中东铁路支线从沈阳古城"盛京城"西侧经过,从哈尔滨经长春、沈阳、大连直达旅顺口,与中东铁路干线共同组成东北地区的"T"字形铁路网骨架,成为东北地区重要的出海与对外联系通道。

建设。从此"商埠地"便成为中国管辖的中外杂居之地。

图 2　中东铁路及支线路线图

资料来源：沈阳市档案馆。

（三）奉系军阀的割据革新

1916 年,奉系军阀首领张作霖借助"奉天人治奉天"的口号,成为督理奉天军务,实际控制了盛京古城及周边的约44km²的地区,拥有东北地区绝大多数城市和地区的行政与军事管辖权。奉系军阀为满足地方势力扩张的需求,在注重发展军事、经济和文化教育事业的同时,加快了对沈阳城市的规划建设。1918—1931年,以盛京古城为根基的工业区、商业区和文教区发展高度活跃,使得几近衰落的老城区经济发展与城市建设达到了中国近代城市建设的最高水平。

二、沈阳近代城市空间发展演进历程及主要内容

(一)殖民势力强控下的铁路用地发展

铁路用地的发展可以分为俄国势力控制下的初步建设、日本势力控制下的第一次市街计划和日本势力控制下的第二次市街计划三个发展阶段。

1898年,沙俄殖民者在盛京古城区西部修建沈阳最早的火车站,时称"谋克敦"。同时,火车站周围6km²的土地沦为沙俄的租界区,称为"铁路用地"。1899年,"谋克敦"火车站建成之后,俄国人开始了对铁路用地的规划建设,铁路用地建成初期为铺设铁路、修建站房、货场和堆放建筑材料之用,后来其商业和居住功能不断增强。

1905年日俄战争后,日本获取沙俄在奉天的铁路及附属地所有权,"铁路用地"被日本帝国主义强行接管,改称为"南满铁道附属地"。1907—1909年,日本对南满铁路沿线15个城市进行了"新市街计划",沈阳满铁附属地新市街规划亦在其中。"新市街计划"中落实了功能分区的基本原则,由主干道路划分了商业区、居住区、铁路运输区、文教区和公园游憩区。空间组织上以"网格、端景、放射、节点"为基本元素,移植了典型的巴洛克式城市空间格局(图3)。

1920年,日本制定了第二次"市街计划",将铁路以西划定为工业区、铁路以东划定为商业区和住宅区。第二次"市街计划"得到了比较完整的实施,附属地内道路、有轨电车、上下水、煤气、邮电及照明等市政设施齐全,百货商场、旅馆、邮局、电影院、银行和城市公园构成了城市的新中心(图6、图7)。到1931年,铁路附属地规模从6km²扩张到12.7km²,人口从最初的不

图 3　沈阳近代铁路附属地地图

资料来源:《沈阳市历史文化名城保护规划》。

足千人激增到近 10 万人,形成了与盛京古城并立发展的"双城格局"[2]。铁路以东的西四条街①(图 4、图 5)已成为与盛京古城内中街旗鼓相当的商业

---

①　"西四条街"即今"太原街"。

贸易中心,铁路以西的工业区也规划并建成一批工业企业。

图 4 　1910 年代的奉天驿(今天沈阳站)
资料来源:沈阳市档案馆。

图 5 　1910 年代的西四条街(今太原街)
资料来源:沈阳市档案馆。

图 6 　1920 年代的中山广场与民主广场
资料来源:沈阳市档案馆。

(二)晚清政权促进下的商埠地发展

1906 年,代表晚清政权的盛京将军在盛京古城和铁路附属地之间划定了专供外国人贸易的商埠地(图 8),分为正界、副界和预备界三片[3],沈阳由此成为东北内陆最早自行开埠的城市。商埠地发展初期,主要建设集中在正界。南正界形成了外国领事馆和部领馆林立的地区,集聚了日、美、德、俄、法、意等十余国家领馆。北正界形成了数家外资银行和中外商贸公司聚集的地区,集聚了汇丰、花旗、中法实业及美孚等数十家跨国金融机构。

1918 年后,商埠地成为奉系军阀管辖的中外杂居之地,以北市、南市为中心,兼容了中西方不同的生活方式,在被迫对外开放的过程中孕育了东西方交汇融合的城市文化,也成为日本殖民势力与奉系军阀势力的缓冲地带。到 1927 年,商埠地以北市、南市为中心,建成区面积达到约 7km²,拥有了相

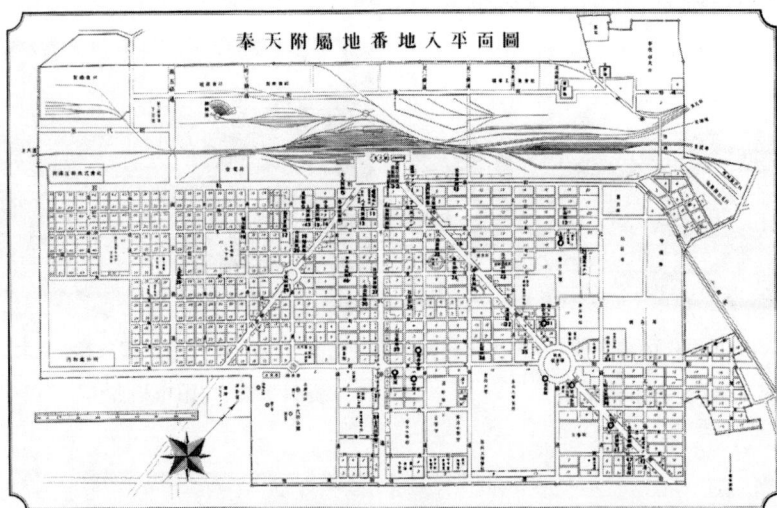

图7 1920 年代的铁路附属地地图

资料来源:《沈阳市历史文化名城保护规划》。

图8 近代沈阳商埠地地图

资料来源:作者根据《沈阳城建志》自绘。

对完整的城市功能。

商埠地西部主要是日本人的住宅区,成为"满铁附属地"的延伸部分。东部集中了商业、金融、娱乐、居住及办公等功能,成为中外交流的国际化商务区。北部是服务中国人的商业、娱乐区,俗称"北市场"或"皇寺",是当时沈阳各种民间活动最为繁盛和集中的地区。几何中心地区形成了方形套嵌的"八卦街",是商埠地内经商、游乐的中心街区。

(三)奉系军阀主导下的盛京城及周边地区发展

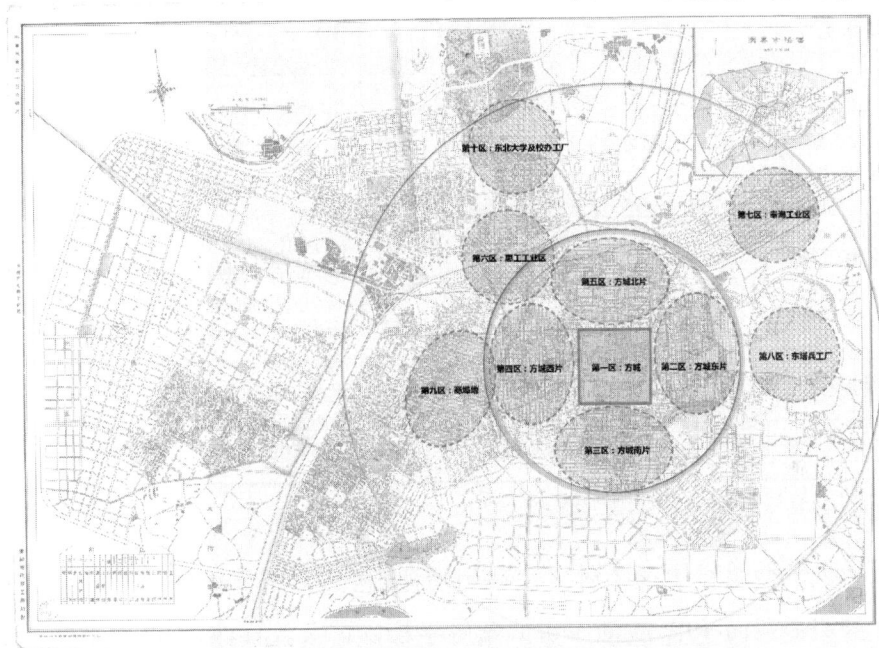

图9 近代沈阳奉系军阀控制地区功能分区示意图

资料来源:沈阳市档案馆。

1916年奉系军阀以"奉天人治奉天"为口号,驱除了代表袁世凯帝制政权的统治势力,开始主政东北。到1920年代,实际上已经控制除铁路附属地和铁西工业区以外的所有沈阳城区[4],其行政管辖范围可分为内城和外城两个部分,共十个功能区(图9)。这一时期奉系军阀入关失败,遂决定谋求军事经济的长足发展,盛京城及周边地区成为奉系军阀主导下新兴民族

资产阶级和知识分子活跃的舞台,同时进行了大规模的老城内部更新与新城区的建设,其中一些规划与建设至今仍具有借鉴与启示意义(表1)。

表1 1917—1931年奉系军阀控制地区出现的城市规划与建设活动

地区名称	用地规模	规划特点	功能设置	建设实施
张氏帅府 1928年 建成	沈阳故宫南侧,用地约2.5 hm²。	吸纳了传统合院布局和欧式建筑的精髓。	张氏政权官邸,当时东北地区的政治中心。	规划得到完整实施。
东北大学 1924年 开始建设	盛京古城北部,面积约160 hm²。	规划布局采用以图书馆为中心的对称、均衡手法。	教学区、生活区、办公区以及附属工厂。	完整实施。
惠工工业区 1923年 开始建设	今惠工广场附近,规划用地面积约1.3 Km²。	方格网加环形放射广场的空间格局。	军工为主的民族工业及国民大市场。	大部分得以实施。
奉海市场 1925年 开始建设	位于老城东北、奉海铁路以北地区,面积约3.2Km²。	方格网加环形放射广场的空间格局。	以居住和商业为主,设有大型跑马场、公园和剧院等。	部分得以实施。
东塔兵工工业区	位于老城东南,东塔机场附近,用地面积约4 Km²。	方格网加环形放射广场的空间格局。	以军工为主的工业区,设置了为工业配套的生活区。	大部分得以实施。

资料来源:作者根据《沈阳城建志》自绘。

首先,完善并强化了盛京古城的功能,在故宫南侧规划并建设了大帅府,建设多所同泽中学、陆军讲武堂等学校以扩大教育,同时以四平路商业街(即今日中街)为中心开辟多处专业市场,盛京古城内出现了与封建城市截然不同的办公、教育、商业和居住场所(图10～图12)。

图10-12 1920年代的四平路商业街、故宫前广场、小西边门场景

资料来源:沈阳市档案馆。

其次,在盛京古城北侧建设了东北大学及附属工厂(图 13),成为中国近代少有的经过严整规划并完好实施的高等院校。

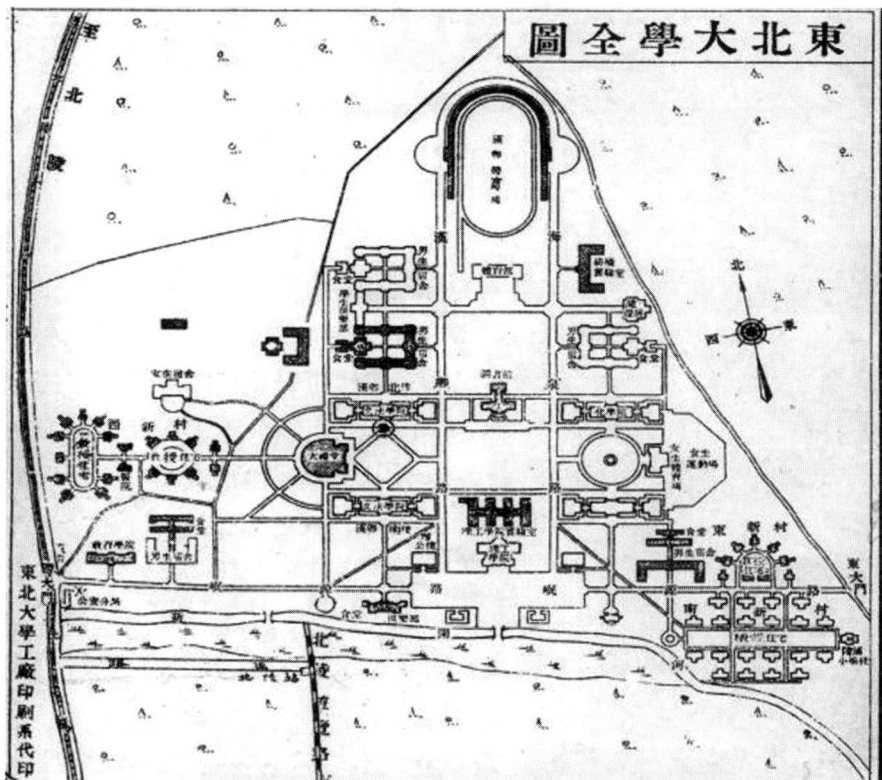

图 13　1930 年代的东北大学规划

资料来源:东北大学校史馆。

第三,在盛京老城周边规划并建设惠工工业区、东塔兵工工业区、沈海市场等三个重要的功能区(图 14)。

第四,完善了沈阳总站、奉海铁路以及沈阳东站等交通枢纽的建设,加强了东大营、北大营、东塔机场及北陵机场等重要军事场所的建设。

(四)伪满政权统治下的城市初步整合发展

1931 年"九一八"事变后,日本殖民势力将沈阳市改为奉天市。1932 年由伪满洲政府、满铁会社和关东军三方组成了"奉天都市计划准备委员会",

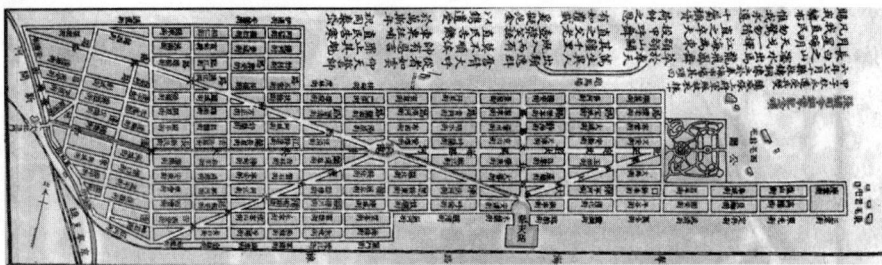

图 14   奉海(沈海)市场规划图

资料来源:《沈阳市总体规划(2010—2030)回顾反思》。

并开始起草沈阳历史上第一个较为完整的城市总体规划《奉天都邑计划》
(图 15)。在规划中明确了沈阳在东北地区的中心地位,同时突出了区域协
同、地域分工的理念。规划受功能主义的影响较为明显,对既有的多个空间
板块进行了功能分区,在用地布局中强调了交通、工作、居住与游憩等城市
功能,在建成区外围规划了宽约为 1km~7km 的环状绿带。

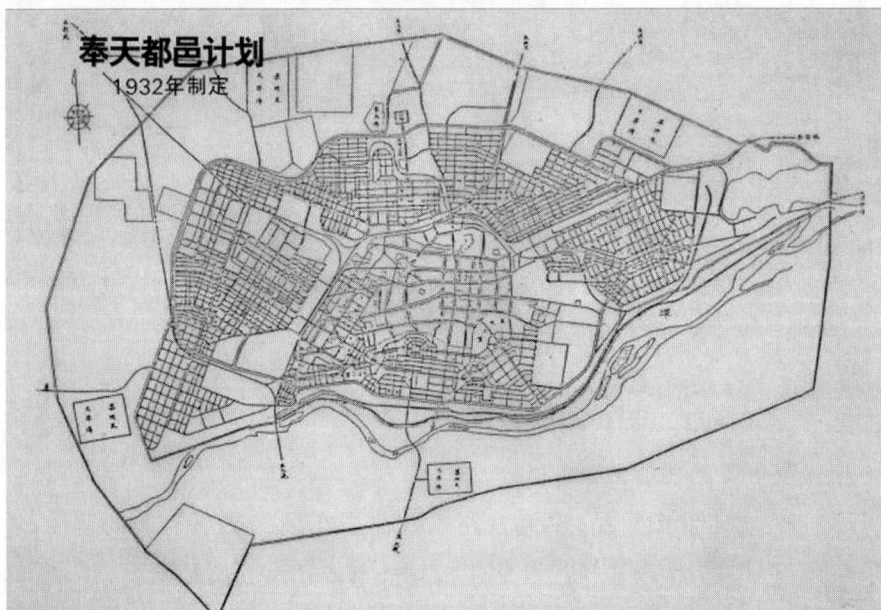

图 15   《奉天都邑计划》总图

资料来源:《沈阳市历史文化名城保护规划》。

《奉天天都邑计划》由于当时的政治局势只能部分得以实施,主要在南满铁路西侧重点开发建设了铁西工业区。铁西工业区成为这一时期重点开发建设的区域,城市建设基本是与规划是同步进行的,建设规模与生产规模急剧扩张,至 1945 年,铁西区已有工厂 401 家,基本形成以金属、机械和化工三大门类为主的庞大工业区。另一方面,铁西工业区的规划建设完全是为满足殖民利益而进行的,功能布局与交通组织不尽合理,造成了大规模的城市污染、居住条件恶劣及东西交通存在瓶颈等诸多弊病。

三、沈阳近代城市发展转型的突出特征

(一)多股势力共同驱动的城市发展轨迹变迁

近代沈阳城市经历了半殖民到完全殖民的历史过程,是在外国势力、中央政府和地方势力三者之间的相互较量过程中完成的,在外国殖民入侵、中央政府妥协、地方势力革新和殖民全面占领的政体演变过程中,形成了沈阳城市发展的多元化管理主体与发展机制(图 16)。在整个发展过程中,各方政体都拥有与之相对应的空间载体,以经济建设为手段,以政治斗争为目的,大力发展实业,推动城市建设,构成竞相发展扩充势力的格局。

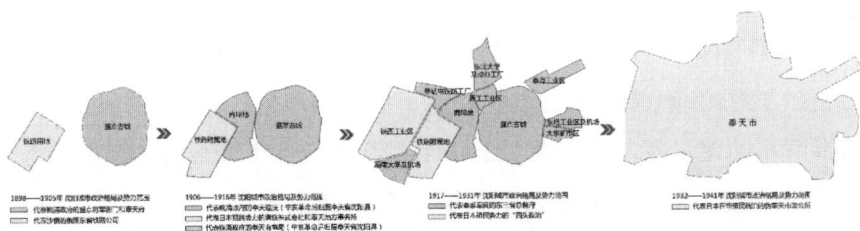

图 16 三股势力驱动下的历史发展轨迹图(1898—1931 年)

资料来源:作者根据《沈阳城建志》自绘。

(二)机动化与工业化共同推进的城市化进程

近代沈阳基本完成了由传统交通方式向现代化交通方式的转变,铁路、

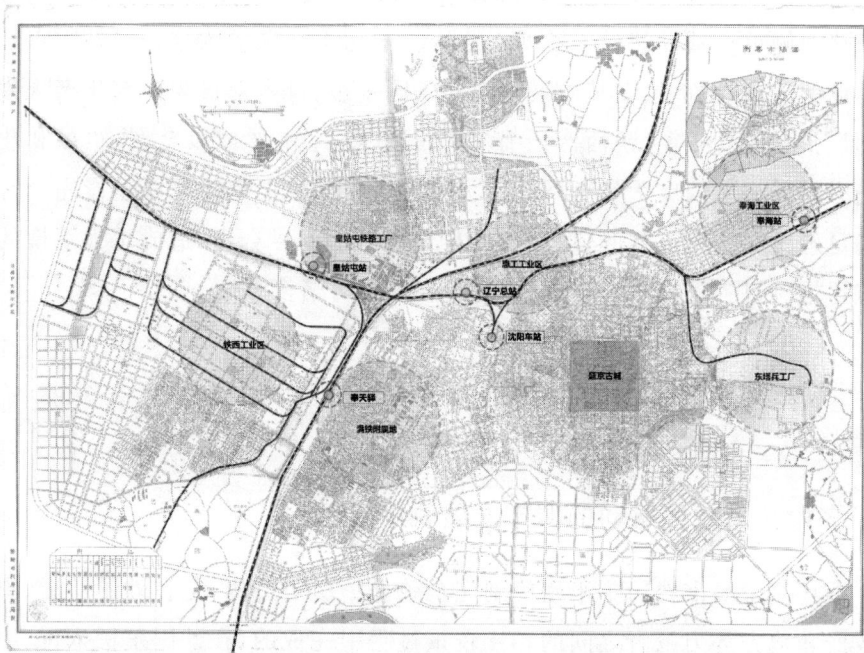

图 17 机动化与工业化共同推进的城市空间演进示意

资料来源:作者根据《沈阳城建志》自绘。

公路及航空都有了很大程度的发展,其中铁路更是成为区域人口与经济流通的主要渠道。期间,在盛京城的西侧由中东铁路支线及"谋克敦"、奉天驿的修建,出现了第一个城市板块;之后京奉铁路向沈阳城内的延伸及皇姑屯火车站、辽宁总站、奉天新站的修建带动了皇姑地区、商埠地的发展;奉海铁路、奉海站的建设及与京奉铁路的对接,带动了惠工工业区、奉海市场的发展。同时铁西工业区、东北大学及校办工厂以及大东新市区建设分别有铁路专用线连接。人流、资金流,货物的快速流通,为城市外向型工业发展提供了便利的条件(图17)。

(三)从单中心城市到多中心的城市空间变革

沈阳城市近代历史与其他城市明显不同,表现为统治政权重叠并立与频繁变更,造成了各自为政又逐步融合的空间格局,封建时代围绕盛京古城缓慢发展的单中心"城—郭"模式在近代化的历史进程中进行了史无前例的

"有丝分裂"[5]：围绕铁路附属地建设形成了城市新的商业中心和规模庞大的铁西工业区；商埠地的建设形成了中外文化交汇、富有生活气息的城市新生活中心；盛京古城及周边地区的建设则为地方军阀势力的扩张提供了契机，为民族工商业的发展提供了广阔的舞台，极大推进了老城区的现代化进程(图18～图20)。

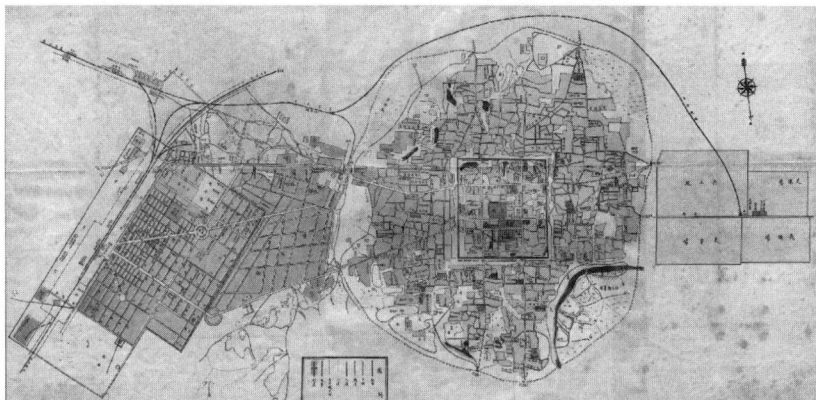

图18　清末沈阳城区图

资料来源：《沈阳市历史文化名城保护规划》。

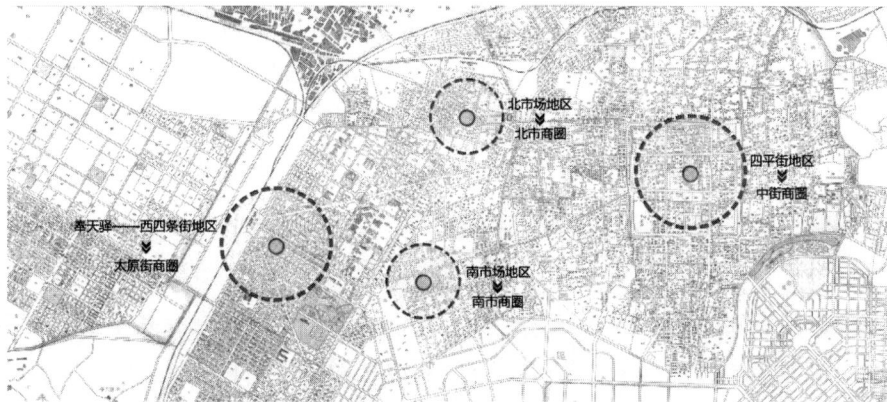

图19　近代沈阳商业体系结构示意图

资料来源：作者根据《沈阳城建志》自绘。

(四)从传统到近现代的景观风貌变迁

铁路附属地以其尽端式站前广场与轴线对称放射的道路格局成为巴洛

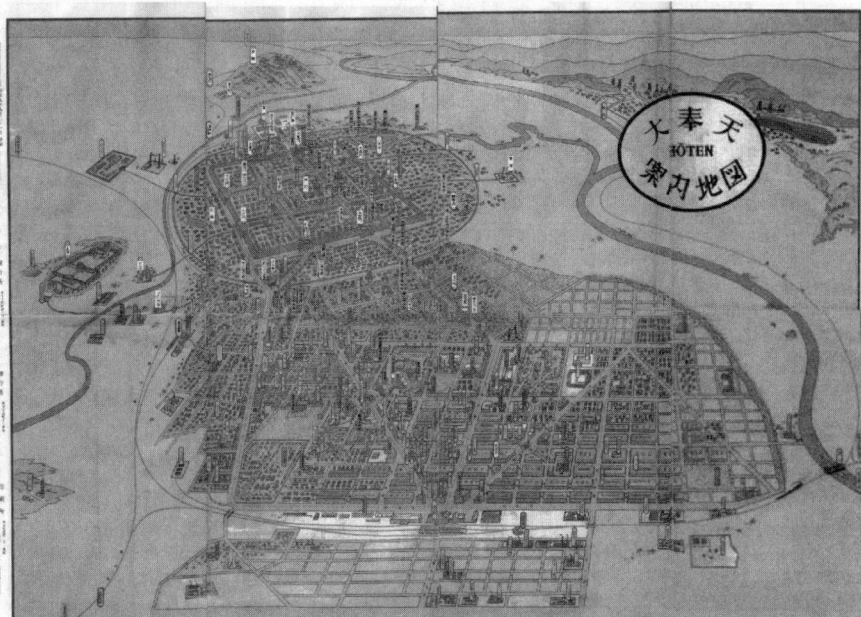

图 20　1930 年代沈阳城鸟瞰图

资料来源:沈阳市档案馆。

克式规划的典型代表,沈阳站及其广场是整个街区的空间肇始点,朝向胜利大街开口向东有中华路、民主路、中山路三条对称放射状道路,成为整个街区的视觉汇聚点。沈阳站及与其隔路相对的沈阳医药大厦、沈阳饭店和沈铁大酒店旅店部,当时被称誉为"亚洲古典主义建筑的典范"[6]。折衷主义建筑主要分布在中山路两侧,建筑内部采用木构架,沿街立面为砖石材质,主色调为灰色,风格简约统一。

张氏帅府建筑群代表了沈阳乃至全国近代建筑技艺的最高水平,吸纳了中国北方传统合院建筑的精髓,汇集了传统民居、庙宇建筑、北欧住宅以及折衷主义等多种风格,堪称中国近代建筑历史上"中西合璧"的经典之作。由杨廷宝先生设计的帅府西院红楼群对研究中国近代建筑历史亦具有重要价值。1

四、沈阳近代城市空间演进的基本特点

(一) 多元拼贴的空间格局

沈阳近代的城市规划与建设由于社会动荡,长期以来都没有总体规划指导整个城市建设,唯一具有总体规划意义的《奉天都市计划》也由于社会动荡未能全部实施,仅仅具有理论上的指导意义而未能改善城市的空间布局。沈阳近代形成了"拼贴式"的空间格局[7],铁路附属地、铁西工业区、老城区、大东工业区和商埠地之间联系的道路很少,造成了许多断头路和丁字路。尽管在解放后至今 60 年来铁路附属地、商埠地和老城三大板块不断融合,但仍然各自保留了鲜明的历史痕迹和空间风貌,沈阳市历史文化名城保护规划仍以近代的历史空间遗存为主要对象。

(二) 功能主义的理念植入

沈阳近代城市规划汲取了西方早期功能主义的规划经验,铁路附属地的规划建设带来了先进的基础设施、管理手段和科技知识,早期的现代主义规划思想在这一区域得以完整实践。同时商埠地、盛京古城周边的东塔兵工区、奉海市场也都采用了方格路网、功能分区的基本模式,火车站、娱乐区、商业街及新式学校等成为城市新的活力中心。

《奉天都邑计划》是沈阳第一个较为完整的城市总体规划。在规划中明确了沈阳在东北地区的中心地位,同时突出了区域协同、地域分工的理念。规划受《雅典宪章》的影响较为明显,对既有的多个空间板块进行了功能分区,在用地布局中强调了交通、工作、居住与游憩等城市功能,在建成区外围规划了环城绿带。

(三) 城市建设的高度活跃

这种以空间为载体的政治、军事及经济竞争使得沈阳城仅用了四十余年的时间就完成了由一个中国传统的陪都向现代化工商业大都市及综合交通枢纽的转变,城市建设量超过了以往任何一个历史时期,包含交通枢纽、

市政设施、工业区、商业区以及文教区等多种类型的规划与建设都处于国内领先水平。如沈阳1899年建成第一座近代化火车站(今沈阳站前身)、1907年建成第一条有轨马车道路(今市府大路)、1929年开始规划建设大规模的高等院校(今东北大学老校区)、1940年建成第一条林荫大道(今南京街)等，这在当时全国的城市规划与建设领域都处于领先地位[8]。

(四)城市规划的政治意图

近代沈阳的执政主体在相当长一段时间内势力范围重叠或并立，造成了激烈的竞争与势力争夺，客观上造成了近代城市规划的"政治行为"和"短期利益"。一方面，这一系列的规划与建设活动都是为扩张自身势力而进行的，而非真正能为城市市民服务的公共利益价值取向的规划，另一方面，也是由于这些政权的"铁腕政策"，使得规划在很短时间内就编制完成并直接指导城市建设，直接促成了城市空间格局的突变。

结　　语

近代沈阳处于复杂变幻、战争频仍的政治国际时局当中，其城市规划表现出鲜明的功能主义、殖民主义和资本主义三重特征，被动地接受了当时世界上先进的城市发展理念并快速改变了封建城市渐进式的发展轨迹，开启了封建城市向现代化城市迈进的大门[9]。可谓"不幸孕育辉煌"，正是沈阳城市性质和空间格局在近代发生了激烈而阵痛的变革，才奠定了沈阳今日多中心组团式的空间格局，奠定了铁西和大东两大工业区的根基，奠定了沈阳现代商业服务体系的雏形，奠定了沈阳解放后在东北地区经济、文化以及交通领域的中心地位。

参考文献

[1]越池明. 中国东北都市计划史[M]. 黄世孟，译. 大佳出版社，1986.

[2]沈阳市城市建设管理局. 沈阳城建志(1388—1990)[M]. 沈阳:沈阳出版社，1994.

[3]李百浩，韩秀. 如何研究中国近代城市规划史[J]. 城市规划，2000(12):34—36,50.

[4]王茂生. 从盛京到沈阳——城市发展与空间形态研究[M]. 北京:中国建筑工业出

版社,2010.

[5]梁江,孙晖.模式与动因——中国城市中心区的形态演变[M].北京:中国建筑工业出版社,2005.

[6]汪德华.中国城市规划史纲[M].北京:中国建筑工业出版社,2004.

[7]杨学义.图说沈阳[M].长春:吉林文史出版社,2005.

[8]勋艳丽.东北城市形态演进[M].长春:东北师范大学出版社,2004.

[9]曲晓范.近代东北城市的历史变迁[M].长春:东北师范大学出版社,2001.

[10]沈阳城市建设管理局.沈阳市志·城建志[M].沈阳:沈阳出版社,1995.

[11]许竞贤,张福忱.沈阳城乡建设[M].沈阳:沈阳出版社,1993.

◎ 作者简介:李晓宇,沈阳市规划设计研究院规划一所规划师;

张路,沈阳市园林规划设计院三所园林师。

政商博弈视角下的汕头近代城市规划研究（1921—1937）

◇ 冯　琼

前　　言

　　汕头于 1861 年开埠，1921 年设市政厅。在 20 世纪初，汕头在"商会自治"的社会管理方式下，已初步完成了市政基础设施的建设。从自来水、电灯、电话、轻便铁路、电车到铁路、公路乃至机场建成基本都是依靠华侨商人和华侨资本。然而，商会作为市民社会的自治组织，无法替代政府的进行系统的城市规划。故而在近代意义上的城市规划，仍然是在其于 1921 年设置市政厅之后制订—审批—公布—实施的[1]。

　　名为《汕头市改造市区工务计划》的城市规划，在 1920 年代末至 1930 年代末，指导汕头完成了旧区改造、围海造堤、扩建道路、修建公园等一系列城市建设，最终形成了以小公园亭为中心，环形放射状的连续骑楼建筑群为特征的城市空间，塑造了"百载商埠"独特的城市风貌[2]。

　　本文通过对 1920 年代到 1930 年代汕头城市规划与建设历史资料的解读，试图初探风云际会的时代背景下，政商之间的权力博弈是如何深刻地影响城市规划在近代汕头筚路蓝缕的历程。

一、政治经济背景

　　万年丰会馆于 1854 年成立，到后期成为汕头总商会。作为行商的总机关,汕头总商会也在相当长的历史时期里作为潮汕商人处理地方事务及管理社区的机构,在地方有着甚至可以与当时的政府抗衡的势力和影响。

1921 年 3 月,在汕头市政局的基础上,汕头成立市政厅并颁布《汕头市暂行条例》。汕头作为最早成立市政厅的城市之一(仅次于广州),也是当时中国最早采纳西方"市政体系"的城市。然而,当时商会对于汕头社会仍然具有非常强大的控制力,所以 1920 年代实质上是政府和商会共同完成对城市的管治。

从国民政府的视角来看,1921 年至 1928 年之间,处于国民政府"军政"时期。军政时期施行军法,实行军事统治,既以兵力统一全国,又训练人民接受三民主义,"军政"时期国民政府机构对地方控制力较为薄弱。1928 年北伐成功,全国统一后正式定都于南京,"训政"时期开始。在训政时期施行约法,并对人民进行运用民权和承担义务的训练,"训政"实质上是国民党加强中央统治,进一步收紧政府权力并实现专政的过程。

我们将 1937 年日本南京导致国民政府被迫自南京迁往重庆作为一个标志时间点。1921—1937 年间,虽然 1928 年之前仍有军阀割据,但总体上是其近代城市发展的和平期。尤其是在 1928—1937 国民政府"黄金十年"里,汕头的城市规划稳步推进,城市得到了飞速发展。

二、城市规划编制机构及章程

在 1921 年的市政体制下,"市行政委员会"、"参事会"、"审计处"三个部门独立且相互制约[3]。作为城市规划编制主体的工务局,设置在作为城市管理常设机构的"市行政委员会"之下。

1921 年成立市政厅之后,为解决老市街道过窄、水路淤积、建筑简陋、市容杂乱的问题,汕头开始着手编制《汕头市改造市区工务计划》。该计划于 1923 年由萧冠英领导的市政厅向广东省政府上报审批,未得到批准,1926 年范其务在任时经重新修订后呈报省政府、省民政厅、建设厅等部门,后又经修改并再次上报,获批后向社会公布施行。1930 年,汕头破格立市,此时的编制主体为市行政委员会下属的工务科。

在汕头城市规划从制定到得到批复的时间段里,作为编制主体的工务局

(科)一直存在并属于政府主要机构。1921年汕头的市政体制为"市行政委员会"、"参事会"、"审计处"三权分立,相互牵制。庞杂的市政体制导致对于刚刚立市的汕头来说,经费不足成为极其严重的问题,1922的"八·二风灾"重创更加剧了这一问题。1923年汕头市工务局改局为科,行政级别下降。但是由于当时不仅单改工务一局为科,同级别的其他局也纷纷改制为科,形成平行架构。在整个市政厅行政架构中,工务局(科)一直是主要机构[4](图1)。

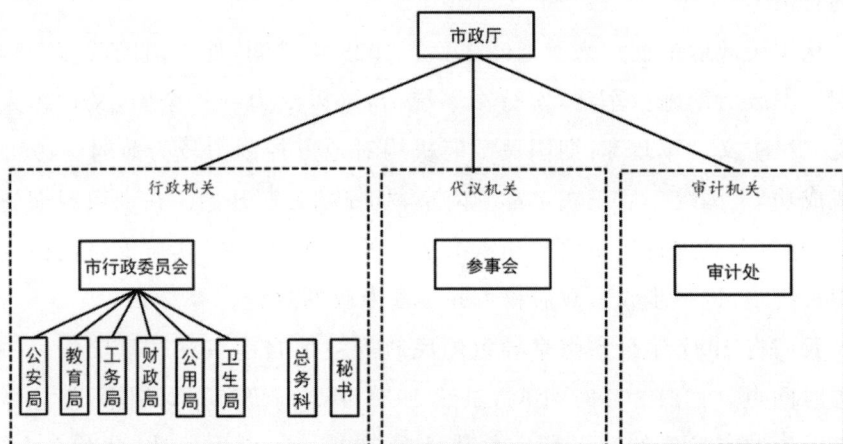

1921年的市政体制（工务局时期）

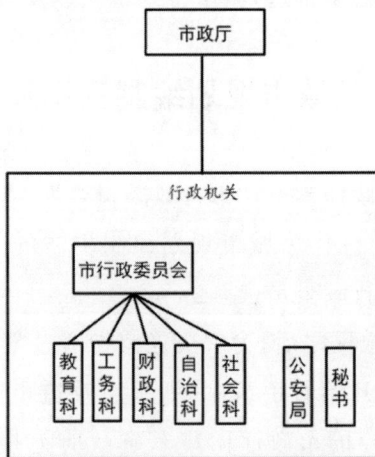

1930年的市政体制（工务科时期）

图1 1921年与1930年汕头的市政体制

资料来源:作者绘制。

不难看到,最初仿效美国三权分立体制而设的"市行政委员会、参事会、审计处"分权制衡的行政体制的缩减,政府的行政权力进一步强化。这是当时政治经济条件的必然结果,实现作为一个革命政党的国民党地方政府强化权力、巩固统治的目的。政府行政权力的收紧,对于其规划引导大面积的城市改造和城市扩张起到了积极的作用。

另外,《汕头市改造市区工务计划》的报批从 1923 年开始到 1926 年才得到审批通过,历时 3 年,这与当时相对不稳定的政局有关,国民党中央政府、广东省政府的一些重要变动以及汕头当地的重要事件等都对规划报批产生重要的影响[4]。尤其是由于汕头地处东南沿海,受到国民党中央政府影响相对较小,主要都是来自广东省内的政治变动。

国民党政权创立之初,并没有城市规划方面的法律,而规划的法制化最初都是以章程的方式呈现。在这个阶段,近代中国各城市市政管理制度逐步走上正轨的历程有相似性。汕头先后颁布了"取缔建筑缩宽街道章程"、"开辟马路柴让民房章程"和"建筑马路工费及赔偿拆让简章"等章程,以地方性法规的形式对规划的实施进行保证。对比同时期广州颁布的相关章程,在孙科的影响下,广东省两个重要商埠城市在当时制定规划相关章程时具有相对的一致性。

广州对汕头的影响甚至一直持续到 1937 年,直至国民党各派势力统一在南京国民政府后。在南京国民政府颁布《建筑法》、《都市计划法》等城市规划主干法,《都市营建计划纲要》、《建筑技术细则》等配套法律之前,汕头一直是在地方性城市规划法规、章程的保障下进行城市建设的自我管治[5]。

三、城市规划实施

(一)旧城改造及城市扩张

由于汕头"老市场"地区街道狭窄,房屋质量差,无法适应其在当时商业的迅速发展。同时在 20 世纪 20 年代初发生的地震、风灾给原先就拥挤不堪的"老市场"地区带来重创,大量房屋倒塌[4]。在 1926 年的城市规划的实施后,"老市场"地区得到了彻底的翻新,道路拓宽,新修建筑,同时原有城区

向外扩张,最终形成了小公园亭为中心的"小公园"骑楼街区。

在这一次大范围的旧城改造运动中,城市规划作用于城市空间,背后是深层次资本——权利关系。当时的汕头政府面临的是一个以私人产权为主的城市,而其相对弱势,旧城改造的主要驱动力来自在 1927 年至 1933 年间大量涌入汕头的资本。

首先,当时国内大格局动荡不安,1927 年"四一二"政变以及宁汉分裂造成长江流域地区政局不稳,而汕头偏居东南一隅,相对稳定,因而吸引来自国内的资金。其次,当时波及资本主义世界的经济危机严重影响大量潮汕华侨在海外的投资,因而也有很多资本从国外回流至汕头。

资本和权利之间的合作共赢是当时汕头城市规划实施的主要特征。来自国内和国外的大量资本汇聚在汕头,而当时的汕头和大量中国沿海开埠城市一样,主要是依托海运进行商业发展,实业不振,因而资本主要流向城市空间。当时的旧城改造和城市的扩张,为资本提供了一个重要的出口,相应的也刺激了汕头快速城市化,城市人口从 1928 年的 135527 人增至 1933 年的 190257 人,地产价格也成倍翻升[4]。而同时,当时的汕头政府也展示了其相较于封建政权更为民主、科学、精确的管治能力,推动旧城改造的完成。

资本强有力的注入城市空间,政府精确的管治共同作用于城市空间,是改造得以实施的两大基础。在资本和权利的博弈中,政治精英和商业精英更多的展现出其合作共赢的局面,导致城市优质空间进一步被精英阶层掌握,而将市民排除在外。例如,在旧城改造之后"小公园"片区的核心地带建成了面积广大的私人豪宅建筑群"富人厝",而相应的城市里的平民的居住空间进一步外移,被排挤到城市边缘[4]。

进一步分析,在当时的旧城改造中,除了资本—权利之间的博弈,资本之间的博弈也是一个主导力量,给汕头的城市空间细节的优化带来动力。以小公园亭的建成为例,小公园街区中心原先规划建设北伐纪念柱,后因资金缺乏,草草了事,仅建有一个喷水池和几棵树。而刚建市不久的汕头,市中心电灯不亮,小公园树荫之下成为人们倾倒垃圾之处,故而这个中心实质上是被废弃的。1932 年在小公园街区中心西南建成了商业标志性建筑南生公司新址。1933 年,大新公司想开发街区中心用地创办分公司,而此举将对已经在此营业的南生公司构成威胁。为免被大新公司竞争下去，南生公司筹款并发动成立"组织改建小公园委员会"，建设"中山纪念亭"，优化街区中心景观。我们现在可以见到的以"中山纪念亭"为中心的城市景观，就是在这样的资本博弈中形成的。

（二）城市公园和公共住房

城市公园（主要讨论中山公园）和公共住房（平民新村）作为汕头城市公共空间建设最为重要的部分，在 1921 年设市初期分别被提出，而后来由于 1928 年由陈国渠着手成立的"筹建中山公园平民新村委员会"（简称"筹委会"）主导进行时合并[6]。这项由政府主导、政商合作、民众受益的城市公共公园和公共住宅建设能得以完成，主要受到以下几点政治、经济因素影响。

（1）国民党政府训政时期的政策：中山公园是纪念孙中山和推行"三民主义"和"党化"的空间[7]，平民新村是政府改善平民生活质量以对人民进行使用民权和承担义务的训练的重要前提，使得在 1923 年被提出的计划能够在 1927 年后迅速被批准。

（2）经济发展驱动和灾害政局推动下人口城市化的迫切需求。一方面，中山公园的筹建是汕头城市化，尤其是大量增长的人口对城市公共生活空间需求的体现。同时，当时年均 9% 的人口增长率导致市区扩张和公共住宅建设的迫切需求。平民新村的建设导致的蓬寮搬迁也为城市扩张和房地产开发扫清了道路，这些蓬寮所在的位置，很多都是后期城市重点建设所在的位置。

（3）"筹委会"作为一个非常重要的机构，它的存在对中山公园这样一个占地数百亩，耗资巨大的公共工程的推进起到了决定性作用，并且可以反映当时汕头地方社会管治的特征。中山公园和平民新村营建中，由于商人占其中重要比例（35 席中占 24 席），政府势力和商会势力互相牵制，筹委会内部非常民主且规范。政府初创时期并未掌握实际上的所有权利，对社会的控制力薄弱，因而需要依赖商会。两者之间的权衡制约恰恰为系统的城市规划的实施提供了适宜的土壤，一方面，政府作为国家代表，通过强制力实现城市规划组织机构的建立并通过官方章程控制其实施，另外一方面，商会组织协助其使实施成为可能，例如：征收商户一月的房租捐作为中山公园建

设资金,如果没有商户介入,是不可能实现的。正是这样的一种管理方式,使、从计划到实施期间历任十余位市政厅长、市长而仍然得以推行。

上级政府、本级政府与商会之间三方利益的制衡是中山公园和平民新村初期建设的重要保证。在城市公园(主要讨论中山公园)和公共住房(平民新村)建设的初期,受到政治、经济的影响,在资本—权利的博弈过程中,公园和公共住房得以有效建设。1928 年黄开山在任时,中山公园正式启动填方栽木,于 8 月 28 日正式开幕。其后,历时 6 年至 1934 年,中山公园建设初具规模。而平民新村工程于 1929 年初动工并于 8 月完成一期,建成甲等住宅 32 套,乙等住宅 80 套并配建有市场、消防所,后增建学校、公厕等。

这项公园和公共住房建设伴随着本级政府和商会,本级政府和上级政府之间矛盾加剧而逐步停止。其重要的影响因素包括:

(1)政府权力扩张(筹委会中商人比例持续下降)。后期(1930 年代中后期),伴随着政府权利的扩张和在社会事务上的渗透,上级政府和本级政府之间,本级政府和商会之间的矛盾迅速加剧,导致筹委会内部相对民主的制度迅速瓦解,不可避免的走向官僚政治的道路。

(2)政商合作缺乏直接利益驱动、经济危机、政局不稳、商会丧失合作动力。后期(1935 年和 1937 年,此时中山公园已经建设完成),由于内忧外患的政局变化和经济危机的冲击,政府和商会的合作难以为继,缺乏经济利益的驱动,其建设规模越来越小,轰轰烈烈的平民新村建设也走向终结。

同时,在中山公园的建设历程中,出现了最初的"公众参与"的萌芽。市民意识伴随着公园空间的形成和影响而逐步增强,反之也正向推动了公园建设。与之相对的是,虽然平民阶层在平民新村项目中获利最多,但他们自始至终未参与决策,只是被动地享受收益。平民新村选址偏僻、交通不便、人均不到 $4m^2$ 的居住面积以及其覆盖平民的比例不到十分之一的比例充分说明在弱势政府的前提下,公共住房建设的尝试只是杯水车薪[8]。

四、城市规划主导思想

在 1928 年民国中央政府成立至 1939 年《都市计划法》颁布的十余年里,城市规划在中国处于高度的萌芽时期,这也是西方城市规划思想被引进和确立的重要时期。不难看到,汕头近代城市规划主要受到城市功能分区和城市美化运动的影响,而纵观在 1928—1937 年民国政府在上海、广州、无锡等地主导的城市规划,这两种思潮也是影响最为普遍的[9]。城市规划作为一种空间政策,不可避免的成为了国民党制度设计的一部分,而选择性的接受什么样的规划思想,其实是受到当时的政治和经济双重制约。

(一)城市功能分区

城市功能分区思想萌芽于产业革命时期,而在 1933 年的《雅典宪章》中被正式提出以保证居住、工作、游憩、交通四大活动的正常进行。在二十世纪初期的"田园城市"和"工业城市"中,这种功能分区的思想就已经被热烈讨论。可以说,在汕头近代城市规划发展的 1921—1937 年,城市功能分区是西方同时期影响最为广泛的规划思想。

1923 年,萧冠英任汕头市政厅长,以改良都市为先务,提出扩张市区并分区建设计划。"划韩江西北部之将军、火车站、涴澜桥等为工业区,旧日中英续约中所开之旧商埠及沿海而东至新镇市区为商业地,住宅区则在旧市区东北部,行政地区则在月眉坞之东、华坞之西;行乐区则取对面礐石天然之山水,于月眉坞设一中央公园,以供随时之游憩。"[10] 规划划定城市工业区、商业区、住宅区、行政区和游憩区 5 个功能分区。功能分区是在完善的分析汕头的区域功能、地形条件、发展基础、地价成本、重大设施的基础上划分的,从后期的实施看,确实是审时度势地合理划定了汕头城市合理的拓展空间和拓展方式。

同时,汕头的道路网设计也参照了当时欧美国家的习惯,采取方格、环形、放射三种形式,并根据规划分区结合使用不同的路网形式。这既是对西方道路形式的借鉴,同时又是结合现有地形和建成空间的创新,这一点在西部的商业区体现的尤为明显。现在还保留着完整格局的汕头老市西部的商业区,以其以中山纪念亭为中心的环形放射的优美格局被称为小巴黎。根据现场踏勘的结果,1926 版规划形成之前,汕头老市的"四永一升平"已经构成了环形放射的雏形。而这一规划方案,实际上就是因势利导,使商业区和码头以数条放射线及其便捷的联系,方便商人运输货品,买卖货物。因而,可以说,当时的路网设计虽然是借鉴西方,但是确实根据现有条件灵活运

用,展示了极高的规划素养。

(二)城市美化运动

美国的"城市美化运动"在二十世纪初如火如荼并于 1920 年代后期迅速衰落。当时美国城市面临的问题主要包括:城市环境恶劣、污染严重、景观粗鄙,功利主义的格网结构和城市文化的匮乏,因而美国的城市美化运动主题包括改进基础设施(排污、供水、卫生、空气质量、街道和运动场地等)和美化城市,它也引致最早的综合城市规划——华盛顿规划[11]。兴起于美国的"城市美化运动"对当时的汕头的城市规划实践产生了深远的影响,1926年的城市规划中明确提出了"以为异日郊外地方,计划花园城之准备"。并且汕头在美化城市空间、塑造城市环境、建设城市公园方面都实践了"城市美化运动"。

"城市美化"这种美丽、宏达的叙事在当时的社会非常容易被接受,而且在物质空间上,它也确实顺应了城市草创之初亟需改变其恶劣环境的现状,并且确实对汕头由于商业农业混合而形成的粗鄙的城市景观起到改良作用。尽管有平民新村建设,政府依然缺乏对于弱势问题的关注,且政府没有从根本上改善城市布局,注重美感而轻视实用。因而,在后人的观念里,汕头的城市规划似乎只学到了"美化"二字。

审慎的思考在当时的汕头进行的"城市美化运动",可以认为,当时汕头规划中对于该规划思想的实践并非只是幼稚仿效,也并非只是单纯的物质空间实践。汕头和西方国家的政治、经济基础完全不同。在美国,城市美化运动是一场具有社会责任动感的中产阶级掀起的政治体制改革,这种综合性规划依赖强权政府。而其后期失败的重要原因则是出于西方市民社会对于高度集权政府的天然恐惧,转向以专项区划法进行最小控制的规划管理。而当时的汕头,政府和商会都无法单独控制整个社会的治理,因而专向共同管治。同时,市民的私人领域概念也不强,且长期处于集权政府统治下的市民较易接受政府大范围的干预,故而在推行时阻力很小。这也是政府在制度设计中会采取仿效城市美化运动的重要原因。

可以说,汕头的"城市美化运动"如果不是受到战争的影响,可能会继续无阻力的推进下去,这个也在我们现今在中国城市中到处可见的"城市美化"中得到验证。尽管当时的"城市美化运动"存在一定的局限性,但这种局限性绝不只是因为对西方规划思想的粗糙肤浅的解读,而在于当时的政治经济条件制约下只可能产生这样的规划。

结　语

选取汕头 1921 年至 1937 年的近代城市规划历程研究政治、经济要素对于其城市规划从编制到实施的影响,对于在民国政府主导下编制城市规划的城市,这个案例既可以反映一定的共性内容,同时也展示其独特的个性。

从共性上来讲,初步形成的"市"的政府不约而同地将城市空间作为一场民主政治改革的出口,在吸纳当时西方城市规划思想的基础上,进行了较为相似的空间规划。"民主政治的初步,就是地方自治,而市政的推行,就是地方自治的一部分工作。"[12]

而更值得挖掘的,是在其地域的政治经济背景下形成的其独特的个性。当时的汕头试图通过城市规划和城市建设推进民主政治,而这一城市"自治"的需求,既是国民党中央政府的要求,也是当地政治精英的诉求。同时,由于当地大量"侨商"在应对国外贸易时更倾向于抱团,汕头商会组织对于管理社会事务方面的控制力保持较高的水平。两者之间的合作共赢和相互博弈是推进汕头城市规划实施的核心力量。

对比同时期其他城市,政府精英和商业精英之间的关系并未达成如汕头这般的合作共赢。也使得如汕头这般完整的编制、审批、实施的城市规划在民国的背景下显得难得可贵。国民党统治中心的城市,政府强有力的控制将商会排除在外(如在 1930 年代后期,四大家族控制了江浙一带的经济命脉,江浙一带的商会对于社会事务的管治能力几乎被完全剥夺),而汕头地方商会以及宗族联合组织依旧对政府权力起到有效制约。而同时,有些相对政府弱势的城市,商会组织和政府合作却因为各种原因无法展开,导致规划未能有效编制和实施。

在政治上汕头政府由于偏居东南一隅,在当时可以保持相对独立,在国民党党内斗争不断演化的进程中,更少地受到中央政府的影响。而相对应

的直接管辖的广东省内政治波动则成为在政治上影响汕头的主要因素。在经济上,当地受国内外经济环境影响而吸纳的的资本,以及当地工业相对的不发达,大量资本无法转向工业领域而进入城市空间生产;同时商会、宗族联合会、善堂等社会组织对社会管理事务保持介入,一定程度上保证了城市管理民主。陈济棠主粤时提出的"政治经济上的种种建设,都要凭着人民与政府合作,才能破除障碍,以求成功。"政府精英和商业精英在城市管治中保持制衡,在 1920—1930 年代国内外政治和经济上的几次大波动中仍然可以推动规划的实施。

同时,不可忽视的是当时的社会环境,市民社会初步呈现,私人领域和公共领域同步不发达,因而汕头翻天腹地的城市改造未受到太多阻力。这也反映了当时的城市规划的精英规划属性,在空间利益的分配中,始终存在的是政治精英和商业精英的博弈,使城市资源进一步集中在精英阶层(图2)。

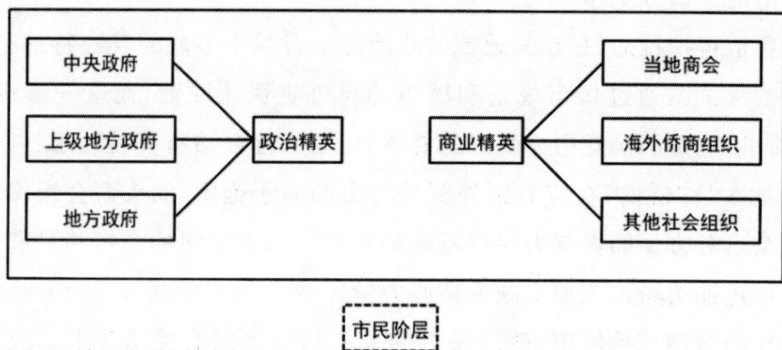

图 2   汕头近代城市规划编制实施中的政商博弈

资料来源:作者绘制。

西方政治体制对于规划的影响渗透到了政府组织机构的演化,规划模式的选择,城市规划技术手段的方方面面,它直接或间接的在政治经济关系中影响规划。因而,选择继承和借用何种规划思想并不是当时政府的幼稚主观的演绎,而是在当时的政治经济背景下适应其发展的必然选择。民主政治在政府内部从初步建构到沦落到官僚体制,民主管治在社会精英之间的基本达成和波动演进都是历史发展的必然结果。

　　1921—1937 年的汕头城市规划,在当时政治经济环境下的编制并实施,相较于 1900 年代政府缺乏时期商会主导的非系统的市政建设,无论是在物质空间层面,还是在技术手段层面,城市规划都有了长足的进步,并且能够转为城市空间的实际形态并影响至今。

参考文献

　　[1]黄挺. 城市、商人与宗族关系——以民国时期汕头市联宗组织为研究对象[J]. 中国社会历史评论,2009(10):103—113.

　　[2]沈陆澄. 城市规划指导下近代汕头城市格局的形成[J]. 现代城市研究,2010(6):56—61.

　　[3]苏明强. 清末新政与中国近代市政机构的萌生[J]. 辽宁教育行政学院学报,2009(9):32—34.

　　[4]陈汉初,陈杨平. 汕头埠图说[M]. 北京:中国文史出版社,2009:146—184.

　　[5]邹东. 民国时期广州城市规划建设研究[D]. 华南理工大学,2012.

　　[6]陈海忠. 游乐与党化:1921—1936 年的汕头市中山公园[D]. 汕头大学,2004.

　　[7]陈蕴茜. 空间重组与孙中山崇拜——以民国时期中山公园为中心的考察[J]. 史林,2006(1):1—18.

　　[8]陈海忠. 民国都市住房救济与地方社会——以 1928—1937 年汕头市平民新村的建设与管理为中心[J]. 社会科学辑刊,2012(1):168—177.

　　[9]刘亦师. 全球图景中的中国近代城市历史研究[A]. 第四届中国建筑史学国际研讨会论文集[C]. 2007:157—163.

　　[10]汕头市地方志编委会. 汕头市志·城乡建设卷[M]. 北京:新华出版社,2000.

　　[11]俞孔坚,吉庆萍. 国际"城市美化运动"之于中国的教训(上)——渊源、内涵与蔓延[J]. 中国园林,2001(1):27—33.

　　[12]顾敦鍒. 中国市制概观[J]. 东方杂志,1929(26).

◎ 作者简介:冯琼,同济大学建筑与城市规划学院硕士生。

近代乡村城市化实践：卢作孚与重庆"北碚实验区"(1925—1949)

⊕ 李 彩 吕江波

前 言

在中国近代乡村运动中，卢作孚是"乡村城市化"的首倡者和实践者。1925—1949年，在他的策划与推动下，重庆北碚由一个匪患猖獗的荒芜村野变成花园式的宜居小城镇，由"北碚峡防局"的行政局址上升为乡村建设的实验单位"北碚实验区"，又发展为"北碚模范示范区"，成为中国近代乡村城市化实践的典型案例。本文以人物史为研究视角、以城市规划与建设活动为研究线索，考证乡村城市化理论在"北碚实验区"发展历程与运营模式。

一、"北碚实验区"的建设缘起

"北碚实验区"(1936年，重庆北碚成立"乡村建设实验区"，简称"北碚实验区")的建设属于中国近代乡村建设运动之范畴，源自于中国近代乡村改良运动，旨在解决乡村问题、推进城乡一体化发展。

20世纪早期，中国政局动荡，社会问题频出，如战争、饥荒、土地高度集中等。这些问题的矛头直接指向乡村，大量农民离村、农业生产窘困，经济衰败，乡村面貌颓废。针对这些严峻的乡村问题，各党派、各阶层都提出"救济乡村、建设乡村、复兴乡村"，以图社会改造[1]。其中，国民党成立农村复兴委员会,颁布《土地法原则草案》,推行新县制;共产党在革命根据地实行土地革命,制定《土地问题决议案》;还有介于党派之间的知识分子,他们以救世济民为本,推行乡村建设,以促乡村进步[2]。

据统计,"高潮时期,全国从事乡村工作的团体有六百多个"[3],有官办、民办等多种形式。这些建设单位均选择一乡村所在地为建设基地,但各有不同的建设理念和运营模式,其中在知识分子下的乡村建设运动有:晏阳初在河北定县推行平民教育(资金来源于国际募捐)、梁漱溟在山东邹平开创新社会构造(资金来源于省政府拨款)、陶行知在南京晓庄推行生活教育化运动(自筹经费)等,都为改变乡村落后之面貌[4]。

在这些乡村建设单位中,有的因政局动荡而夭折,有的因经费短缺而失败,但卢作孚的重庆"北碚实验区"却成为民国时期持续时间最长、成就最大的一个[5]。他以重庆北碚为实验单位,建立"北碚实验区",推行城市化运动,为乡民谋求现代化的城市生活,并首次提出"乡村城市化"的发展战略,成功开创出一条完整而独特的乡村城市化之路。

二、卢作孚的"乡村城市化"理论体系

卢作孚(1893—1952),原名魁先,别名卢思,1908年改名卢作孚(图1)。他出生于重庆市合川的小商贩家庭,历经晚清、北洋、国民等政府,目睹军阀混战、日寇侵华、国共战争等,产生救国救民与社会改良的思想。在不断的摸索与实践中,经历从革命救国到教育救国再到实业救国的思想转变,最终奠定了卢作孚的思想体系,即"乡村城市化",并在"北碚实验区"得以实践与运营。

卢作孚因交通运输之成就被毛主席誉为中华民族四大实业家之一,但他更是乡村城市化的策划者与实践者。正因为如此,"北碚实验区"仅仅用了20多年的时间由一个匪患猖獗的荒芜村野

图1　卢作孚

资料来源:王小泉,张丁
老重庆影像志·老档案
[M]. 2007:107.

变成一个花园式的宜居小城镇,并发展成为"北碚模范示范区",成为中国近代小城镇推行乡村城市化的典型案例。

纵观卢作孚的一生,其思想与理论体系的建立与他的家庭、教育、社会环境以及交友是分不开的。

(一)社会改良思想的形成与转变

少年时代,卢作孚接受学校教育。1900 年读私塾,1901—1907 年就读合川瑞山学院。1908 年,到成都补习学校研修数学,并自学英文版数学,编写《代数》、《三角》、《解析几何》等习题书。这一时期的学校教育,奠定了卢作孚的基础教育以及潜在的学习技能。

青年时代,卢作孚接受社会教育、阅读大量进步书籍,如卢梭的《民约论》、达尔文的《进化论》、赫胥黎的《天演论》和孙中山的民主革命学说等,产生"革命救国"的思想。1910 年加入中国同盟会,投身四川保路运动,以革命的方式拯救国家、追求社会改良。

1913 年,因第二次大革命失败而躲避川南。1914 年,游历上海,结识教育家黄炎培,并在商务印书馆学习一年,产生"教育救国"的思想,认为推广教育、开启民智才能救国。1920 年代受四川军阀杨森重用,在永宁道教育科(1921)、成都通俗教育馆(1924),推行民众教育[6]。但两次教育试验均因军阀混战导致经费短缺而搁浅。

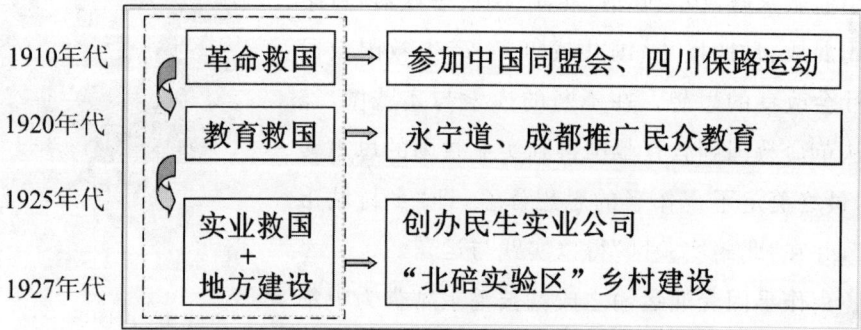

1910年代	革命救国	⇒	参加中国同盟会、四川保路运动
1920年代	教育救国	⇒	永宁道、成都推广民众教育
1925年代 1927年代	实业救国 + 地方建设	⇒	创办民生实业公司 "北碚实验区"乡村建设

图 2 卢作孚思想演变框架图

资料来源:作者自绘。

两次教育试验的失败,让卢作孚意识到经济基础与教育救国的利害关系。受孙中山的民生主义学说和南通张謇实业救国的影响,产生"实业救国"的思想。1925 年,在合川创办民生实业公司,开启实业救国之路。

自此,卢作孚完成从革命救国到教育救国再到实业救国的思想转变(图2),为"乡村城市化"的理论体系奠定了基础。

(二)城市化"理论的形成

1927 年 2 月,受刘湘重用,任北碚峡防团务局局长。借此机会,卢作孚以重庆北碚为乡村建设实验基地,并以民生实业公司的收益促进地方建设。

卢作孚不但是一位实践者,还是一位理论者,有极高的宏观伟略和极强的实践执行力。他指出科学研究与地方建设的关系,撰写大量科研论文,主要体现在两个方面:

一是"国家现代化和国家问题"方面的著作,如《从四个运动做到中国的统一》(1934),提出建设一个完整的国家;《建设中国的困难及其必循的道理》(1934),系统阐释了现代化思想;还有《中国的建设问题与人才的训练》(1934)、《社会生活和集团生活》(1934)、《一桩事业的几个要求》(1936)、《中国应该怎么办》(1936)、《如何加速国家的进步》(1936)、《国际交往与中国建设》(1944)等,都是关于"实现国家进步与国家现代化"方面的著作[7]。

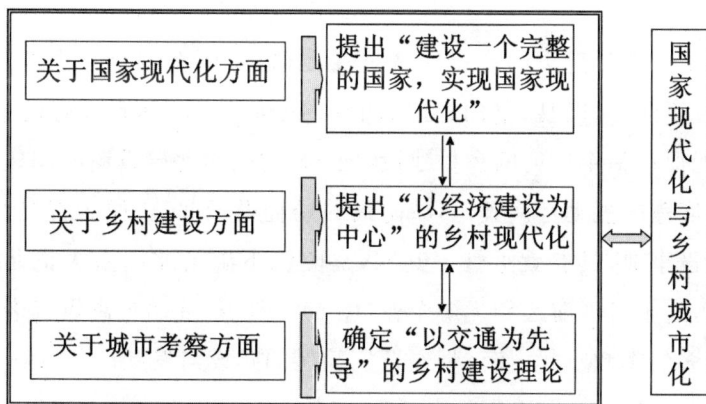

图3 卢作孚理论体系框架图

资料来源:作者自绘。

二是乡村建设方面,主要体现于《两市村之建设》(1925),提出以经济建设为起点,通过乡村建设实验来发展乡村事业,如对合川县南岸一带建设成工业区和游览区,这是卢作孚关于乡村建设的最早构想;《乡村建设》(1930)阐明乡村建设思想,全文分为建设的意义、乡村地位的重要、乡村的教育建设、乡村的经济建设、乡村的交通建设、治安建设、卫生建设和乡村的自治建设,提出国家政治生活的基础是乡村,乡村建设的首要是教育,乡村人民的生活与福利则依赖于便利的交通,经济建设是乡村建设的保障;《四川嘉陵江三峡的乡村运动》(1934)将乡村建设首要是教育改为经济建设,明确提出"乡村现代化"的理论;《我们要"变",要不断的赶快变》(1943),提出北碚今后应该怎样"变",以适应时代的前进[7]。

此外,卢作孚考察上海、青岛、大连等城市,以铁路、工厂、城市建设等方面为调研对象[8]。正是依据这些实地考察资料,形成他的"乡村城市化"理论,衍生"国家现代化与乡村城市化"理论体系(图 3),为"北碚实验区"的乡村建设提供了蓝图。

三、"北碚实验区"的规划与建设

(一)选址

卢作孚将乡村建设的实验区选址在北碚,主要有五个方面的原因。其一,北碚位于江北、巴县、璧山、合川四县的中心位置,具有较好的辐射和带动作用,能促动整个峡区的乡村建设(图 4)。其二,北碚设镇时间较早,容易发挥历史底蕴的能动性。其三,峡防局的局址设于北碚,便于直接经营和监督乡村建设事业,具有就近性。其四,嘉陵江下游由北而南纵贯北碚全境,水运便利,适于发展航运和工矿企业(图 5)。其五,北碚远离重庆老城区,可以避免过多的军政干扰,按计划经营实验区的建设与发展。

北碚作为乡村建设实验区,有地理交通之优势,亦有劣势。这里偏僻闭塞、盗匪横行、野蛮荒芜。然而,卢作孚能够变劣为优,用了仅 20 余年时间,将一个无人知晓的乡村发展为中国西南地区第一个具有现代化意识的小城镇。

图 4 北碚区位图

资料来源:作者根据百度
地图底图绘制。

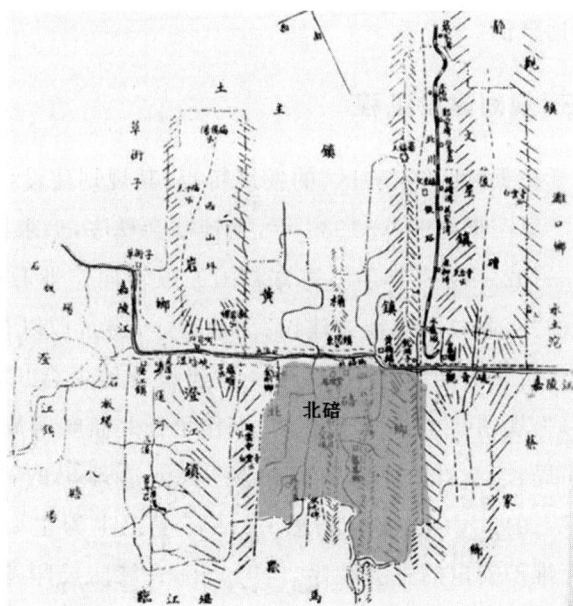

图 5 北碚与嘉陵江

资料来源:李林昉,雷昌
德. 老重庆影像志·老地图
[M]. 2007:133.

(二)资金来源

最先,卢作孚在四川推行教育试验,其经费来源于军阀的支持。1920 年代初期,卢作孚受 21 军刘湘、杨森等支持,但受军阀混战影响,其资金来源并不稳定。鉴于四川全省的分裂混乱状态,卢作孚意识到没有稳定的资金来源,在大范围的区域里推广教育并不可行。

后来,卢作孚转向实业救国,以实业收益支持实验区的乡村建设。其中,民生公司、三峡染织厂、天府煤矿等实业公司的收益成为实验区的主要资金来源。

其次,卢作孚通过金融机构的运作,为乡民融资。1928 年 9 月在峡区开办农村银行,1931 年 7 月发展成为北碚农村银行,这是具有信用合作社性质的金融机构,为农民的生产需要提供帮助。

最后,以募集资金的方式填补资金的短缺,如在北碚和四川发动集资入股、接受个人捐赠;效仿"租界"的做法,通过招商引资、合资开发、发行债券等方式。

经济基础决定上层建筑,"北碚实验区"的乡村建设能够顺利进行,得益于雄厚的资金作保障。卢作孚实行的资金运作模式,即使放在今天也是高瞻远瞩的。

(三)规划建设过程

根据"北碚实验区"的发展特点,其规划建设可分为以下两期:

第一期:1925—1933 年,整顿社会秩序,追求社会改良。

1925 年,卢作孚因教育救国失败转向实业救国,后推行乡村建设,以张謇的"实业救国＋地方建设"为范型。最初,拟以合川为乡村建设基地,后借任北碚峡防局局长一职,将乡村建设基地由合川转到北碚,并以《两市村建设》为规划蓝本。1927 年初,卢作孚任北碚峡防局(江北、巴县、璧山、合川四县)局长,提出"打破苟安的现局,创造理想的社会"、"造公众福,急公众难"[9]的口号,以清剿匪患、清洁环境卫生为主要任务,创建良好的社会环境、维护安定的社会秩序。1929 年,在峡防局印发的《两年来的峡防局》一文中,提出"创造公众幸福,为公众谋福利",着力发展北碚的乡村建设[5]。

第二期：1934—1949 年，创造社会生活，开展城市建设。

1934 年，在《四川嘉陵江三峡的乡村运动》一文中，提出"皆清洁，皆美丽，皆有秩序，皆可居住，皆可游览"[10]的乡村规划理论，确定"乡村现代化"[10]的建设目标。1936 年，北碚峡防局改为嘉陵江三峡乡村建设实验区，被四川省批准成立"乡村建设实验区（简称'北碚实验区'）"，组建乡村建设设计委员会和市场整理委员会。卢作孚以"建设一个健康和谐的城市环境、创造一个美观实用的城市空间"为目标，对北碚进行有计划的精神建设和物质建设，致力于"乡村城市化"运动。在他的策划与推动下，"北碚实验区"发展成为"北碚模范示范区"，成功实现乡村城市化，成为战乱中的"理想国"，人民安居乐业。

(四) 规划建设内容

"北碚实验区"的主城区面积约 $1km^2$，人口约 2 万人。城市道路系统由丹麦设计师守尔慈规划设计（图 6），呈井状林荫大道，两旁种有高大的法国梧桐、香樟树等（图 7）。城市医疗、文化和教育设施齐全，建筑风格有中式、西式亦有中西合璧式，有公园亦有街头绿化，城市井然有序，颇有德国人经营青岛和日本人经营东北之貌[5]。

图 6　守尔慈一家 (1934)

资料来源：刘重来. 卢作孚与民国乡村建设研究[M]. 2007:276.

在第一期的 9 年里，"北碚实验区"的乡村建设在《两市村建设》(1925) 和《乡村建设》(1930) 的框架下进行。任何事业的推广，都需要有一个安定和谐的社会环境与秩序，乡村建设更是如此。卢作孚上任北碚峡防局局长，首先树立峡防局的机关官风，要求大家诚恳对人、忠实做事，一切政务公开，禁烟、禁酒、禁赌等；其次采取

鼓励与军事并重的方针化匪为民。通过一系列的措施，维护社会秩序，为实验区的规划与发展提供了良好的环境。

图 7　梧桐树行道树

资料来源:刘重来.卢作孚与民国乡村建设研究[M]. 2007:308.

图 8　北碚中山路地段

资料来源:北碚卢作孚纪念馆照片翻拍。

图 9　1943 年北碚规划

资料来源:刘重来.卢作孚与民国乡村建设研究[M]. 2007:238.

在规划建设层面，主要从四个方面入手。一是城市美化运动，率官兵清洁街道卫生，拆除庙宇拓宽市区街道，维修改造旧房，并修建公共运动场、平民公园和街头绿化，大量栽树种花，改善北碚的生态环境（图 8）。二是铁路建设，通过官民共建的方式，修建北川铁路，运输物资。三是开办实业，投资兴建民生公司、天府煤矿、三峡染织厂、农民银行等方式，促进北碚的经济建设。以经济建设带动北碚的乡村事业。四是兴办文教，修建地方医院、图书馆、各类学校，创办中国西部科学院，促进文化事业和社会公共事业的发展。

在第二时期的 16 年里，以"北碚实验区"以"乡村城市化"为目标，围绕经济建设，创建乡民的现代化城市生活。1934 年颁布的《四川嘉陵江三峡的乡村运动》中，有明确的规划和建设内容。1936 年 9 月，颁布《嘉陵江三峡乡村建设实验区计划》（简称《计划》），分教、养、卫三部分。1941 年 1 月，印行《北碚市区建筑规则》。

在规划建设方面，主要在法律法规的调控下，依托规划的计划案，按时序、分阶段有条不紊的进行。在道路系统方面，城区的道路网结构呈"井"字形，按方格网规划布局，直路相交排列，整齐划一，便于识别（图 9）；在北碚平民公园有高差的道路呈"之"字形，即"十弯二十一拐"，这是卢作孚亲自设计并参与施工的（图 10）。在道路建设方面，以扩宽道路为主，先后建成北京路、广州路、庐山路、南京路、上海路、天津路、武昌路等新马路，道路名称以抗战沦陷城市命名，以此纪念。在旧城改造方面，以一楼一底的无檐牌面的新式楼房为改造样式，统一建筑立面与风格，增强市区的秩序感。城市绿化方面，建公园，引进树种，提高生态绿化[5][11]。

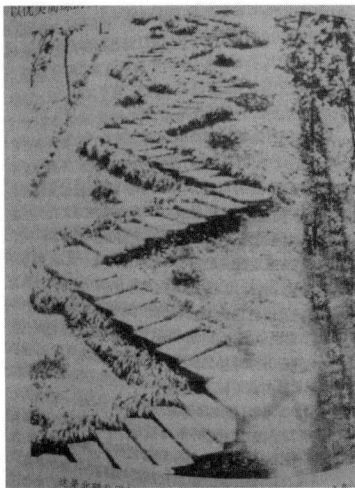

图 10 "之"字路

资料来源：刘重来．卢作孚与民国乡村建设研究[M]．2007：300．

由于良好的生态环境和井然有序的社会环境，1937 年北碚成为战时陪都的文化迁建区（如复旦大学等），修筑四条马路，以梁任公、蔡锷、王铭章和郝梦麟的姓名命名，其科研创作和成果，为"北碚实验区"的发展注入新的动

力,使北碚成为"陪都中的陪都"。

四、"乡村城市化"的发展轨迹

乡村城市化并不是把乡村变成城市,把乡民变为市民,而是在城市化的过程中完成物质文明和精神文明建设,构建良好的社会秩序[12][7]。"北碚实验区"的乡村城市化得以顺利进行,首先得益于北碚的社会秩序,在此基础上,完成社会结构的调整,如乡民到市民的身份置换、生活方式的现代化转变;市民的工作职能变化;乡村到城市的结构空间演绎等,还有文化、政治、经济、法律等各领域的相互建构,更重要的是观念的形成与转变。

(一)"乡村城市化"的目标转化

(1)以经济建设实现"乡村城市化"。1920年代初期,卢作孚致力于推行民众教育,开启民智,但因军阀混战而夭折。1927年,以峡防局的成立而开始的北碚乡村建设,便提出以经济建设为中心,实现"乡村城市化",以人们过上现代化的城市生活为最高宗旨,但并不限于生活方式的改变,而是市民意识的形成。

(2)创造公众幸福、提倡社会生活。1929年提出创造公众幸福的理论,1930年在《四川人的大梦其醒》中,提倡社会生活。其目的,是让人们摆脱姻亲关系的家庭生活和连带关系的集团生活,投入到"北碚实验区"乡村建设的公益事业和公众生活中,摆脱小我、成就大我,提升具有城市归属感的市民意识,开创具有公众化的社会生活。

(3)以乡村现代化带动国家现代化。1934年,卢作孚在《四川嘉陵江三峡的乡村运动》中,提出乡村现代化理论,认为中国的根本要求是赶快将一个国家现代化起来,我们则要求赶快将一个乡村现代化起来,以一个乡村带动其它乡村,再实现整个国家的现代化,提升"北碚实验区"乡村城市化的示范效应。

1925—1949年,重庆北碚顺利的实现了从荒芜乡村到"北碚实验区"再到"北碚模范示范区"的转化,造就"北碚模式",也称"北碚城"(图11)。其城市化的目标由乡村城市化到创造公众幸福、提倡社会生活再到国家现代化

图 11　1940 年代北碚全景

资料来源:丁香乐,毕克. 北碚小城宜居梦 60 年终成真[N/OL]. 重庆晚报,2009—04—22.

的逐渐升级,也是符合经济建设和城市规划发展的趋势。

(二)"乡村城市化"的发展过程

(1)实现人的现代化,推进乡村城市化。人们只有具备现代化的认识,参加到现代化生产中,才能实现乡村城市化。如何提高人们对现代化的认识[7]?卢作孚主要通过四个运动,一是现代化生活运动,通过举办展览、开展讲座、聘请人才(如守尔慈、何北衡、顾锦章、刘志成等)等,让峡区的居民获得国防、交通、产业、文化等前沿信息和现代生活常识;二是识字运动,通过正规学校或识字扫盲班等民众教育方式,利用电影、戏剧、动物园、博物馆等设施营造现代环境氛围,引导峡区人们主动识字;三是职业运动,增加人们谋生的能力和寻求职业的机会,提供职业技术培训,促使农民、军人、土匪或无业游民参加工作,实现职业转换;四是社会运动,鼓励公众参与,发挥人们的主动性,引入参议制,让大家积极参与到峡区的各项建设中去,完成城市组织的构成。

（2）以经济建设为中心，实现工业现代化。早在卢作孚推行教育试验失败后，转向实业救国时，提出以经济建设为中心。在"北碚实验区"第1期，主要以"寓兵于工"的方式组织士兵手工业生产。到第2期，以机器化生产取代手工作业，实现工业化生产，如引进织布机，扩大生产规模，生产的同时鼓励科技创新，如"三峡布"和"三峡布短服"就是从纺织到印染的科技创新成果。还通过开办煤矿、航运、银行等方式，促进经济发展，实现工业现代化。

（3）以交通建设为先导，实现乡村城市化。通过对德国经营的青岛、日本人经营的南满铁路、俄国国人经营的中东铁路等地的考察，认为"交通事业，乃建设事业之先决条件"[7]，确定"以交通建设为先导"的乡村建设理念，在"北碚实验区"致力发展铁路、公路和航运事业。北川铁路的营运和民生公司的航运，改变了实验区原始落后的人运、牲畜运输。同时，将北碚的物资特产输送出去，也将外面新产品及现代生活气息引进来，为乡村城市化的实现提供了原动力。

（4）重点发展文教活动，推行精神文明建设。卢作孚认为一切事业，都由学术的研究出发；一切学术，都应着眼或归宿于社会的用途上。建立中国西部科学院，下辖工业化验所、农业试验场、兼善中学、博物馆，聘请知名人士来讲座。通过发展文教活动，促进峡区的精神文明建设，增强人们的文化修养和文化认同。

"北碚实验区"在卢作孚的领导下，"以人的现代化为根本，以经济建设为中心，以交通建设为先导，以文化教育为重点"[5]，成功的走向了"乡村城市化"的发展道路。

(三)"乡村城市化"的思想演绎

（1）以官本意识实现民本思想的执政理念。卢作孚作为峡区的最高长官，在政治当局的支持下，推行"寓兵于工、化匪为民、军民共建"等方式建设实验区，并邀请各界有识之士为实验区的发展出谋划策，凭借的是具有官本意识的行政权力。在强有力的行政权力下，实验区得到快速建设与发展。为进一步提升实验区的现代化管理，与世界大都市接轨，卢作孚推行参议制，积极鼓励人们参与到实验区的建设中，树立主人翁意识，实现民本思想的执政理念。这种执政理念的转变,使实验区呈现出一种文明的执政境界。

(2)以"理想国"模式实现花园城市的居住理念。卢作孚选择北碚作为实验区建设的一个基本单位,经营"理想国",具有欧文"新协和村"的性质。到 1940 年代,"北碚实验区"发展成为一个清洁、美丽、秩序,可以居住、游览的花园城市,成为"北碚模范示范区",实现了 1934 年所提出的五皆梦想。正如卢作孚的墓志"愿人人皆为园艺家,将世界造成花园一样","北碚实验区"成功塑造了花园城市的"理想国模式",又超越乌托邦的空想主义。

(3)以文化内涵为基础的规划分区制。重庆的乡村建设运动以北碚为中心,以嘉陵江三峡为范围,卢作孚经过大量的考察与调研,提出分区设置,如生产区域、文化区域、游览区域等。这种分区规划,以土地属性为基础,将文化内涵置于更高的层面。他认为,文化区域的环境是生产发展的重要前提,也是乡村现代化所必须的环境,同时游览区域与文化教育和生产建设紧密相连,而生产发展反过来促进文化和游览事业的发展[5]。这种基于文化内涵的分区规划理念,显示出城市规划的文化属性和乡村城市化的本原。

结　　语

近代时期,中国深陷战争之乱,民不聊生,中华民族面临着如何实现一个完整的国家? 怎么实现国家的强大? 等等问题。在宏观层面,卢作孚提出"国家现代化,战争中建国"等理论,主张以科研带动生产,其目的是为了实现国家统一与现代化;在微观层面,卢作孚提出乡村建设理论,谋求人民的健康与福利。选择重庆北碚作为一个"实验区",以经济建设为中心,在实验区开矿、建厂、修铁路、建电站、架电话、建立农场等,将"北碚实验区"发展成为"北碚模范示范区",走出一条完整而独特的乡村城市化道路。

2013 年 12 月,习近平主席在"中央城镇化工作会议上"上,提出"城镇化是现代化的必由之路",强调"以人为本,推进以人为核心的城镇化"。目前正值中国城镇化处于深入发展的关键时期,重新研究卢作孚"以乡村城市化带动国家现代化发展"理论及其实践,对于探索中国新型城镇化发展和成渝城市群建设以及新农村建设和农村城镇化的推进与发展,具有一定的历史借鉴和现实意义。

参考文献

[1]吴星云. 乡村建设思潮与民国社会改造[M]. 天津:南开大学出版社,2013.

[2]梁漱溟. 乡村建设理论[M]. 上海:上海人民出版社,2011.

[3]王景新. 新乡村建设思想史脉络浅议[J]. 广西民族大学学报(哲学社会科学版),2007,29(2):157.

[4]翟振元,李小云,王秀清. 中国社会主义新乡村建设研究[M]. 北京:社会科学文献出版社,2006.

[5]刘重来. 卢作孚与民国乡村建设研究[M]. 北京:人民出版社,2007.

[6]卢国纪. 我的父亲卢作孚[M]. 成都:四川人民出版社,2003.

[7]凌耀伦,熊甫. 卢作孚集[M]. 武汉:华中师大出版社,2011:158.

[8]卢作孚. 乡愁东岸:东北江浙海南旅行记[M]. 沈阳:辽宁教育出版社,2013.

[9]刘重来. 卢作孚与民国乡村建设研究[M]. 北京:人民出版社,2007:14.

[10]凌耀伦,熊甫. 卢作孚文集[M]. 北京:北京大学出版社,2012:282,278.

[11]李彩. 重庆近代城市规划与建设的历史研究(1876—1949)[D]. 武汉:武汉理工大学,2012.

[12]党国英. 让传统乡村社会成为一个"传说"——关于"乡民"到"公民"的转变路径[J]. 同舟共进,2011(6).

◎ 基金项目:本论文得到中央高校基本科研业务费专项资金资助(WUT:2014－Ⅳ－123)。

◎ 作者简介:李彩,武汉理工大学土木工程与建筑学院讲师,博士;
吕江波,武汉理工大学土木工程与建筑学院副教授,博士。

日本东京同润会住宅建设研究

◇ 万君哲　谭纵波

前　　言

近年来,中国城市化进程加速,住房问题日益凸显,对国内外保障性住房的研究可谓汗牛充栋。纵观对国外住房保障体系的研究,主要集中在对住房政策、保障性住房体系现状的研究,而对住房政策形成及演变的动因、住房政策背后的社会经济背景涉及较少。以日本的情况为例,针对日本住房保障体系的研究全部集中在战后日本经济复苏的时期,对战前日本住房保障体系探索的部分略过不提,而对战后住宅政策的描述大部分又仅仅限于结果的描述,缺少对成因的梳理。广为中国规划学者熟知的是日本住宅公团(2004 年改组为都市再生机构),曾为日本解决住房问题做出过巨大的贡献。据统计,到 2000 年 3 月为止,公团住宅累计建设 150 万套,其中出租住宅比例高达 53%。但是日本住宅公团的起点何在? 日本住房政策从何时出发? 答案正是同润会住宅。

同润会住宅是日本住宅公团的前身,直接影响了战后住房政策的形成,但这段历史却被我们忽视。本文将对同润会住宅在东京的建设过程进行研究,梳理促使同润会成立的社会经济背景,希望为中国住房保障制度的建立健全提供参考。

本研究的核心是日本同润会住宅在东京的建设情况。因此,对其研究

范围界定如下(图1)。

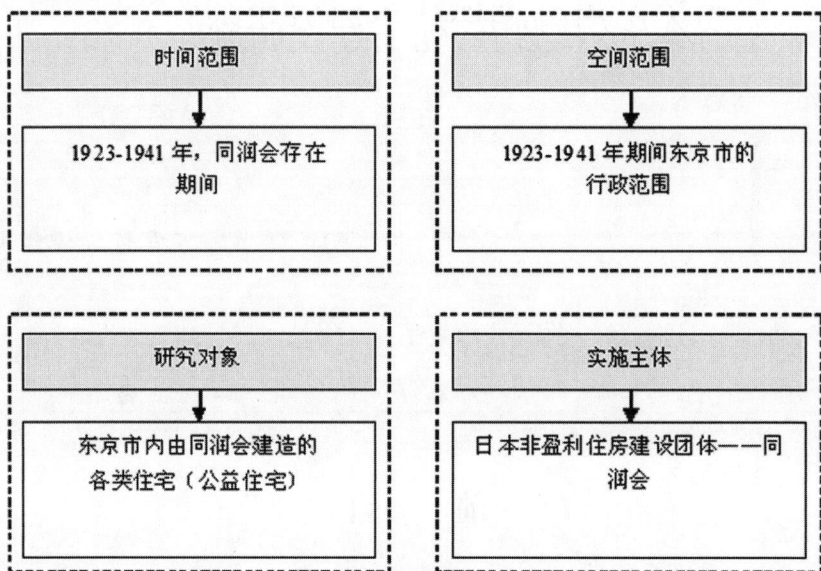

图 1　研究范围界定

资料来源:作者绘制。

一、同润会设立的社会背景与源起

同润会由日本内务省成立于 1924 年,即关东大地震发生的次年,首要目标是解决地震灾民的住房问题,成立的资金来源于国内外的社会捐款。在其成立前的 60 年,恰好是日本社会、政治、经济发生重大变革的 60 年。因此,关东大地震仅仅是促使其出现的直接导火索,影响同润会发展的还有其他诸多因素。

(一)社会背景:住房需求的激增

1. 城市化进程快速推进,住房需求激增

自 1868 年明治维新之后,天皇从将军手中夺回军政大权,迁都东京(原江户城),日本结束了幕府时代,逐渐进入君主集权的社会,政治、经济、文化都发生了巨大的变化。曾经繁荣一时的江户在经历了政治动荡带来的短暂

混乱之后,迎来了工业化的迅速发展。在明治政府"文明开化、殖产兴业、富国强兵"的三大方针指导下,日本开始了西化与现代化的进程,人口开始迅速向城市地区聚集。1919 年,东京周边 82 町村人口较之 20 年增加了 2 倍,山手地区和东京市相接之处人口增加了超过 3 倍[1]。

2. 民主思潮兴起,呼吁改善住房条件

1912 年,日本明治天皇逝世,新天皇即位,年号为"大正",1912—1926 年(昭和元年)即为历史学家所说的"大正民主"时期,经济迅速发展,社会民主也得到了推进。在 1910 年代,社会底层的人们不满居住条件的恶劣和战争通货膨胀导致的经济崩溃,日本爆发了多次罢工和游行。同润会则恰恰设立在这一时期的末尾。从同润会改善住房条件的公益性质来看,民主思潮也间接促成了同润会的成立。

3. 西方国家的影响

从世界范围来看,1920 年代,欧洲国家正在着力解决因第一次世界大战造成的住宅短缺问题。英国、意大利、荷兰、法国等国家都在进行社会政策和城市规划层面上的住宅社区建设。同润会公益住宅的建设正是受到这一世界氛围的直接影响[2]。

(二)政治背景:建设首都的政治雄心

1871 年,明治政府派出"岩仓遣欧美使节团"出访欧美各国,最初目的是争取修改幕府时期日本与各国签订的不平等条约,改变日本的国际地位。虽然这一目标并没达成,但这次访问却在城市规划方面给日本造成了非常深刻的影响。使节团访问巴黎时,被巴黎壮丽整齐的城市风貌震撼,并如实记录了拿破仑三世委托霍夫曼进行巴黎大改造的情况。此后,"将东京建设成与西方国家首都相媲美的首都"就成为日本政府的政治愿望。

明治维新后,东京成为日本名副其实的政治中心,在 1868—1945 这将近 80 年的时间里,行政区划经历过多次调整[3](表1)。

同润会的成立,是日本建设"媲美西方首都"的东京的一个重要举措。在同润会后期建设集体公寓时期,曾提出"建设堪称东亚盟主之日本的中产阶级者住房"的口号。日俄战争和侵华战争使得日本国内民族情绪高涨,同润会也是日本政府不断膨胀的国内外政治诉求的一个体现。

表 1 东京行政区划调整（1868—1947）

时间	行政区划变革	东京行政区划范围
1871	明治政府废除藩制,同时废除旧的东京府,成立新的东京府,包括 15 区 6 郡。其范围基本扩大到了现在的 23 区。	 明治11年(1878)の区郡
1889	东京府内 15 区被划定为东京市,与外围 6 郡合称东京府。	
1896	东多摩郡和南丰岛郡合称丰多摩郡,东京府由 15 区 5 郡构成。	 ( ) 内は町村数
1893	因为水源争端问题,西多摩郡、南多摩郡、北多摩郡 3 个本由神奈川县管辖的区域划入东京府。至此,东京府的管辖范围即为今东京都的区域范围。	
1932	1923 年关东大地震之后,东京 15 区周边的 5 个郡人口骤增,东京逐渐出现了"职住分离"的情况。而区郡分制的行政体系有诸多不便,因此 1932 年,除多摩三郡之外的 5 个郡 82 个村被改组为 20 个区,与之前的 15 个区一起,组成了 35 区的"大东京市"	 昭和7年の区郡 图1 东京区郡の行政区画の变迁

续表

时间	行政区划变革	东京行政区划范围
1947	1941年,第二次世界大战爆发。为了加强东京作为首都的功能,日本政府决定将"东京府"和"东京市"统一,以"东京都制"来管理。1947年,日本政府颁布《地方自治法》,35区被编为23区,形成了现在东京都的格局。	昭和23年(1948)

资料来源:根据参考文献[3]整理。

(三)经济背景:雄厚的经济实力为住房建设提供资金支持

明治维新之后,日本启动工业化进程,"殖产兴业"就是针对日本的经济产业发展而提出的。

1868—1924年间,日本的工业化发展可以被简单划分为三个阶段。

(1)政府主导期。这一阶段以引入国外技术与人才为主要发展方式。1870年起,明治政府陆续设立了工部省、内务省,分别负责铁路、矿业和农业、畜牧业,向欧美派遣留学生,并雇用外国技术人员。日本第一届劝业博览会在上野举办,分"矿业·冶金、制造业、美术、机械、农业、园艺"等六个部门,展示新技术和新机械,参观人数达到45万人。博览会举办的同时,明治政府的各省(即各部)利用东京留存的武士用地开办了官营工厂和官营研究所。

(2)财阀主导期。这一时期以政商结合为主要发展形式。官营工厂逐渐出现了负债经营,为缩减财政支出,在1884年之后,除了兵器、铁道、通讯等仍维持国有,其他大都被以低廉的价格出售给民间企业家。三井、三菱等大财阀就是在这一时期成为与政府联结的"政商",成为明治政府"自上而下"产业化的有力助手。民间产业也有一定的发展,纤维产业(棉纺、纺织机械)、烧窑业(陶瓷、瓦、砖石)、化学工业(火柴、橡胶),特别是石灰、制鞋产业异常繁荣。

(3)军需主导期。这一时期的发展助力是第一次世界大战带来的军事

订单。日本于 1902 年和英国结盟,在一战中成为英国的军事产品供给方。战时德国因被封锁,退出了欧洲的市场,也为日本产品的进入提供了机会。由于日本从德国进口的化工产品被切断,其国内的化工制造业也不得不加速发展。1914—1919 年,日本工业产品产值翻了一番。1910—1930 年,其 GNP 翻了一番,矿业和制造业产出翻了两番。

关东大地震发生在日本经济发展的黄金时期,地震后日本政府能够迅速组织灾后重建,关键在于日本的经济命脉并未断绝。对比日本战后的"住宅公团"的住宅建设,住宅公团成立于 1955 年,相比二战结束迟了 10 年。这十年间日本正努力恢复因二战而损失 9 成的经济生产力,直到 1955 年走出"战后"阶段,才能投入住宅保障的建设。综上所述,经济实力是同润会设立的一个重要支持因素。

(四)住宅状况:住房存量与质量急需改进

1. 住房问题是江户城的历史遗留问题

东京在江户时代就已经成为日本实际上的政治和文化中心。关于江户城的人口,有多种说法,一般以明治之前江户人口达到 100 万人以上的说法居多。江户时代末期,江户的土地构成为六成归将军、大名以及武士所有(即所谓武家地),二成左右为市民居住用地(即所谓町人地),余下则是寺庙、神社用地。表 2 显示了不同用地的人口密度,市民居住环境非常拥挤。

表 2 江户人口构成[4]

住居 类型	估算人口	人口比例	面积 (km²)	面积比例	人口密度 (人/km²)
武家地	650000	50%	38.653	68.6%	16816
寺社地	50000	3.8%	8.799	15.6%	5682
町人地	600000	46.2%	8.913	15.8%	67317
合计	1300000	—	56.365	—	23064

资料来源:根据参考文献[4]整理。

2. 明治维新后城市环境依旧恶劣

日本传统建筑材料是木材,建筑拥挤导致火灾频发。贫穷地区人口密集,霍乱、肺痨等传染病频发。一战期间日本出现了大幅度的通货膨胀,工人阶层的实际收入严重缩水,导致其居住质量进一步下降。不少工人都居住在拥挤的长屋①之中,许多家庭挤在 $10m^2$ 的房间之内[5]。

3. 住房问题成为城市规划的关注热点

进入 20 世纪,日本社会学者、建筑师、政府官员针对东京居住环境拥挤、卫生条件恶劣等问题提出了大量提案,东京也爆发了一系列的社会运动。因此,1918 年,由内务省设立的城市规划调查会通过了《小住宅改良纲要》,提出了包括公益住宅(也就是现在日本的公营住宅)、住宅公司(即后来的同润会)、住宅组合等 12 个项目。1922 年,日本全国城市规划协议会上通过了《城市规划项目的普及及促进》,包括 5 个决议,其中第二个决议采用了建筑学者片冈安的提案《关于城市住宅政策的提案》,他提出从住宅政策和城市规划的关系出发,效仿英国,实现以改善城市住宅为核心的城市规划,包括:(1)有计划地开发郊外住宅。(2)改善市内不良住宅。(3)制订《住居法》和《建筑公司法》。(4)住宅组合、建筑组合的推进。(5)建设儿童游乐园、运动场、公园等设施。其核心就是将城市规划和住居改善一体化推进[1]。

在这种背景下,关东大地震的爆发可以说为建筑师、学者、进步官员提供了实现理想千载难逢的机会。

(五)大事件:历史的偶然

对日本来说,地震、火灾等大事件往往是促进城市发展的契机。1910年,东京市吉原发生大火,东京市利用当时的募捐善款成立了"辛亥救济会",建设了玉姬町长屋,包含了住宅、浴室、托儿所、职业介绍所以及旅店、商店等各项公共设施,这可以说是同润会的先行者。同润会的成立、运营、建设内容都与之有诸多相似之处[6]。

1923 年,日本神奈川县发生 7.9 级地震,史称关东大地震,这次地震造成了东京市(当时的东京市由麹町区、神田区、日本桥区、京桥区等 15 个区

---

① 长屋:日本江户时代的平民住宅,狭长的空间被分割成一个个小空间,两端为商住,中间为住宅。

组成)烧毁面积达到 3465hm²,占市域面积的 44％。烧毁房屋 22 万 4567 栋,其中,住宅数量 18 万 8734 栋[7]。

地震发生后,日本政府首先开放学校等公共设施、劝说名门望族开放宅邸收容灾民,并迅速搭建了临时的木棚屋。1924 年,住在东京近郊棚屋里的灾民已经接近 7 万人,日本政府决定为灾民中的低收入者建造住宅,其中低收入者的界定是没有建设住宅或支付高额房租。为了确定低收入者标准,政府对 7 万人进行调查,最后将"无收入者"、"无固定收入者"、"日薪低于 1 圆 50 钱"的居民纳入范围,该群体占受调查灾民的 66％[7]。

面对众多受灾居民和国内建设公益住宅的呼声,1924 年,内务省从国内外针对地震募捐的 5900 万圆中,拿出 1000 万圆,成立了财团法人同润会,取"同沐江海之润"之意,专职负责为受灾地区建设小住宅[8]。

(六)同润会的设立是多方面因素共同作用的结果

同润会的设立有其必然性,也有其偶然性。

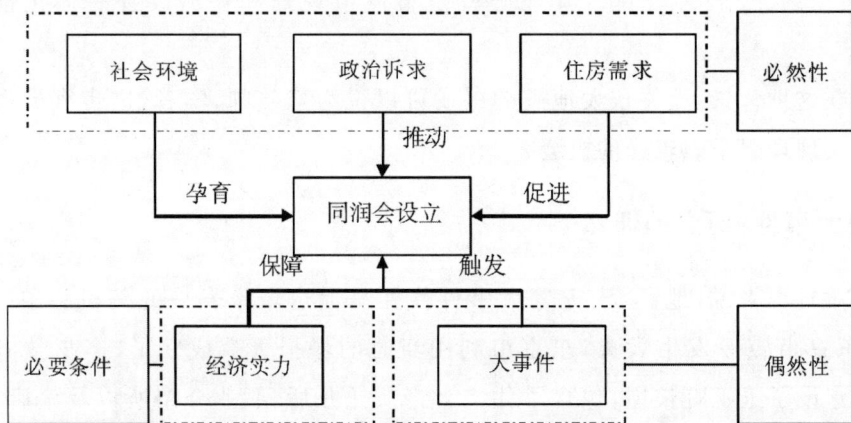

图 2　同润会设立动因分析

资料来源:作者绘制。

社会、政治、住宅状况等背景环境是同润会设立的大的历史环境,可以说是同润会的出现是水到渠成,即使没有关东大地震,公益住宅迟早也会付诸实践。吉原大火为同润会出现做了一次演习,关东大地震则为公益住宅的建设提供了强烈了动机。日本雄厚的经济实力,则是同润会设立的有力保障和必要条件(图 2)。

二、同润会住宅的建造情况

(一) 住宅建设概况

同润会成立后,在 1924 年的第一次会议上,规划建设 1000 户公寓(即集合住宅,1924 年 300 户,1925 年 700 户),以及 7000 户普通住宅(木构长屋,1924 年 3000 户,1925 年 4000 户)。公寓计划建在东京市内,采用当时先进的钢筋混凝土防火建筑,郊外则建设成环境优雅的田园城市。这一构想在当时受到日本社会的极大期待,但是在具体实践的过程中,同润会住宅的建设并没有按照预期的方向进行。

(二)同润会建设住宅的三大类型、发展脉络及分布

同润会实际建设住宅主要有三种,且发展脉络存在明显的先后顺序。

1. 临时住宅及普通住宅(长屋)[①]

临时住宅是同润会完全没有规划,但是面对震后严重的住房短缺不得不建设的权宜之计。1924 年到 1925 年 3 月,同润会共建设了 2158 户临时住宅,政府以建设中的普通住宅的入住优先权来鼓励灾民们搬入临时住宅。

但是,实际上入住临时住宅的家庭只有 1274 户,其原因有三:(1)临时住宅的质量和地震后搭起的棚屋并没有太大区别。(2)满足入住临时住宅资格的家庭,能支付得起其房租的并不多。(3)大部分临时住宅都在郊外铁道终点站附近 1km 的范围内,居民除了支付铁路往返费用,还要支付其他交通费用。

普通住宅也存在区位偏远的问题。经过一战通货膨胀和地震后,东京市地价已经很高,15 区的地价是周边 5 郡的 5~10 倍。因此土地成本成为

---

① 建设的费用是从内务省另外划拨的 122 万円。

同润会的限制因素。东京府内 2493 户普通住宅全部都位于 15 区之外。因为住宅周围没有就业机会,最终下级官吏、学校老师和铁路职员等工薪阶层成为主要居民,与同润会最初设想相去甚远。

2. 集体公寓

从理念、形式、设计等诸方面考虑,集体公寓最接近日本近代公营住宅。

集体公寓是日本借鉴欧洲郊区集合住宅的结果,并希望能赶超欧洲水平,"震后住宅"的意图已经渐渐不太强烈[6]。同润会在东京 14 个地点建造了 2519 户公寓,采用当时先进的钢筋混凝土技术,在公寓社区设计了幼儿园、食堂、浴室等公共设施,和欧洲的田园住宅非常相似。最初,集体公寓作为一种舶来品,不少日本人对这种未知的居住方式怀有恐惧,但在建成后,集体公寓在东京掀起了公寓热,引起民间建设公寓的高潮。非常有特色的是,同润会在家庭公寓、店铺公寓之外,还特意为单身女性设计了独身女子公寓,以满足日本"文明开化"后,都市女白领对西式生活的向往。

集体公寓的建设成本是木构住宅的 3 倍,但是其房租与一般的木构住宅房租相当,甚至更低。然而,日本学术界普遍认为,虽然价格低廉,却并没有实现"社会公益住宅的意图",因为实际居住其中的居民主要是中高收入者阶层(表 3)。

表 3　普通住宅与集体公寓居民构成调查(1936 年)[9]

1936 年调查结果		银行及公司职员	公务员及军人	工商业者	医生、教师及宗教人员	运输业及通讯业	记者、作家及艺术家	农水产业及矿业	其他职业者	无职业者	总计
集体公寓	数量	624	541	353	259	133	79	0	225	139	2353
	%	26.5%	23%	15%	11%	5.6%	3.4%	0	9.6%	5.9%	100
普通住宅	数量	336	599	550	52	329	21	2	887	108	2884
	%	11.6%	20.8%	19.1%	1.8%	11.4%	0.7%	0.1%	30.8%	3.7%	100

资料来源:根据参考文献[9]整理。

3. 独栋住宅[①]

独栋住宅的建设是为了满足日本大城市新兴中产阶级对欧洲田园住宅的向往,也是为日本民间住宅开发树立榜样。独栋住宅与前两种住宅不同,是出售型住房。1928年开始,同润会开始建设郊外独栋住宅。

独栋住宅根据其受众又可以分为两类,一类是针对有能力负担通勤时间和费用的"中产阶级高级独栋住宅",分布在东京郊区,居住者中有55%是工作于银行、公司的职员,占地面积相当大,基本在238~431m²之间,建筑面积也在57.8~110.1之间,相比第二类住宅奢侈很多;另一类则是吸取前车之鉴的教训,针对普通工人的"工薪阶层独栋或联排住宅",选址都分布在工厂周围,不仅有类似今天别墅形式的独栋,还有与"townhouse"颇为接近的两户拼接住宅,居住者全部是工商业从业者[10]。其占地面积平均在87~122m²,建筑面积则集中在34.8~59.9 m²,与如今中国廉租房的面积规定近似。

(三)同润会住宅分布、布局与建造技术

如图3所示,集体公寓主要分布在东京市区2.5km半径周边,独栋住宅的分布则在5km半径周围,部分住宅则更远。

除了以上三种大的类型之外,同润会还在东京进行了不良住宅的改造,以及钢筋混凝土技术修缮木构住宅,因不在研究界定范围内,不做详细叙述。

同润会住宅的设计水平受到高度评价。住区布局结合地形,单体建筑从南到北依次升高,在住宅组团中会规划一个景观大道,并设计小广场作为景观节点。集体住宅设计有面积、风格不同的几种基本户型,通过户型组合拼贴出住栋平面,操作简单效率高。住房都实现了电力供给、天燃气入户、上下水道分流,还考虑了日本灾难多发的情况,设计了避难逃生用的绳梯。

同润会住宅无论是规划手法、景观设计还是户型设计、基础设施水平,都体现了当时日本住房技术的最高水平。

---

① 日语中,用"分譲住宅"的字样来表示独栋住宅,也有"一户建"这种表述方式。

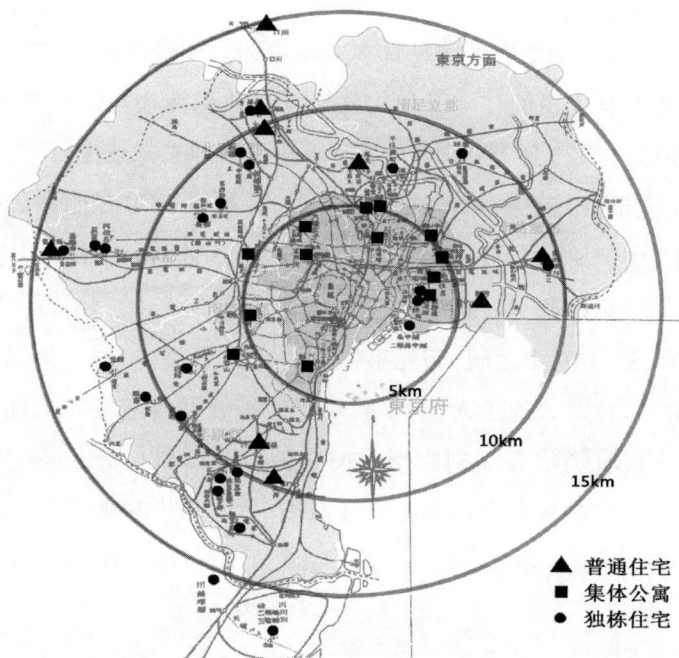

图3   同润会建设住宅分布图——东京部分[11]

资料来源：根据参考文献[11]改绘。

（四）同润会的解散

1941年，日本国内进入战时体制，同润会被改组为住宅营团，作为国家机关为军需产业劳动者供给住宅，在军需工厂以及相模原等军都周边进行大规模的建设。为了在短时间内建设尽可能多的住宅，住宅营团所进行的研究是如何在规划中保证最低限度的可居住环境，与同润会注重设计、理念的规划思想完全不同。日本战败后，1946年，住宅营团被联合国最高司令官总司令部强制解散，同润会建设的住宅都归东京都管理。1955年，日本走出战后阴影，重新设立了住宅公团，同润会崇尚设计、空间的规划传统则在住宅公团中得以延续。

三、综合评价同润会住宅

同润会对日本学者来说是一个熟悉的研究课题,而对于中国学者,往往被简单归于"公益住宅"和"灾后重建"两个词汇。综合梳理同润会住宅建设的过程,我们可以做出两方面的评价。

(一)同润会住宅建设体现了当时日本政府管理、城市规划、建筑设计领域的先进水平

首先,积极学习先进的规划技术。同润会直接受益于欧洲当时对社会住宅探索的影响,在规划理念和规划技术上着意模仿并意图超越欧洲的水平,实际上也取得了卓越的规划成就,为日本战后保障性住房的建设提供了有效的实践经验。这是明治维新后,日本对先进国家学习精神在城市规划与社会政策上的体现,可以说是日本"后发优势"的典型例证。

其次,深入住户调研,详实记录数据。同润会在建设住宅之前,对灾民的收入、居住情况做过详细的调研,确定实际住宅的建设方向。在住宅建成后,多次进行入户调研,调查居民收入、居民就业等实际情况,调研材料收录在同润会会报或者其他书面出版物里,作为资料储备服务此后的住宅建设,体现了同润会的科学态度,以及当时日本建筑师、社会学者、进步官员高度的责任心和实干精神。汇编后现存的《同润会十年史》和《同润会十八年史》,在国内都无法获得,只有通过其他文献辗转了解。

第三,住户导向,顺应市场需求。同润会住宅的"临时住宅"——"普通住宅"——"集体公寓"——"独栋住宅"的发展脉络本身就是对市场需求的应答。同润会针对城市出现的新的租房群体如单身职业女性提供独身公寓,并设计了和式、洋式两种风格的户型。

(二)同润会住宅发展的不足

第一,住宅的社会公益性没能完全体现。同润会设立之时恰逢日本热议公益住宅,但是同润会住宅最终并未完全体现这一意图。首先,第一批普通住宅建在偏远郊区,建成之后不受欢迎,入住的人群也并非以设想的低收

人群体为主。其次,入住集体公寓的居民也以都市新兴白领阶层为主。独栋住宅的建设已经完全丧失了"灾后住宅"色彩,成为为中产阶级建设的较廉价的郊区住宅。

第二,迫于市场压力,缺乏强制控制力。日本明治维新并没有改变旧有的土地私有制,因此日本的土地价格很大程度上受到大地主、大财阀的影响。政府在土地市场、住房市场上能作为的空间很小,致使同润会不得不将普通住宅建在地价便宜但交通、就业不便的郊区。同润会作为半官方的法人,只能顺应市场,却不具有强制的控制能力,在某种程度上妨碍了其公益住宅的发展。

第三,规划设想盲目学习欧洲,过于理想化。"田园住宅"这个理念反复出现在同润会住宅建设的过程中,成为住宅规划建设的目标。过分追求规划理念的欧化,却使"公益住宅"和"灾后住宅"的意图大打折扣。当然,保障性住房并非必须牺牲规划理念与设想,而是要在其中寻求与公益性的平衡。保障性住房的规划首先应以受保障人群为本,提供便利舒适的居住空间,在此基础上追求规划理念才有意义。

四、对中国保障性住房建设的启示

同润会是日本住宅公团的前身,也是日本保障性住房的起点,在日本城市规划与住房建设的历史上占据重要的地位。几近百年之后,同润会的规划实践对中国仍有启发价值

首先,借鉴同润会住宅建设的契机,将城镇化过程与保障性住房建设统筹起来。同润会住宅建设以灾后重建与旧住宅改造为契机,对照中国的情况,类似的契机也有很多,如近年来频发的城市内涝,各大城市举办运动会、园博会等大型活动,以及旧房危房改造等。但是目前中国各个城市建设保障性住房仍有"完成任务"的色彩,并非结合各城市发展阶段、城市住房现状或旧城改造情况进行建设。

其次,向同润会住宅学习,做好住户调研与资料记录汇编,建立完善的住房档案,便于今后的建设与研究。在建设保障性住房之前,就应该对受众群体的收入、就业地点、家庭结构、户型偏好进行调研,并在保障性住房的规

划设计中予以应答。

第三，户型设计要推敲，组合多种可能性，为住户提供更多选择。户型的精细设计是日本设计的特色，在同润会住宅中也有明确的体现。北京地区的保障性住房设计已经有了此方面的探索。

第四，警惕同润会住宅出现的负面情况，即在土地价格利益驱动下，导致保障性住房区位偏远，既无法保障低收入人群，又造成建设时间、建设资金浪费。然而目前中国已经有不少城市出现类似问题，应及时矫正这一错误。

第五，可以考虑借鉴同润会独立法人的存在形式，设立一个负责保障性住房研究、规划、设计的公共团体，为各城市政府建设保障性住房提供建议咨询，或接受政府委托制定保障性住房规划，并协助规划落实。

结　语

他山之石，可以攻玉。向邻邦学习，是为了反思中国保障性住房建设的不足。保障性住房的建设是一项庞大的工作，更是关系民生的大事，需要科学的态度、细致的工作与社会公益的目标。唯有不断学习和改进，再与中国的实际情况结合，才能做好这一工作。

参考文献

[1] 东京都城市规划局总务部资讯信息科. 東京の都市計画百年[M]. 木村图芸社,1990.

[2] 大月敏雄,佐藤滋,伊藤裕久,等. 同潤会のアパートメントとその時代[M]. 鹿島出版社,1998.

[3] 正井泰夫. アトラス東京——地図でよむ江戸～東京[M]. 平凡社,1986.

[4] 内藤昌. 江戸と江戸城[M]. 鹿島研究所出版会,1966.

[5] Sorensen A. *The making of urban Japan：Cities and planning from Edo to the twenty-first century*[M]. Routledge,2002.

[6] 大月敏雄. 集合住宅の100年同潤会江戸川アパートメントの経験とともに[J]. 建筑杂志,1999,114(12).

[7] 小野浩. 戦間期の東京における住宅市場と同潤会[J]. 立教経済学研究,2006,60

（1）：223－247.

［8］日本高层住宅史研究会．マンション60年史：同潤会から超高層へ［M］．中野博義，1989.

［9］崛熏．同潤会のアパートメントハウスと普通住宅との性格の相違について［C］.日本建築学会大会，1991.

［10］田村宪三．同潤会の勤人向・職工向木造分譲住宅の事業内容に関する研究 その1建築歴史・建築意匠［C］.日本建築学会大会，1984.

［11］影山穂波．同潤会住宅にみる「すまい」に関する一考察［J］.茶之水地理，2000.

◎ 基金项目：本文获国家自然科学基金项目资助。

◎ 作者简介：万君哲，清华大学建筑学院博士生；

谭纵波，清华大学建筑学院城乡规划系副系主任，教授，博导。

近代时期鼓浪屿中外住区空间发展历史探析

◇ 陈志宏　张灿灿

前　　言

鼓浪屿位于近代早期五口通商口岸之一的厦门,受到来自闽南地区、西方殖民者和东南亚等多元文化的共同影响,在 19 世纪中叶到 20 世纪中叶的近一百年中持续发展,形成具有独特文化形态的中外住区。从 1960 年代时已有百余外国人长期居住在鼓浪屿,并形成了没有国家界限的"国际社会"。1903 年成立公共租界后,效仿上海公共租界设立工部局等机构,运用西方城市管理制度,规划建设鼓浪屿。

另一方面,近代开埠之前的鼓浪屿已有原住居民在此生活,闽南传统宗族伦理与风俗习惯延续沿用下来,在鼓浪屿上与外国人住区形成两个相对独立并置的住区空间。20 世纪初受动荡时局的影响,闽台富商、海外华侨大批避居鼓浪屿,成为中西文化交往的重要桥梁。这三个群体,在这一时期紧密交流、相互影响,成为公共租界时期鼓浪屿近代住区建设的三股推动力量。论文以不同时期的历史地图为研究基础,将《鼓浪屿工部局报告书》等史料与空间发展结合分析,以及已有的鼓浪屿社会历史研究成果,阐述近代时期鼓浪屿中外住区空间的发展历史概况。

一、开埠之前的鼓浪屿原住村落(1842 年以前)

"鼓浪屿及夹屿,旧皆有民居。洪武二十年,悉迁入内地。成化以后,渐复旧土"[1]。鼓浪屿早期的营建活动在史料着墨较多的主要是"内厝澳"(图 1 左上)与"岩仔脚"(图 1 右下)。相传元代同安县人黄清波到鼓浪屿定居,后迁居内厝澳燕尾山海滨[2]P6−7。元末明初时,嵩屿李氏渔民为躲避风暴来此停泊渔船,起初称为"李厝澳"[3]。明成化年间(1465—1487 年)原同安县的黄氏族人迁来"李厝澳",并在今康泰路一带先后建立莲桂堂、莲瑞堂、莲美堂等祠堂。后因多姓共居,"李厝奥"谐音化为"内厝澳",而后黄氏族人在旧庵河西畔建立了祀奉保生大帝的种德宫,后迁往内厝澳今址[2]P7−9。

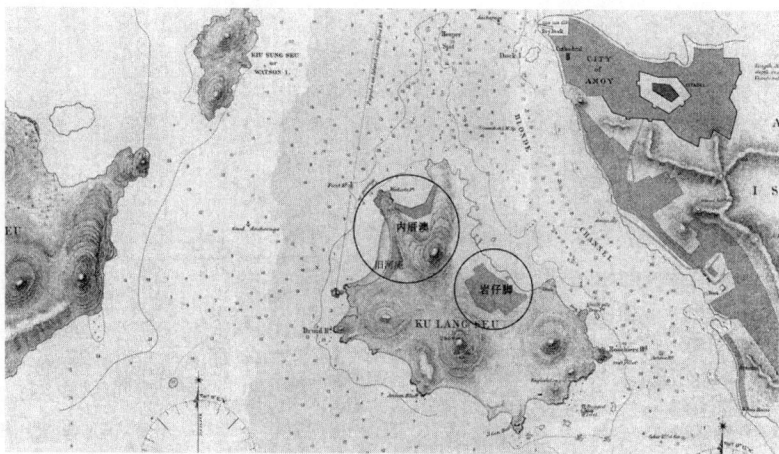

图 1 1844 年鼓浪屿平面图及周边

资料来源:底图来自大英图书馆。

在岛上还有另一处祭祀保生大帝的"社庙",是位于"岩仔脚"的"兴贤宫"。清代初期,同安"石浔黄氏"来此定居建村,并在靠近今永春路的位置设立祠堂。到了清嘉庆年间,石浔黄氏另一支来鼓开发"草埔仔",在今海坛路中华路段,现存黄氏小宗、大夫第、四落大厝等建筑,是目前原住村落中保存较完整的一组。这一带村落背倚"日光岩"而建,故而又被称为"岩仔脚下"(图 2)。"岩仔脚"片区的东北部的"和记路头",还有一个规模较小的村落(图 3)。清光绪年间黄济川为其父仗地造墓时绘制了鼓浪屿到厦门岛的

图 2　19世纪末岩仔脚华人村落全貌
　　资料来源:鼓浪屿管委会提供。

图 3　19世纪末和记路头的民居风貌
　　资料来源:鼓浪屿管委会提供。

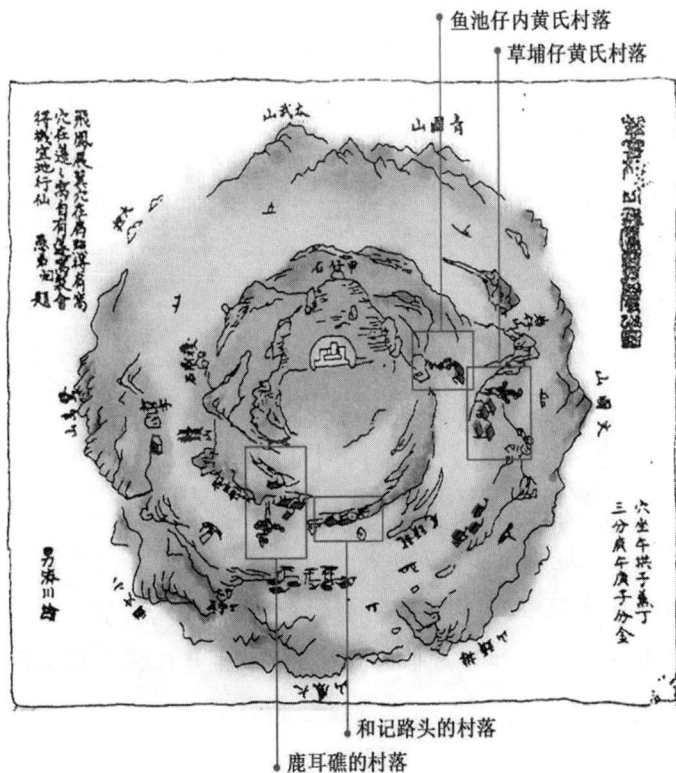

图 4　紫云□□飞凤风水图
　　资料来源:底图来自厦门博物馆。

一段地形地貌的风水堪舆图（图 4）①，图中可以看到上述三处村落。除内厝澳及岩仔脚的原住民村落外，在图 4 左下的龙头山②附近还描绘了一座村落，有房屋数间，相传为内厝澳黄氏族人的分支，在清嘉庆年间（1796—1820 年）迁

图 5　19 世纪末鹿耳礁民居风貌

资料来源：鼓浪屿管委会提供。

居于此，村落的规模与位置没有详实的文献记载，从历史照片的上的位置来看，这处村落位于升旗山西北侧山脚下，今复兴路福建路段（图 5）。

上述这些村落的规模都不大，到 19 世纪中期，岛上共原住居民有 629 户，共计 2835 人，其中男性 1588 人，女性 1247 人[4]P175。这些原住居民在内厝澳、康泰海湾、岩仔脚的村落周围、以及田尾海湾、港后海湾开垦农田、圈养牲畜，保持着半渔半耕的经济形态。

二、公共租界之前的鼓浪屿外国人住区（1842—1902 年）

鸦片战争后，厦门被迫开放为通商口岸，西方的商人、传教士大量涌入鼓浪屿。1843 年在鼓浪屿"田尾"海滨建造了英国领事住房，随后，英国第二任领事事阿礼国（R. Alcock）在此兴建了领事馆，并在领事馆南侧建造了英

---

①　1983 年于今鸡冠山脚下出土的清道光五年（1825 年）《黄植甫墓志铭》所附堪舆地形图，现藏于厦门博物馆。该图绘制年代不详，但根据落款及黄济川生平推测很可能完成于 1821 年前后。

②　即今升旗山。何丙仲. 近代西人眼中的鼓浪屿[M].厦门：厦门大学出版社，2010：168，页下注有"今升旗山时称作龙头山。"西方文献中亦多见英国领事馆位于龙头山的说法。

国领事公馆、以及东侧建立了海关税务
司公馆等。起初西方人只是把鼓浪屿
作为贸易经营的一个战略据点,随着
"五大洋行"在厦门相继设立①,他们将
更多的目光投向了鼓浪屿。首先是和
记洋行购买三丘田码头附近的大片土
地,并在三和宫附近修建了汇丰银行职
员宿舍,随后德记洋行买下了今升旗山

图6 汇丰银行公馆旧照

资料来源:鼓浪屿管委会提供。

范围和港后路的大片土地,建造住宅(图6~图9)。

图7 英国领事公馆旧照

资料来源:洪卜仁. 中国名城百年——厦
门旧影[M]. 北京:人民美术出版社,1999.

图8 德国领事公馆旧照

资料来源:鼓浪屿管委会提供。

1960年代后,西方人逐渐发现这个风景优美的南方岛国的风光和气候
与他们的国家非常相似,从而心生了将鼓浪屿作为他们在华活动的长久聚
居地。大量的外国人开始在鼓浪屿建造住宅、别墅等,一些在厦工作的官
员、公司职员也居住在与厦门岛相对的鼓浪屿,每日乘坐轮渡出行上班。据
记载1847年,来鼓居住的外国人约有20多人[5]P54,到了1878年,外国人251
人,其中成年男性135人,成年女性60人;儿童56人,这之中有193人居住
在鼓浪屿[4]P194。鼓浪屿已经成为当时在厦活动的西方人主要居住地。

---

① 即德记洋行、和记洋行、宝记洋行、合记洋行和协隆洋行,五家洋行都是经营顶盘批
发商,涉及的贸易领域主要有煤油、煤炭、茶叶、食糖、布匹、杂货等。

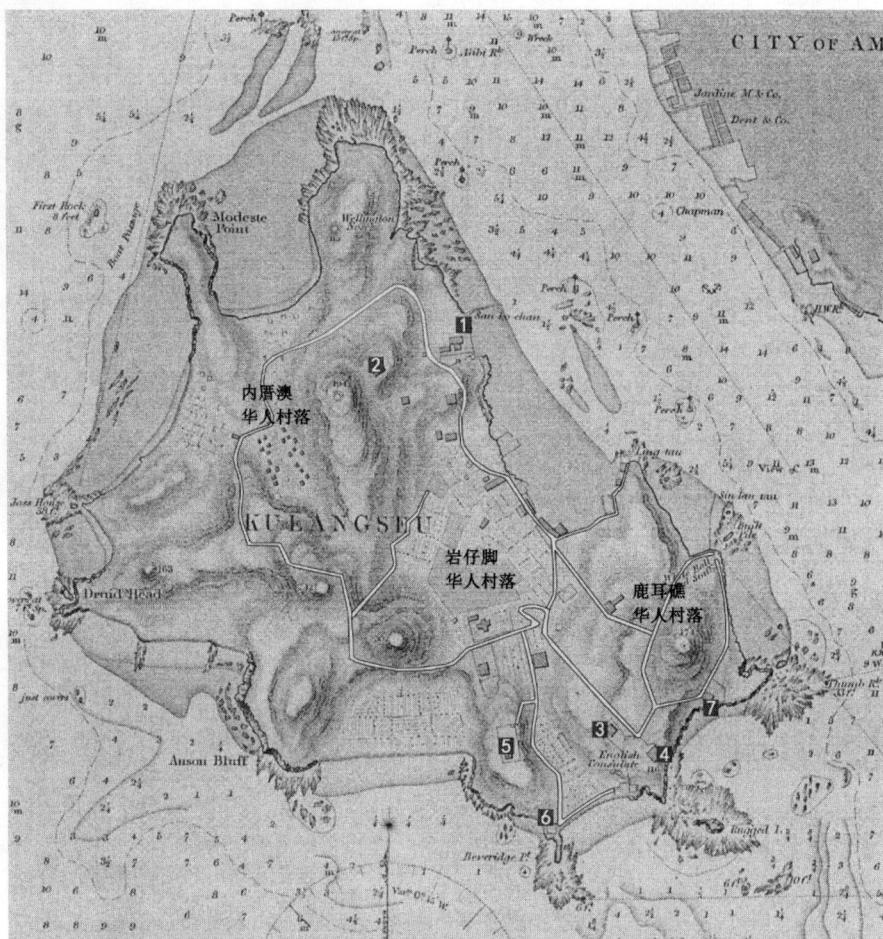

1 三丘田码头　　　3 英国领事馆　　　5 海关税务司公馆　　7 德记住宅
2 汇丰银行职员宿舍　4 英国领事公馆　　6 大北电报公司

图 9　1863 年鼓浪屿平面图

资料来源：底图来自大英图书馆。

　　随着在鼓居住的外国人数增加，教会医院、学校、俱乐部以及金融商业机构陆续在岛上建立，另外，近代市政服务设施也率先在鼓浪屿建设起来。1878年，英德两国假借筹措捐款修整鼓浪屿的道路、墓地的名义，组织了"鼓浪屿道路墓地基金委员会"，进行道路、路灯及排水等公共设施的建设。从这个时期的历史地图中我们可以看出来此时鼓浪屿的道路网络已经较为完善，且沿龙头路沿海一侧布满了建筑，这在 1863 年的地图上还不曾看到（图 10）。

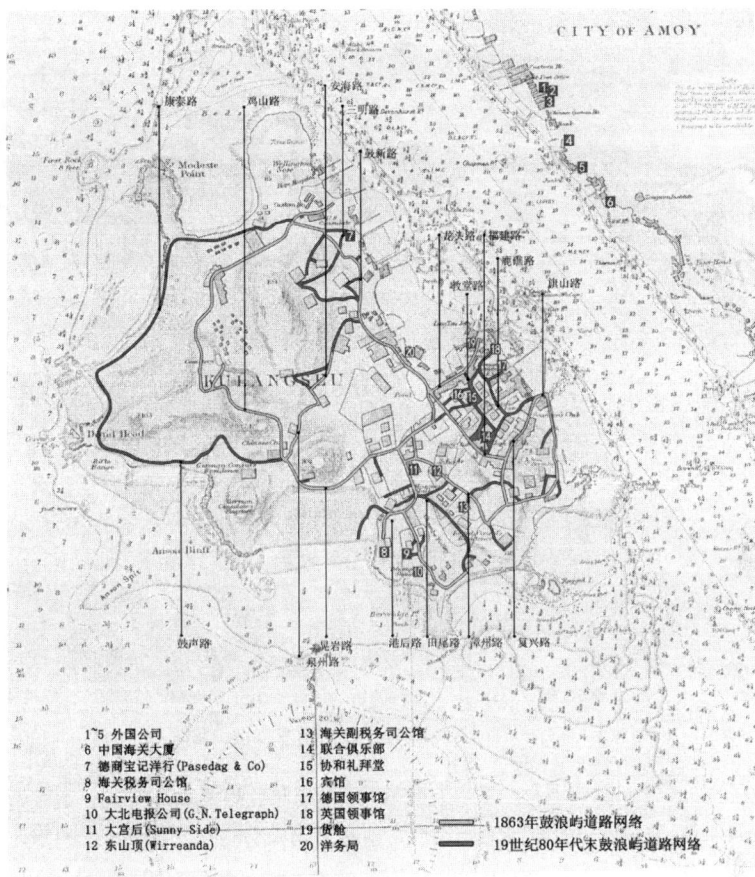

图 10　19 世纪末鼓浪屿平面图

资料来源：底图来自大英图书馆。

　　在公共租界成立之前，鼓浪屿作为"外国人居留地"达半个世纪之久，除各国设立领事馆机构外，配套的居住设施陆续建立。这个时期，鼓浪屿住区空间呈现出两种不同的发展趋势，即外国人在靠近厦门岛的东南岸线进行开发建设，并逐渐形成位于岛屿东南部的"鹿礁路——福建路"、岛屿南部的"田尾路"、岛屿东北部"三明路——鼓新路"一带相对集中密集住区（图 11、图 12）。鹿耳礁原住村落逐渐被外国人住区包围，出现了华人村落同外国人住区混杂并置的居住形态，而内厝澳及岩仔脚原生住区则与外国人住区相区隔，依然保持原有的闽南"红砖厝"的建筑式样与村落空间伦理秩序。

A、三和宫摩崖石刻（后上建汇丰银行公馆，见图2.10）	E、日本领事馆前身	F、英国领事馆
B、大英长老会牧师宅（山雅谷别墅）	G、大和俱乐部	H、联合俱乐部尚未建立
C、协和礼拜堂　　　D、三丘田码头	I、今福建路	

图 11　1860 年代外国人在鼓住区风貌

资料来源：鼓浪屿申报世界文化遗产系列丛书编委会编印. 鼓浪屿之路[M]. 内部出版物，2010.

A、白楼　　　　D、山雅谷别墅	G、西班牙领事馆	J、英国领事馆	M、今福建路
B、联合俱乐部　E、汇丰银行公馆	H、日本领事馆所在地	K、后改为林氏府公馆	
C、今杨家园　　F、天主堂所在地	I、和记洋行货栈	L、今鹿礁路	

图 12　1880 年代外国人在鼓住区风貌

资料来源：鼓浪屿申报世界文化遗产系列丛书编委会编印. 鼓浪屿之路[M]. 内部出版物，2010.

三、公共租界初期鼓浪屿住区建设(1903—1918 年)

(一)公共租界开辟与工部局建立

　　1902 年，清政府同美、英、德等 9 国签订了《鼓浪屿公共地界章程》，并于 1903 年 1 月成立工部局(Municipal council)。工部局在行政管理制度参考上海租界设定，实行由行政、立法和司法三个部门分司其责的政府形式，建立市议会和市政厅的双重职能体系，同样也设立会审公堂等司法机构，并成立董事会代为行使职权，共选出董事 7 名，其中华人董事 1 名。改善居住环境是工部局的一项重要职能，其主要包括完善道路系统、完善码头及服务设施；组织开辟公园、建设学校和医院、组织消防等，大量服务于现代住区的公共设施的规划建设[5]P54，并颁布律例规范个人住宅的建设以及规范岛上居民的日常生活习惯等。

　　从 1903 年绘制的鼓浪屿地图中可以看出西方人的住宅主要分布在东南"鹿耳礁——田尾"区域,西南"内厝澳——旧河庵"的外围以及东北部的三明路、鼓新路附近。公共建筑则沿着东部及东南海岸线分布,沿复兴路、田尾路纵向分布,有教堂、学校、俱乐部等,为在鼓居住的西方人提供服务(图 13)。

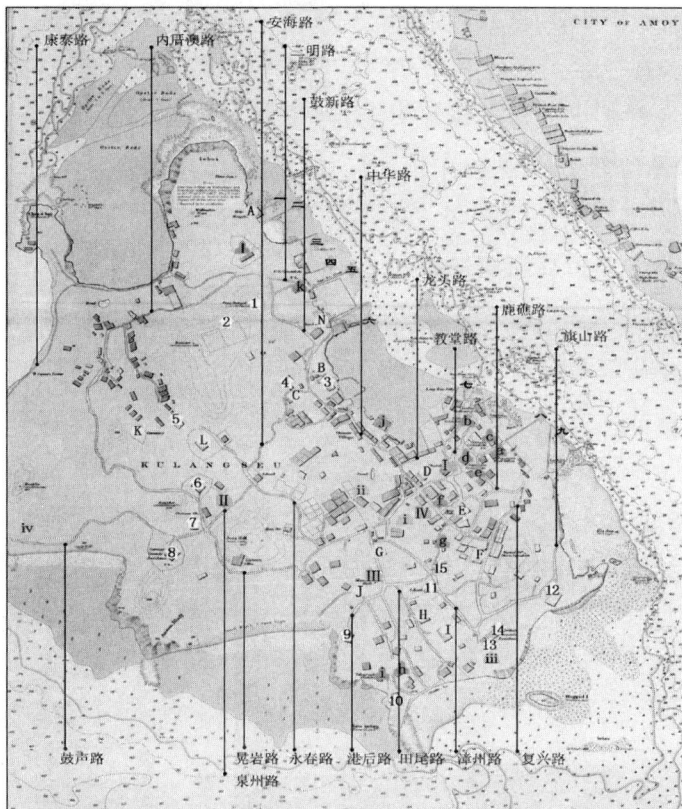

🏛行政职能建筑	洋人住宅	🏛宗教建筑	◯其他公共建筑	🔲码头
a 日本邮局	1 汇丰银行公馆	Ⅰ 国际礼拜堂	A 救世医院	一 总巡码头
b 英国领事馆	2 汇丰银行职员宿舍	Ⅱ 教堂	B 伦敦公会南校	二 医院码头
c 德国领事馆	3 山雅各别墅	Ⅲ 共济会所	C 圣道书院	三 河仔下码头
d 日本领事馆	4 英教士住宅	Ⅳ 追思礼拜堂	D 日本俱乐部	四 中谱码头
e 西班牙领事馆	5 英教士住宅		E 洋人俱乐部	五 山丘码头
f 电灯公司	6 白楼	🔲公共墓地	F 养元小学	六 和记码头
g 德国领事馆代办处	7 姑娘楼		G 海关同仁俱乐部	七 龙头渡
h 法领事馆	8 德国领事馆公馆	i 外国公墓	H 毓德女中	八 西仔码头
i 大北电报公司	9 海关副税务司公馆	ii 传教士墓地	I 万国俱乐部	九 新渡头
j 洋务局	10 法领事住宅	iii 印度祆教徒墓地	J 疑似佃记洋行	
k 美国领事馆	11 三落姑娘楼	iv 日本墓地	K 洋人墓地	
l 海关电讯发射塔	12 德记住宅		L 工部局	
	13 太古住宅		M 洋人墓地	
	14 英国领事官邸		N 和记洋行	
	15 英国医生住宅			

图 13　工部局成立之初外国人在鼓建设活动分布图

资料来源:底图来自大英图书馆。

(二)闽台商人迁居鼓浪屿建设宅园

1894 年甲午战争之后,中国被迫将台湾割让给日本,大量以往在台湾居住、经营产业与贸易的闽台富商内迁回厦,其中一部分人选定鼓浪屿投资置业。这个时期,来鼓居住的闽台商人多直接购买岛上西方人住房居住,或购买土地建造传统大厝,也开始模仿西方人建造洋楼。1895 年,台湾名绅林本源家族①的林维源、林尔嘉父子举家内迁来到厦门,起初他们在厦门购买一座大

图 14 观海别墅
资料来源:作者拍摄。

厝居住,次年往鼓浪屿,向外国人购买花园洋房,即今鹿礁路 113 号林家公馆;还购买南部滨海山地建造"菽庄花园"。家族成员林鹤寿亦在鼓浪屿购置一所洋房(今中华路 1 号)[6]P19;不久,林鹤寿又购买英商和记洋行在笔架山的地皮建造了规模宏大的八卦楼,建筑由美籍荷兰人郁约翰设计绘图,本地惠安工匠修建,采用当时美国流行的希腊古典复兴风格(图 14～图 16)。

图 15 菽庄花园
资料来源:作者拍摄。

图 16 八卦楼
资料来源:作者拍摄。

---

① 林本源家族(或称板桥林家)为台湾清治时期位于台北板桥的林姓家族,祖籍福建漳州,"林本源"是板桥林家的商号,在台北板桥建有林家花园。

这一时期鼓浪屿住区的明显变化是：出现了不同于闽南传统村落的、新形式的华人住区空间，在原有西方人的住区空间形态中，重新加入中国传统的宅院空间形态，如林家公馆、菽庄花园等。在这些华人住区中，传统居住空间大胆地融入了外来西化的设计手法，将中外的建筑因素拼贴、并置，受到原有聚落格局的限制，也出现了闽南传统大厝及庭院空间的局部"西化"。

四、公共租界中期鼓浪屿住区（1919—1937 年）

（一）华侨成为鼓浪屿住区建设的主要力量

进入公共租界中期，随着华人的数量增加及经营范围的扩大，租界工部局的统治开始面临变革，"华人反对租界的管理机构，常常使工部局好的动机被人误解"[5]P43。1923 年工部局增设了华人顾问委员会，由本地的归国华侨或买办乡绅担任，从中调和中外矛盾。到 1926 年，工部局将华人理事由成立之初的 1 人增加到 3 人，华人群体正式参与到工部局行政管理中来。

20 世纪 20—30 年代，鼓浪屿相对稳定的社会环境，吸引越来越多的闽台富绅及海外华侨在鼓定居置业，他们在鼓浪屿大兴土木，建造别墅，并将原住在闽南乡村的家眷迁居鼓浪屿。"其时岛上居民剧增，仅 20—30 年代十几年间，华侨就在岛上兴建楼房 1014 座。"[7]尤其是在内厝沃一带，华侨新建的房屋特别多。据统计，1924 年至 1936 年期间，"工部局"颁发的 970份建筑执照中华侨和侨眷占 75%[6]P10（图 17～图 18）。

（二）房地产开发与街市改造

华侨在鼓开展建设的同时，闽南各地亦有大量居民迁往鼓浪屿。岛上的商业贸易兴隆，房地产事业也蓬勃发展起来。1918 年，越南华侨黄钟训挟巨资回厦门，创办"黄荣远堂"经营房地产业。第二年，印尼华侨黄奕住在鼓浪屿成立"黄聚德堂房地产股份有限公司"，在鼓浪屿和厦门岛进行了大量的建设活动，据估计 1918—1935 年，该公司在厦门和鼓浪屿投资建造的质量较高的房屋和楼房就有 160 座，建筑面积 41457.7m²[7]。

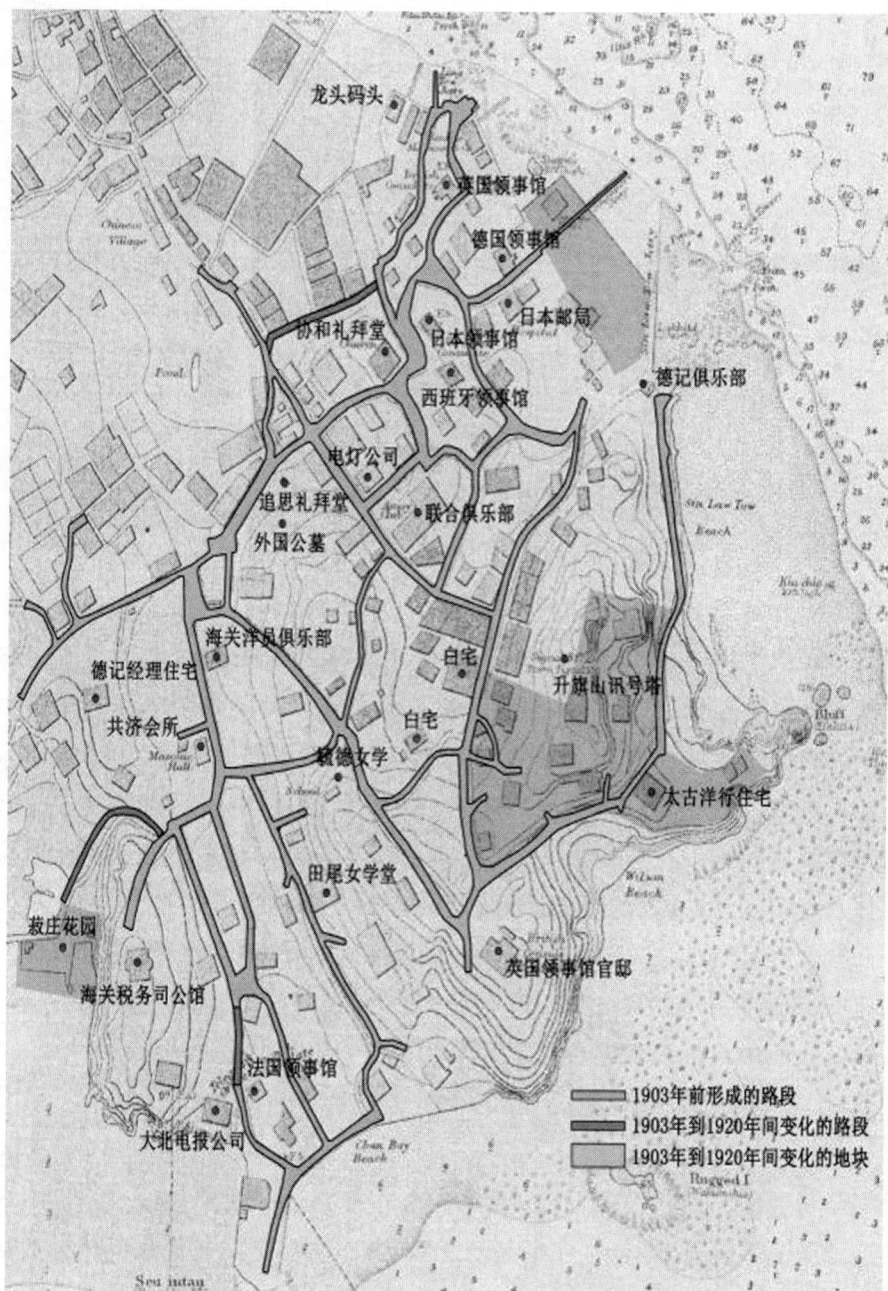

图 17　1920 年鼓浪屿鹿耳礁住区平面图

资料来源:底图来自大英图书馆。

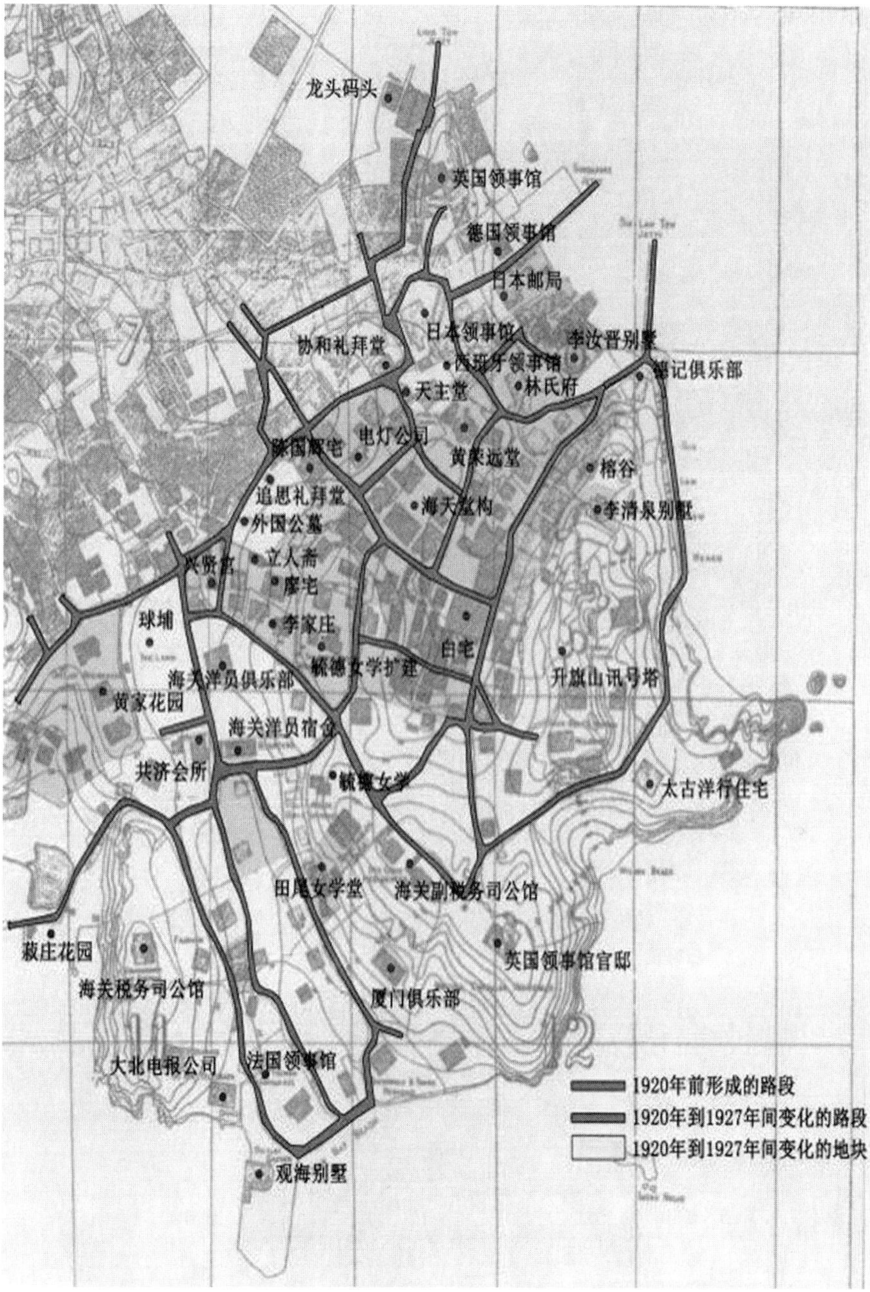

龙头码头

英国领事馆

德国领事馆

日本邮局

协和礼拜堂
日本领事馆
李汝晋别墅
西班牙领事馆
德记俱乐部
天主堂
林氏府
陈国辉宅
电灯公司
黄荣远堂
追思礼拜堂
海天堂构
榕谷
外国公墓
李清泉别墅
兴贤宫
立人斋
廖宅
球埔
李家庄
毓德女学扩建
白宅
开旗山讯号塔
海关洋员俱乐部
黄家花园
海关洋员宿舍
共济会所
毓葵女学
太古洋行住宅
田尾女学堂
海关副税务司公馆
菽庄花园
英国领事馆官邸
海关税务司公馆
厦门俱乐部
大北电报公司
法国领事馆
观海别墅

■ 1920年前形成的路段
■ 1920年到1927年间变化的路段
□ 1920年到1927年间变化的地块

图18　1927年鼓浪屿鹿耳礁住区平面图

资料来源:底图来自大英图书馆。

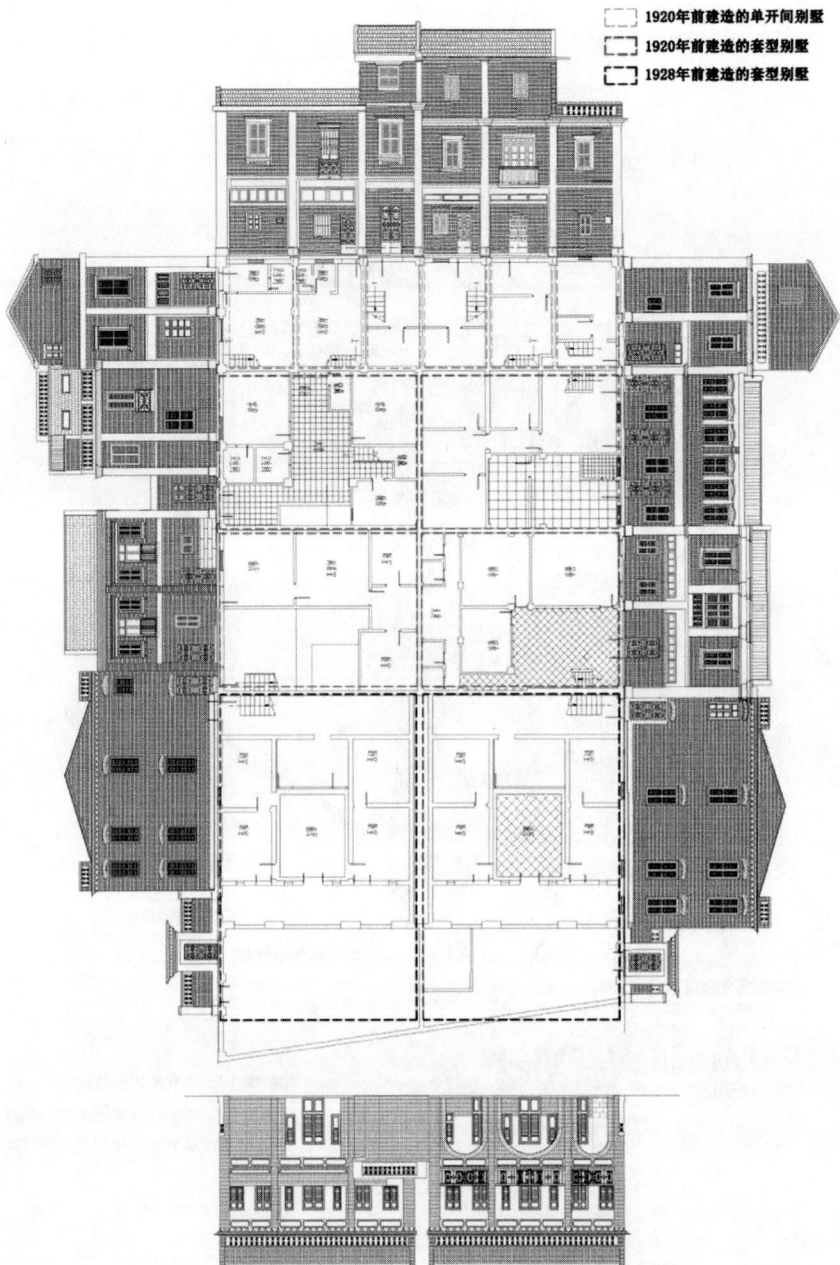

图 19 福州路房地产开发的联排式别墅平、立面图

资料来源:华侨大学建筑学院测绘。

　　房地产开发的建筑形式多样,平面布局有独栋别墅、联排式别墅等多种类型,建筑风格上结合了西方古典建筑装饰元素、现代的装饰艺术风格以及闽南传统的装饰手法、施工工艺及题材,逐渐形成了后来被称为"厦门装饰风格"(Amoy Deco)的立面样式(图 19)。如福州路开发的联排式别墅,建筑全部为两层到三层,根据购房者的需求而设置多种户型套型,平面空间灵动而丰富。

　　另外,华侨对房地产的投资与岛上人口的不断增加也带动了鼓浪屿的商业发展,并逐渐开辟形成商业街市,"黄聚德堂"在鼓浪屿专门建造了大量用于出租的房屋,如建于日兴街两侧房屋,少数企业用房之外,其余全部为出租楼房。1926 年,越南华侨黄钟训出资填筑并修建了黄家渡码头。也带动了房产业和商业的发展,仅 1926 年一年黄家渡一带就约有 100 间商店兴盖起来[8],这些商店大部分下面是店面,楼上是住家的形式,今所见的鼓浪屿龙头路商业街亦是此时开始形成。

结　　语

　　鼓浪屿由于其独特的地理位置和岛屿环境,以及近代特殊的历史背景,使其迅速发展成为亚太区域内多元文化共同影响下,由多国共管的近代住区,也是当时容纳各国文化最密集的地理单元之一[9]。原住民、西方人、闽台富商及华侨共同构成了鼓浪屿公共租界时期,近代住区的三股力量。原住民和西方殖民者在公共租界形成前作为鼓浪屿不同时期的两股主要建设力量,奠定了鼓浪屿空间的基本格局。而后进入鼓浪屿的华侨群体,由于其身份构成多为闽台富商及文化精英,成为岛上近代住区的主要建设力量,他们吸收外来文化自我更新后产生了巨大创造力,在建筑类型、工艺与风格形态、装饰特征等方面创新,多元文化共同建设的住区空间最终确立。

参考文献

[1][清]顾祖禹.读史方舆纪要(卷九十九.福建五)[M].北京:中华书局,2005.

[2]陈全忠.黄姓与鼓浪屿的开发[M]//鼓浪屿申报世界文化遗产丛书编委会.鼓浪屿文史资料集(下册),2010(再版).

［3］杨继波.鼓浪屿地名沧桑［M］//鼓浪屿申报世界文化遗产丛书编委会.鼓浪屿文史资料集(上册),2010(再版):210.

［4］何丙仲.近代西人眼中的鼓浪屿［M］.厦门:厦门大学出版社,2010.

［5］何其颖.公共租界鼓浪屿与近代厦门的发展［M］.福州:福建人民出版社,2007:54.

［6］吴瑞炳.鼓浪屿建筑艺术［M］.天津:天津大学出版社,1997:19.

［7］鼓浪屿申遗丛书编委会.鼓浪屿文史资料(上册)［M］.2010(再版):119.

［8］《工部局1926年局务报告书》,厦门市图书馆馆藏资料。

［9］清华大学城市规划设计研究院.鼓浪屿文化遗产地保护管理规划［Z］.2011.

◎ 基金项目:本论文受福建省自然科学基金项目(No.2011J01316)和厦门市科技计划项目(No.3502Z20133026)资助。

◎ 作者简介:陈志宏,华侨大学建筑学院副教授;

张灿灿,华侨大学建筑学院硕士生。

救济·福利·补贴:民国以来南京住房保障制度、机制及空间格局

◇ 王承慧　汤楚荻

前　　言

住房保障体系反映一个国家的公民住房权利、基本经济制度和社会构造模式。保障谁、怎么保,关联到和保障性住房有关的区位选择、建设量和住房标准。研究空间以及支撑空间生产的制度和机制——法规制度及背景以及空间决策等机制的演变,可以让我们更为深刻地认识当今保障性住房政策的根源由来,有助于在进行当前住房保障政策优化时,认识到不同发展路径的难易,从而有助于决策层提出更精准的优化策略。本文在搜集史料基础上,深入分析了民国时期"棚户、平民住宅以及政府职工住房"、计划经济时期"福利型职工住房"、改革开放初期"福利型职工住房延续"以及1994年以来逐渐形成的"政策性保障性住房"制度、机制及空间格局,总结了这四个时期之间的发展关系,其中有延续、有断裂、有新生。最后,对照欧美国家的主流发展策略,分析了这些路径所依赖的环境条件在国内的可行性。

一、追溯住房保障制度、机制及空间格局演变的意义

本文所探讨的"保障性住房"是政府为保障住房的可支付性而介入,设定入住资格,在与土地制度、住房制度、融资体系、计划建设模式和社会管理

等诸方面有关的法规、政策综合作用下建设的住房。这是保障性住房与其他住房(普通商品住房和自建住房)的根本不同。值得注意的是,尽管政府起到了重要的作用,建设主体还是具有一定的多样性,政府、"单位"、国营企业、私营企业、融资平台等都曾或正在国内的保障住房体系历史舞台中扮演重要角色,在欧美国家,建设主体还有非营利组织、住房合作组织等。

住房保障体系反映一个国家的公民住房权利、基本经济制度和社会构造模式。保障性住房在物质空间层面所呈现出的区位、建设量和住房标准,其背后是孕育其空间生产的"制度——社会经济背景和法规制度"和"机制——综合空间决策机制",正是制度和机制决定了保障谁、怎么保,最终反映到空间上。

追溯住房保障的制度、机制与空间之间的关系及其演变,本文关注制度政策和空间关联、保障性住房和城市发展整体关系、历史动态演变和阶段比较分析,分析有关因素的延续、断裂和新生,有助于我们更为深刻地认识住房保障体系的发展及其动因,有助于在进行当前住房保障政策优化时,认识到不同发展路径的难易,有助于决策层提出更具针对性和更适宜的优化策略。

二、民国以来南京住房保障体系演变的四个时期

依据社会经济背景、基本经济体制、住房权层次、住房制度的变迁,大致可以将民国以来的南京保障性住房体系归纳为四个时期:民国时期"早期现代城市救济型住房保障制度下的公营住房"、计划经济时期"社会主义公有制下的福利型公房制度"、改革开放初期"有计划市场经济下的福利型公房制度延续"以及1994年以来逐渐形成的"住房供应商品化主导下的多层次保障性住房制度"。实际上,每一个时期内的制度也是动态变化着的,表1呈现的是制度背景演变的主要趋势。

表1　四个时期的制度演变

	四个时期			
	1927—1949	1949—1978	1978—1998	1994 至今
相关制度	早期现代城市救济型住房保障制度下的公营住房	社会主义公有制下的福利型公房制度	有计划的市场经济体制下,福利型公房制度延续	市场经济体制下,住房供应商品化主导下的多层次保障性住房制度
基本经济体制	早期民族资本主义发展,生产资料私有制	社会主义计划经济体制,生产资料公有制	有计划的社会主义市场经济体制,非公有制逐步发展	社会主义市场经济体制,多种所有制并存
城市土地权属	类型有私人所有、公共团体(公常)所有和国家所有。城市土地市场化交易。	城市土地国家所有,农村土地集体所有。土地使用无偿划拨制。	城市土地国家所有,农村土地集体所有。1990 年开始逐步建立土地有偿使用制度。	城市土地国家所有,农村土地集体所有。商业开发用地招拍挂、公益性用地划拨。
住房权层次	保护私房财产权;买卖不破租赁;房荒情况下政府保障基本生存权的住房责任	限制私房权利,国家经租,房租管制;国家建设公职人员公房	落实私房(起点以下错改住房);推进公房自有化;自有住房财产权得以发展	明确政府建设保障性住房的责任;作为人身自由权的住房权利不得侵犯
	私房财产权+基本生存权	基本生存权	自有房财产权	基本生存权+自有房财产权+人身自由权
住房供给体系	大量延续既有私房;早期房地产开发的商品住房;政府主导建设的住房;少量企业建造的职工住房	新中国初期,政府一方面实行房租管制、政府经租,另一方面在没收官僚资本私房和超出生活资料部分私房的基础上建立城市公职人员的住宅福利制度。但私房充公过程中出现大量越出底线的混乱情况。	原有公房逐步出售。但住房分配福利制仍居主导。85 年后房地产商品住房开发迅速发展,但以集团购买并实物分配给职工为主。	1998 年完全取消住房分配福利制。逐步形成以商品住房为主导,保障性住房解决中低收入居民住房的供应体系。
住房保障体系	在准备房屋不足时的救济型保障制度,政府要采取规定标准租金、减免新建房屋税款、建筑公营住宅等措施	以实物分配和低租金为特征的城市公职人员的住宅福利制度,国营企事业单位报领财政预算、负责各自职工住房	福利型住房制度延续,住房保障责任主体增加,由国家、企业甚至个人共担。但逐步提高租金	逐步形成低收入经济适用房、公共租赁住房(含最低收入廉租房)、拆迁安置房(含产权调换房)、限价商品房多种形式保障房体系

续表

相关制度	四个时期			
	1927—1949	1949—1978	1978—1998	1994 至今
相关制度	早期现代城市救济型住房保障制度下的公营住房	社会主义公有制下的福利型公房制度	有计划的市场经济体制下,福利型公房制度延续	市场经济体制下,住房供应商品化主导下的多层次保障性住房制度
保障性住房融资体系	公职人员住房和平民住房主要由政府财政预算支出,租户缴纳少量租金;集中棚户区是政府提供土地但由居民自建;鼓励自建房则是通过税收减免的间接补贴方式达到	福利公房主要由政府财政预算支出,职工交纳占薪金收入的 6%~8%左右的低租金。	尝试多种渠道(国家、企业、信贷和个人结合)融资建设,1990 年代初建立了和当时房改与房地产市场相适应的住房金融经营管理体制,住房金融市场竞争主要围绕福利性住房或政府城市建设综合开发公司住房的金融业务展开。	一是年度财政预算;二是地方土地出让金净收益,规定比例不得低于 10%;三是提取管理费用和贷款风险准备金后的公积金增值收益;四主要依靠金融市场融资和其他社会融资等。公共租赁住房居民交纳一定租金;非租赁型保障房则是出售给居民。
建设主体	除了迁移集中棚户区是政府供应宅基地、居民自建外,其他均是政府筹建	政府筹建	政府主导、市场化运作	政府主导、市场化运作

从制度发展演变的过程,可以看到这样几个特点:

(1)住房权的变化较为剧烈。计划经济时期对于私房权的限制和侵害,导致住房权只能保证最低限度的生存权(公房建设标准也是较低的);改革开放后,公房迅速私有化,住房商品化发展也较为迅速,住房财产权得到极大提升,但是这一时期,对于低收入的住房困难户的住房生存权缺却是极为忽视的;住房福利分配制度完全取消后,也是经历了一个曲折的过程,在住房商品化的大潮之中建立起多层次的住房保障体系,才建立起比较全面的住房权——基本生存权、财产权和人身自由权。

(2)住房供给体系参与力量较为单一。民国时期以居民私房为主、房地产开发、企业自建和政府建设住房是少量的;1949—1978 年则是以政府建设和经租为主;1978—1998 年政府和企事业单位的主导性仍然十分明显,同时房地产业迅速发展;1994 年以来大部分住房依靠市场供应,政府主导保障性住房建设(其中利用市场力量)。在整个演变过程中,个人自建住房的合法性消失,政府和市场成为主要供应主体,西方国家曾经出现的合作住房、非盈利房地产开发机构均未出现。

(3)保障性住房保障对象的确定与其时社会经济政治背景有明显关联。民国时期主要应对房荒救济要求和部分国家公职人员住房需求。1949—1978 则覆盖至所有公职人员,呈现低标准低租金特征,非国营单位职工却不能享受同等待遇。1978—1998 年福利分房仍是主体,但租金有所提高,而改革开放后社会阶层分化中的低收入非国营单位职工住房更趋困难。1994 年以来经过数次调整,近 5 年才逐渐形成从最低收入到中低收入、且涵盖新就业人群和外来务工人员的较全的覆盖面。

(4)保障性住房融资方式一直呈现明显的直接补贴政策性倾向。虽然保障对象四个时期变化较大,但是政府直接补贴建设和维护住房的方式并没有大的变化,包括直接财政投入、土地无偿使用、减免房地产开发税费、租金减免等。这一点和西方国家 1970 年代以来依靠改革相关制度和政策,促使私人或非盈利机构增加低收入住房供给,并基于明确的目标来提供补贴的方式是不同的。因此,当前的保障性住房大规模建设、特别是公共租赁住房虽然也运用了市场力量,但是对于政府的财政压力仍然是巨大的。

三、四个时期的保障性住房空间决策机制

四个时期保障性住房空间决策有一个共性,就是城市政府主导,但其决策差异也是十分明显的,与其社会经济背景下的城市发展、住房需求情况有关,城市规划所起的作用强弱也不同,这些都影响保障房的空间决策。

(一)早期现代城市救济型住房保障制度下的公营住房(1927—1949)

1.城市发展与住房需求情况

1912 年中华民国临时政府在南京成立,人口迅速增长,1912 年人口26.9 万,1926 年升至 39.6 万。1927 年国民政府定都南京后人口增速进一步加快,1930 年激增至 57.7 万,1936 年再至 100.6 万。人口增加带来大量住房需求。但是经年战乱,房地产开发也处于极为初级阶段,大部分住宅是

居民自建房屋,这些自建房屋远远不能满足人口增长的需要,因此出现了出租住房面积小、条件差,房东随意涨价、驱逐租客、租客利益难以保障等情况。此种景况下,南京棚户大量增加,据估计由定都时的 4000 多户,增至 1934 年 10 月的 38900 户,占全市户数的 26.41%,1935 年又增至 46119 户[1]。1936 年棚户达 6 万余户,25 万余人[2]。这些自发棚户数量多、分布广,主要位于城市边缘城门内外,如下关、莫愁湖、汉西门、光华门、中华门、雨花台等地,在城内的呈现沿京市铁路带状分布态势。棚户多用泥土、茅草搭建,不经风雨、条件恶劣,也有碍市容卫生、消防治安,给市政管理带来困难。基于改善城市形象和加强市政管理的要求,同时也为呼应《土地法》中政府保障住房基本生存权的责任,南京于 1930 年代启动了集中迁移棚户区和建设平民住宅的举措。

南京作为民国首都,人口结构另一特点就是政府职工人数众多。1933 年南京职业分类统计表明,从事党、政、军、警、法等工作的 47047 人,占总人口 726131 人的 6.48%[1]。政府职工人数多非本地居民,一方面工作上有一定的流动性,另一方面尚不够富有,因此大多数职工没有自行建造房屋的意愿或能力。由于南京当时住房存量稀少,这些职工如果自行租房,势必造成租金上涨,而且难以找到经济卫生的住房。因此政府为了维持机构稳定运转,承担起建造职工住房的责任。

2. 城市规划作用

1929 年的《首都计划》彰显了一个新兴的现代国家对于首都城市的建设意图和空间发展愿景。该规划借鉴了欧美其时的城市规划经验,将其关于南京都市发展的各方面内容最终落实在"首都分区条例草案"。总共划分为八区:公园区,第一、二、三住宅区,第一、二商业区、第一、二工业区。

《首都计划》对各住宅区的建筑规制、楼层数与高度控制、绿地配置等也进行了详细规定,从建筑与空间上进一步明确了住宅分区。住宅分区体现了明显的居住空间分异。第一住宅区,分布于用地条件良好的空地,以独栋住宅为主;第二住宅区分布于中山路沿线,以联立住宅为主;第三住宅区则包括城南旧住宅区及附近地段。从第一至第三住宅区,户均占地面积和院落面积逐渐减小,档次逐渐降低[3]。

《首都计划》受欧美影响,也认识到居住问题是一个重要的社会问题,基于南京房荒严重的现实，专辟"公营住宅"一章，对公营住宅的类型、应对人群及布局、标准进行了研究，对其后公营住宅的实际建设起到了一定的引导作用。关于保障对象，《首都计划》中公营住宅涉及三种类型群体——低收入工人，因筑路导致的拆迁居民，和政府职工。关于选址，提出利用较为偏僻的地价低廉地段。低收入工人和贫困拆迁居民安置住房应位于交通便捷之处，但又不能只集中在一处地点，应布局各处，南京的城南、城西、城中人口密度较高地区是比较适宜的地点，布点以第三住宅分区为主。政府职工住房则位于中央政治区及市政府所在地附近，以第二住宅分区为主。关于建设标准，低收入工人和贫困拆迁居民安置住房由于极低租金甚至免租金，因此尽可能采用低造价建造方式；不独栋建设，而是紧凑排列成行，洗衣处、厨房、厕所、晒衣处、浴室、儿童游戏场根据户数统一配建于适当地段。对于朝向、开窗比也有一定要求，以确保空气和阳光，保证卫生健康的生活环境。政府职工住房均要收取租金，或者采用分期付款方式出售给职工，因此标准可以适当提高。并按照职工收入情况分为三等，以适应不同的经济支付能力和住房需求。

《首都计划》并没有完全实施，但是其对于民国南京的发展起到了重要的引导作用。公营住宅规划策略和其后的具体实施并不完全一致，但是"住宅分区"反应的居住空间分异倾向和公营住宅建设标准，对之后的集中迁移棚户区和平民住宅区、政府职工住宅区的选址和建设起到了重要的引导作用。

3. 保障性住房空间决策

(1)平民住宅和迁移集中棚户区。应对低收入工人和因筑路等导致拆迁的贫困居民而建设的平民住宅，申请的租户"须有正当职业及妥实店保"，平均每户平民住宅成本为120元，住户需要缴纳极低的租金[4]。此外，政府为了解决大量贫民自发建设的棚户区问题、改善南京城市形象，专门组建"棚户住宅改善委员会"，将居民迁移至指定地点，按照规定由居民自行建设住房，政府给与补贴（平均每户建房总费用30元，政府补贴10元；此外政府补贴全额市政配套费用40元/户[4]）。

1929—1937年间，公营平民住宅共建成8处1191所[5]，见图1。1934—1936年间，迁移集中棚户区共3处4111户[4]。从这些住宅区的分布，可以

看出大多数位于南京城墙外,少量位于城墙内城门附近的第三住宅区。

(2)政府公职人员住宅。国民政府建都南京后,陆续兴建慧园里、金汤里、良友里、文华里、忠林坊、紫金坊、忠义坊、五台山村、梅园新村、桃源新村、复成新村等住宅区[2]。抗战胜利后,政府为解决公教人员房荒,行政院中央还都机关房屋配建委员会特拨巨款在蓝家庄,回龙桥,广州路,中山北路及马府街等地建公教新村五处,共600多户[1],3.8万km²[6]。据统计,1949年前在鼓楼地区建造的里弄、新村住宅房共计43处,中山东路及其以南地区41处,只有少部分在秦淮河、下关一带[1],基本上位于首都计划住宅分区的第二区,接近政府机关办公区。

图1 1927—1949平民住宅、迁移集中棚户区、政府公职人员

资料来源:笔者根据民国历史修复地图自绘。

(二)社会主义公有制下的福利型公房制度(1949—1978)

1.城市发展与住房需求情况

1949年南京市人口103.69万人,累计住宅面积743万m²,人均居住面积4.83km²[6]。

民国时期建设的平民住宅只有1191所平房,约10000户;迁移集中棚户区4111户。共约20万m²,约占1949年住房面积总量2.7%。按户均5人计,只解决了约7万人的住房。这些住宅由于建设标准低,至1949年大部分已经衰败不堪。除此,仍有20余万贫民在约83万m²棚户区内栖身。棚户房用芦席、破旧油毡或烂铁皮搭盖,上无梁柱、下无基础,室内阴暗潮湿,大风大雨即可倾倒,无污水处理。政府职工住房和其他通过领地自建的花园式住宅、连排里弄式住宅等一起约 70 余 m²,约占 1949 年住房面积总量9.4%。1949 年,市区居民大部分仍然居住在城南门东、门西以及城中白下路、洪武路、建邺路、北门桥一带传统明清风格民居中(占总量的 77%,城市建成区始终没有把明城墙内"填满",城市建设的重心集中在鼓楼以南和中山北路沿线地区,在北部鼓楼岗、东部明故宫及后宰门地区还有大片空地)[6]。

1978 年,南京市主城人口达 114 万。建成区面积比解放初期有很大增长,但基本上还是限于明城墙范围内"填平补齐",城外仅在铁北地区依托工业有较大拓展。在重生产轻生活的政策导向下,居住用地尤其不足。整体空间和其他大城市一样,"以旧城区为中心,通过连续多年的土地无偿划拨,由发展的先后差别引发依时序性的城市发展,各项职能分布格局缺乏规律性,土地配置表现出极大的随意性"。

2.城市规划作用

为保证一五计划的经济建设和工业发展,从中央到地方迅速成立了城市规划机构,颁布了《编制城市规划设计程序(初稿)》。南京作为 32 个重点建设城市,1953 年成立了市政建设委员会,内设规划处,1954 年完成《城市分区计划初步规划(草案)》。虽然是学习苏联模式,规划由形式主义倾向,但还是发挥了一定作用。在居住区布局方面,提出与工业区协调配合。

1955 年开始反思学苏思想,提倡节俭节约,之前的规划要修改。《南京城市初步规划草图(初稿)》就强调在现状基础上发展,反对分散铺开,由内而外、填空补实、紧凑发展。居住用地规划遵循由内向外、由近及远的逐步发展原则,考虑与就业的分区平衡。文革期间规划机构撤销,规划全面停滞。

这一时期城市规划对于城市发展的影响总体上来说是有限的,特别是在"先生产,后生活"原则下城市工业发展始终是重中之重,居住空间发展服从工业发展,相应的住宅建设投资非常有限,对于具体的居住区规划设计来说核心目标就是控制住宅造价和标准。

3.保障性住房空间决策

这一时期南京在国家总体政策指导下,住房政策也是一方面接管私房,

另一方面建设福利性公房。

(1)接管私房。1949—1957 年,政府通过接管、没收官僚资本 150.8 万 m²,接管无主房屋 120 万 m²,建立起公房管理制度;1958—1965 年,根据中共中央《关于目前城市私有房产基本情况及进行社会主义改造的意见》,南京市人民委员会提出城区出租房屋改造起点为 150m²,郊区城镇为 60m²,出租非居住用房和资本家、地主的出租房屋不受起点限制。通过"国家经租"方式改造 6500 户,198 万 m²,定租 20%～40%。1966—1975 年"文化大革命"期间,挤占、接管了 4100 户,约 42 万 m²。1969 年上山下乡运动,又低价收购 12281 户,46.8 万 m²。1954 年,在没收官僚资本私房后,南京私房比例还占 61%,至 1976 年,私房仅占房屋总量的 11%。

(2)福利型公房。南京 1952 年在城北芦席营建设南京第一个工人新村,市政公用设施齐全,330 户,36 栋两层楼。同年,五老村棚户区拆除重建成砖木结构平房。到 1957 年,政府拨款 4108 万元,先后将汉府街、双乐园、宫后山、冶山道院、小桃园、二板桥等棚户区进行改造,新建了曙光新村、东井新村、水上新村等住宅 68.3 万 m²。进入第二个五年计划,因贯彻"先生产,后生活"的方针,住宅建设速度下降。1958 年又调出 100 万 m² 住宅支援市区大办工业和街道福利事业,人均居住面积下降到 3.23 m²。三年经济困难时期及文化大革命期间,住宅建设停滞,住房矛盾日益突出。图 2 显示了1949—1978 年间政府福利型公房的建设情况。

福利型公房除了和郊区大型企业配套建设的居住区外,大部分还是在老城范围内建设,利用棚户区改造用地或老城内尚存的不少未建设用地。

(三)有计划市场经济下的福利型公房制度延续(1978—1994)

1.城市发展与住房需求情况

计划经济时期由于住宅建设投资长期严重不足,一般只占总投资的5%。至 1976 年,南京累计建住宅 1046 万 m²,人均居住面积 4.64 m²,比解放初期人均居住面积还少 0.19 m²[6]。文革初期下放的 20 余万知青、干部在"文革"后期大规模返城,政府只能搭建临时房屋给他们居住,多达 10 万m²,条件恶劣。据统计,1970 年代末南京约有 10 万余缺房户。

1980 年代属于经济刚刚恢复的探索起步期,加之计划经济体制的转变需要较长时间的准备和过渡,城市发展主要体现为立足自身基础的逐步现代化,总体城市发展速度尚比较缓慢。南京城市功能得以综合提升,在建设投资上表现为非生产性建设投资比重的逐步增强。少量的居住空间扩展表现为单一功能的"住宅新区",除了老城内继续填平补齐外,在老城外围也开始逐渐拓展。1985年主城人口已达150万。

进入90年代,南京城市建设的重点为"以道路建设为重点的城市基础设施建设",旨在克服经年积累下的基础设施瓶颈制约。当时,政府出台了"以地补路"政策,在为拓宽城市道路建设资金筹措渠道的同时,也带来了开发土地分散(沿路展开)、零星不成规模、建设"见缝插针"的问题。同时,城市发展战略的调整随之带来空间结构的深刻变化,居住空间的建设与城市其他功能的互动逐渐增强。城市空间突破老城区进一步在外围拓展。

这一时期的居住空间建设可以归为两种主要类型。1998年取消住房福利制前仍然是以政府为主导的大型居住区为主。1990年代后半期,由市场推动的商品住房开发加速发展。

2. 城市规划作用

1974年在全国恢复城市规划工作的形势下,重设南京城建局规划处。1975年在非常短的时间内编制了《南京城市轮廓规划》,这是一个仅有大纲深度的规划,目的是应对多年无序发展的矛盾,控制城市发展方向,提出"改造老城区、充实配套新市区、控制发展近郊工业区、重点发展远郊城镇"。1978年南京市规划局成立,即着手编制《南京市总体规划1980—2000》,规划范围覆盖市域,但规划重点地域仍是主城,并提出"主城—近郊—卫星城—农田山林—远郊小城镇"圈层发展结构。其中对于居住区规划提出"老城区改造为主,新市区配套为主"的发展原则。1995年国务院批准了《南京市城市总体规划1991—2010》,规划正式提出绕城公路内243km² 的用地作为南京主城。主城概念的确立重新定义了南京城市的发展空间,至此发展重心真正跳出了老城,走向了主城新区。1990年代,主城范围内、老城范围外的地区得到了较大建设和发展,如南部的宁南地区,北部的锁金村地区,西部的河西新区北部地区等成为居住空间扩展的主要板块。

这一时期商品住房已有出现,但限于开发公司的实力,开发规模一般较小。住区建设仍然是以政府为主导的大型居住区为主,统一规划、分期建

设。居住标准方面,1980 年代套均面积为 $50\sim60~m^2$ 不等,1990 年代则提升到 $70\sim100~m^2$,对公共设施配套和绿化建设都有更高的关注度。

3.保障性住房空间决策

这一时期,南京市政府一方面落实私房,另一方面仍由政府多方筹资建设大型住区以应对长期的住房短缺问题,其空间选择基本上符合上述三轮总体规划的空间引导。

（1）落实私房。1976—1985年,依据国家政策进行住房非国有化改革,落实挤占私房政策,不符合底线原则的发还产权,移交租赁关系,已拆除的折价补偿,原自住的由占住户单位拿出房源负责腾退。1984 年,政府按《折旧收购价格》补偿低价收购房主的经济损失。1986 年以后,根据国务院《关于贯彻城镇分阶段进行住房改革的计划》,改变了长期以来"福利型"住房分配制度。公房占绝大多数的状态被改变,1993 年自有住房占 30%,公有住房占 70%;1997 年自有住房占 64.8%,公有住房占 34%,私房出租占 1.2%[7]。

图 2 1949—1978 政府福利型公房空间分布图

资料来源:笔者根据张建坤的《基于历史数据的南京保障房空间结构演化研究》,蔡晴的《南京近代住区的营建特征与保护观念初探》,蔡晴的《南京近代城市住宅评述:1930—1949》,南京市地方志编纂委员会编制的《南京城镇建设综合开发志》书籍与文章信息自绘。

（2）政府主导大型居住区。1980 年代初,为了应对打量返城下放户居住问题,南京市规划部门提出《回宁居民住房建设用地安排意见》,在近郊的安怀村、东井村、五贵里、石坎门、凤凰西街、南湖等地规划了一批标准不一的住宅区。其中南湖新村是一个巨型住宅区,于 1983 年动工,1985 年竣工,占地面积将近 70 万 m^2,可居住约 3 万人、7000 户,是当时江苏省最大的住

宅区[8]。

住宅短缺问题不仅仅是下放户问题,政府在这一时期多方筹资积极进行住宅建设,建设方式和融资方式和计划经济时期有所不同,但以集团购买为主(分配给自己职工)。1977—1982年,市政府成立房屋统建领导小组和办公室,利用城区闲散的农、菜、空地共建单体、区(片)住宅475栋,建筑面积84.86万 m²。其中,1978年10月,建成占地 9.43 hm²,建筑面积10.4万 m²,水电气俱全,为南京城区第一个最大的单元式多层住宅楼群的瑞金新村。之后又建成姜家园、东井亭、蓝旗新村、武定新村、象房村、金陵新村、安怀村、五所村、五塘新村和光华东街、来凤街等住宅区片。1980年累计住宅建筑面积1529万 m²,人均居住4.8 m²[6]。

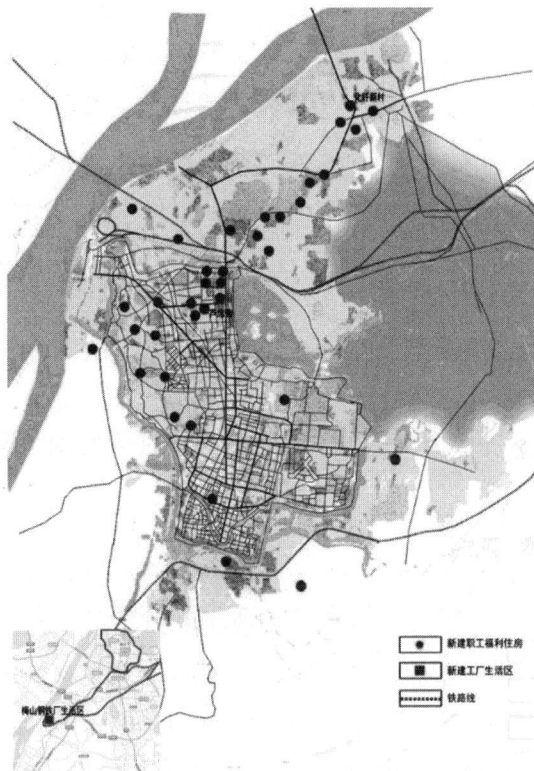

图 3 1978—1998 政府主导大型居住区空间分布图

资料来源:笔者根据张建坤的《基于历史数据的南京保障房空间结构演化研究》,蔡晴的《南京近代住区的营建特征与保护观念初探》,蔡晴的《南京近代城市住宅评述:1930—1949》,南京市地方志编纂委员会编制的《南京城镇建设综合开发志》书籍与文章信息自绘。

1984年后,房屋统建领导小组和办公室改为市区县开发公司,贯彻"统一规划、合理布局、综合开发、配套建设"和"旧城改造与新区开发相结合,以旧城区改造为主"的城市建设方针,先后改造建设了白鹭、张府园、山西路、龙池庵、热河南路、如意里、马府新村、后宰门、中山东路南侧等96个旧城

区,开发建设了南湖新村、莫愁新寓、雨花新村、茶西村、五所村、金陵新村、秦虹、东井村等 33 个新区。建设规模普遍较大,配套设施类型也逐渐增多、趋于完善。1990 年南京市累计住宅建筑面积 2865 万 m²,人均居住面积达 7.1 m²[6]。图 3 显示了 1978—1998 政府主导建设大型居住区分布情况。

这一时期政府主导福利型住房的空间选址表现这几种类型:老城内填平补齐、老城内旧房改造、外围水西门外、汉中门外、中山门外、太平门外、草场门外新区建设。规模普遍较大,大多数在 5 万 m² 以上,数十万平方米的住区也不在少数。

(四)住房供应商品化主导下的多层次保障性住房制度(1994 年至今)

1.城市发展与住房需求情况

1990 年代后期城市建设思路从"以道路建设为重点的城市基础设施建设"转为"强调城市环境改善和城市品质提升"。市场力量介入城市建设的强度在增加,开发商对住宅消费市场的影响日增,对环境的追求逐渐成为房产销售的关键。2000 年以来,南京全面推行经营性用地"招拍挂"制度,以完善城市土地资产性管理,土地市场运作范围逐步拓宽。成交地块中居住用地占市场出让份额呈显著增加趋势,从 2003 年的 27.8% 上升到 2005 年的 69.6%。住房的增量市场主要位于城郊结合部和城市新区。

1990 年代以来城市总体发展趋势是老城建设持续增强,同时城市建设开始跳出老城、走向主城和都市圈。在住房制度和土地政策的推动下,住宅建筑规模呈现快速扩张之势,规划建设质量不断提高。人均居住建筑面积从 1991 年的 13.46 m² 增长至 2001 年的 19.78 m²,2007 年已达到 32.21 m²[①]。

但是,每年逐步递增的人均居住水平之后隐藏着严重不均衡。城镇居

---

① 1978 年数据来自 1983 年南京市城市总体规划 1980—2000;1991 年数据来自 1995 年南京市城市总体规划 1991—2010;2001 年数据来自 2001 年南京市城市总体规划调整 1991—2010;2005 年数据来自于南京市房产管理局 2006 发布数据;2007 年数据来自南京市城镇住房调查,市政府全面部署,南京市房产局、统计局负责,南京市城调队负责问卷调查、数据处理和分析等组织实施工作。

民购、建房主要集中在高收入户以上的群体。2008 年据调查,全市人均住房建筑面积在 15 m² 以下且人均月收入在 750 元以下(住房保障双控线)的低收入住房困难家庭户数约有 7.23 万户,其中市区符合住房保障双控线的有 7.13 万户;江南八区符合住房保障双控线的有 6.5 万户。

针对住房建设几乎全盘商品化、中低收入居民购房困难的情况,1994 年 7 月国务院发布《国务院关于深化城镇住房制度改革的决定》(国发 43 号),首次提出与社会主义市场经济体制相适应的层次性城镇住房制度,建立以中低收入家庭为对象、具有社会保障性质的经济适用住房供应体系和以高收入家庭为对象的商品房供应体系。1997 年以后,南京从"安居工程"开始进行了一系列保障性住房建设。

2.城市规划作用

《南京城市总体规划(2000—2010)》按 1000 万人特大城市规模预留了发展空间,并进一步突出了未来城镇发展的重点,形成以"主城−3 个新市区−9 个新城−13 个重点镇−若干个一般镇"五个层次的城镇发展体系。为提升中心城市竞争力和综合实力,2002 年以来南京城市发展实施了"一疏散三集中"战略,重点建设"一城三区"。《南京城市总体规划(2007—2020)》提出外延拓展和内涵提升并重的方针,优化空间布局,控制主城人口过快增长,引导人口向副城和新城集聚,加快新市镇集聚发展,形成"主城−3 个副城−8 个新城−34 个新市镇"的城乡协调发展的新格局。

1990 年代末以来,在两轮城市总体规划指导下,城市建设框架进一步拉开,住房建设板块也呈现出更为明显的外围轴向发展趋势。这些新的住房建设增长点,也为保障性住房的建设提供了更为宽广的选址空间。

2006 年施行的《城市规划编制办法》明确强调居住空间的针对性研究和规划。城市总体规划要研究住房需求,确定住房政策、建设标准和居住用地布局;重点确定经济适用房、普通商品住房等满足中低收入人群住房需求的居住用地布局及标准。由南京市政府组织编制的《住房建设规划》开始对居住空间的布局和发展起到引导性作用,包括年度供应计划、住房供应结构、近期建设规划等都对住房市场产生实质性的影响。但是,住房建设规划是由房产管理部门牵头,由于涉及范围大、且房产管理部门缺乏空间观念,比较关注保障性住房建设量的测算和基于经济测算的具体建设运作,比较忽

视保障性住房选址和规划布局。最终的空间决策往往是各级政府利益博弈的结果,住房建设规划不过反应了结果而已。

3.保障性住房空间决策

自1994年以来,中国住房市场发展跌宕起伏,保障性住房政策也经历了"起步、体系初步构建、强化调整、大规模建设"四个发展阶段,保障对象、扶持政策以及建设规模体现出不同的特点。不同阶段中央政府的政策导向、地方政府的实施环境影响了保障性住房的保障对象、建设量以及空间选择。

(1)安居工程。1997—2001年,实施的针对中低收入家庭的7个安居工程项目规模不大,其时房地产开发住宅大多也是普通商品房,政府土地财政现象也不十分严重,这些工程选址虽然在老城外围,但伴随主城发展区位条件也在短期内即得到改善。

(2)"三百三房"等区政府操作保障性住房。2002年南京启动了"三百三房"工程,保障性住房建设规模迅速扩大,具体目标是用3年时间新建100万 m² 经济适用房和100万 m² 拆迁安置房,改造完100万 m² 危旧房。2004年底,规划局共完成19片经济适用房的规划用地许可工作,共计719.1 hm²土地。2002—2010年,保障性住房行政操作主体落实到区,由于建设规模大,其时土地价格上涨迅速,土地财政现象日益严重,因此保障性住房多选址于主城各行政辖区边缘地价较低处,甚至占用生态绿地,交通多有不便、配套难以完善。

(3)市级政府集中统建四大保障房片区。2010年在中央政府的敦促下,各地方政府进一步扩大建设规模。南京市成立了市级保障性住房集中统建平台,启动了四大保障性住房片区建设,主要基于两项考虑,一是集中统建被认为可以更好地控制保障性住房建设的各个质量环节、吸引资质高的建设单位参与建设;二是在城市空间结构调整的目标下,政府希望通过在边缘组团、新城、轨道交通站点周边集中布局保障性住房,带动人口向中心地区外围转移,而新加坡和香港则成为政府时常提及的榜样,以南京为例,政府明确提出保障房项目要建成"区域新城"。四大保障房片区规划用地共573hm²,建筑面积共1276万 m²,居住人口共达29.3万人。

在上述决策机制下,南京主城1994年以来保障性住房空间格局演变经历了:1997—2001年起步阶段(安居工程)——主城内点状、小规模分散式发展;2000—2005(经济适用房,拆迁安置房,廉租房),主城外规模扩张、提速建设阶段;2005—2010(经济适用房,拆迁安置房,廉租房),呈现集聚趋势,沿高速路、公路、铁路发展;2010以来(经济适用房,拆迁安置房,公共租赁房,中低价商品房),大规模的集聚态势。

(五)空间决策机制演变特征

民国以来南京保障性住房四个时期空间决策机制演变的情况,表现出如下几个特征:

(1)城市发展情况是空间决策的基础背景。前三个时期由于城市始终在老城内和老城城门外围发展,所以保障性住房的区位也受其所限;1998年至今的保障性住房建设则由于城市框架的拉开,择址范围随之进一步向外拓展。

(2)城市规划作用变化剧烈。首都计划中具有空间分异倾向的住宅分区对平民住宅和集中棚户区选址起到了非常重要的影响。计划经济时期城市规划作用几乎停滞。改革开放后,城市规划主要通过居住用地发展引导施加间接影响,最终决策是由政府决定。

(3)政府决策呈现出"不得不解决问题——被动解决问题——主动解决问题——主动与被动复杂交织"的趋势。民国时期出于首都形象和救济需要不得不建设;计划经济时期则让位于工业发展、受极少的住宅投资所限被动建设;改革开放后为缓解住房短缺积极主动建设;再到取消住房福利制后、几乎全盘商品化所带来的低收入住房困难问题、住房公共属性再度回归时,地方政府空间决策表现出在承担保障责任和追求土地经济利益之间的复杂权衡。表2和图4分别显示了四个时期保障性住房相关空间决策机制的演变情况和在城市中的空间生长情况。

表 2　四个时期的空间决策机制演变

	四个时期			
	1927—1949	1949—1978	1978—1998	1994 至今
相关制度	早期现代城市救济型住房保障制度下的公营住房	社会主义公有制下的福利型公房制度	有计划的市场经济体制下,福利型公房制度延续	市场经济体制下,住房供应商品化主导下的多层次保障性住房制度
保障对象	应对低收入工人和因筑路等导致拆迁的贫困居民,自发棚户居民,政府公职人员	国营企事业单位的公职人员	下放回城户,国营企事业单位的公职人员	最低收入住房困难户,低收入住房困难户,中低收入首次购房家庭,拆迁安置户(国有土地和集体土地),新就业人群,外来务工人员
城市发展	城市发展缓慢,城市建成区主要在老城南以及中山路—下关码头沿线	主要还是在老城内缓慢无序发展,城北城外由于工业建设有所发展	老城内继续填平补齐,老城外围其他方向也开始逐渐拓展	城市框架逐渐拉开,跳出老城,以主城为中心,发展城市新区,形成梯级城镇体系
城市规划对保障性住房空间决策影响	较强影响	弱影响	较强影响	较强影响
	首都计划中的住宅分区对其空间分异起到较大影响	城市规划作用整体停滞	总体城市规划确定的城市发展方向对于政府大型住宅区选址有较强影响	除总体规划中居住用地发展的方向性引导外,住房建设专项规划对于保障性住房建设量预测有较强引导
影响政府空间决策主要因素	维护首都城市形象,受住宅分区的空间分异影响较大,政府公职人员住房和平民住宅、迁移集中棚户区空间分异明显	公有制体系下,先生产、后生活的政策,压缩住宅投资,新建福利公房首先让位于工业发展需要,老城内的选址多为见缝插针	急于缓解多年积压下来的住房短缺,利用城内剩余用地和旧城改造用地,并向外围拓展建设大型住区	土地价格节节攀升、政府依赖土地财政,区级政府倾向选择地价较低地区;2010 年以来在中央政府敦促下进一步扩大建设规模,市级政府基于质量管控和新城建设的考虑,直接主导集中建设

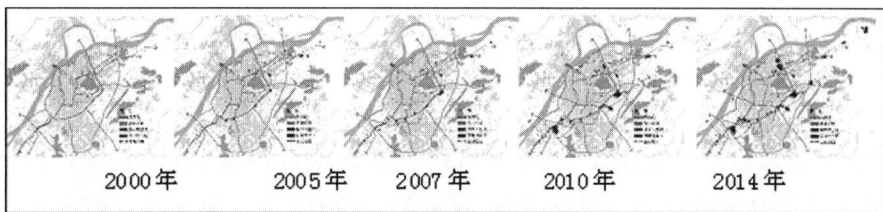

图4 1998年以来保障性住房住区空间分布发展图

资料来源:图片来自陈双阳的论文《南京江南八区大型保障性住区空间模式研究》。

四、保障性住房运作综合分析

(一)运作模式

保障性住房和商品住房最大的不同,就是政府主导作用比较强。但是政府作用的"度"以及采用的方法不同国家、同一国家不同时期是有差异的。按照政府在资金投入、建设组织和运营管理方面所起的作用,以及市场所起的作用,保障性住房运作大致可以分为四个层级——应对房荒或最低收入居民、全然依赖政府财政、政府主导建设的"救济";针对公职人员、全然依赖政府财政、政府主导建设的"福利";针对公职人员、政府财政投入部分、市场融资部分、企事业单位投资部分、个人投资部分、政府开发建设平台进行建设的"半福利";针对设定人群、政府土地出让、政府财政投入部分、市场融资部分(并伴随减息)、政府减免开发建设税费、市场开发运作的"补贴"。

这四种模式不均衡地在四个不同的历史时期出现,救济模式在民国时期是以应对房荒和城市形象为主要目的,1998年以后出现的廉租房则是基于对于市场背景下最低收入住房困难户的救济扶助。而救济模式在1949—1998年之间是断裂的。市场条件下补贴模式,只在1978年以后才有出现,伴随市场发育和政府职能转变,补贴方式渐趋复杂。

总体上,对于保障性住房运作模式,政府作用在前两个时期绝对主导,但进入第三个时期,市场作用日益增加,进入第四个时期,政府仍然起到相

当直接的主导作用,但市场的作用变得不可或缺。

目前中国保障性住房建设市场作用日趋增强,基于"政府主导、市场运作"的补贴方式呈现多样化。但是,从各方作用的"度"和"方法"来看,体现出"政府强大的建设主导性"、"补贴机制主要围绕政府建设计划实施"、"市场作用主要体现在支持和参与政府制定的建设计划"、"缺乏除政府和房地产机构之外的社会力量参与"、"个人融资方式单一、低收入者的住房融资渠道匮乏"。而追溯民国以来的住房保障演变,可以发现"政府主导""围绕政府建设计划目标"一直是保障性住房供应体系的特征,并没有根本改变。

(二)与欧美国家的差异

保障性住房类型、区位、规模以及中国城镇化快速发展情形,使得保障性住房呈现出与欧美国家不一样的多样性和复杂性。欧美国家曾普遍出现"单一人口结构"、"单一低收入租赁住房类型"、"与私人住房相比明显的低品质差异化设计"带来的"严重的社会隔离"、"贫困集聚固化"等现象。南京保障性住房则人口结构复杂、住房类型多样,保障性住房并没有和其他住房在设计品质上有明显差别(历史上只有民国平民住宅和集中棚户区除外),未来发展依据其区位条件和社会经济发展情况,可能有不同走向和更多维走势,需要跟踪研究。

欧美国家自1970年代普遍从"政府主导建设公共住房"转向"引导市场更为主动地建设应对多层次收入等级的可支付住房",意图改变集中规模化、低品质差异化特征,通过市场更为主动的、分散于普通商品住房的建设方式,避免低收入可支付住房的贫困集聚和社会隔离。而支持这种模式的机制包括"税收信用抵扣"、"包容性区划制度"、"审批附属条款"、"制定社会住房法规"、"鼓励非营利开发机构建设可支付住房的法规和补贴机制"、"多元补贴方式"、"住房抵押贷款证券化中的次级抵押贷款产品"等,鼓励资本投资于可支付住房领域、引导市场主动提供可支付住房、扶持社会力量参与可支付住房建设、增强低收入群体在市场中找寻适宜住房的支付能力。而这些制度和金融模式,在中国从未出现过。如果未来试图增强市场和社会的参与力度,需要积极探索适宜中国国情的支撑制度和金融模式。

参考文献

[1] 陈蕴茜. 国家权力、城市住宅与社会分层——以民国南京住宅建设为中心[J]. 江苏社会科学,2011(6):223-230.

[2] 唐文起. 抗战前南京住宅状况简述[J]. 南京社会科学,1994(6):33-38.

[3] 孙科. 首都计划. 国都设计技术专员办事处. 首都计划[M]. 南京:南京出版社,2006.

[4] 吕俊华,[美]彼得·罗(Peter G. Powe). 中国现代城市住宅(1840—2000)[M]. 北京:清华大学出版社,2003.

[5] 张晓晓. 南京平民住宅问题补正[J]. 近代史研究,2011(3):157-158.

[6] 南京市地方志编纂委员会编. 南京市城镇建设综合开发志[M]. 深圳:海天出版社,1994.

[7] 陈浮,陈旭薇,王良健,等. 中国城市住房改革与住房矛盾——南京市公共住宅私有化实践研究[J]. 人文地理,1998,13(6):29-32,6.

[8] 胡恒. 弱者的游戏——2003年以来"南湖新村"空间改造的成与败[J]. 同济大学学报(社会科学版),2013(3):28-33.

◎ 作者简介:王承慧,东南大学建筑学院副教授;
汤楚荻,东南大学建筑学院硕士生。

处于城市有机集中发展背景下的南京民国城市空间段落的振兴

⊕ 夏峻嵩 翁达来

前　　言

历史街区在现代城市中保存与延续所遇到的最大的困惑便是它的低密度的空间特点能否与城市集中化发展的趋势相辅相成。南京民国空间段落不同于大多数的历史街区，它当年是在分散主义的城市规划思想的指导下，在完整的城市规划书《首都计划》的规范下建成的。这样的历史空间段落在现今高度集聚发展的大都市中的状态和未来的发展方向如何将会是一个非常值得探讨的问题。本文将南京民国城市空间段落置身于城市有机集中发展的背景之中，研究其目前在城市中的的"可意向性"以及未来发展的前景。

一、城市规划有机集中论的形成

在有关城市形态的争论中，不同时期的学者有着不同的动机与意图，因为规划理论的出现总是旨在解决城市发展中出现的种种矛盾，所以在城市发展的不同阶段出现不同的问题时，诸如"分散"与"集中"这样看起来完全对立的观点就应运而生（表1）。

表 1　集中论及分散论的代表人物

年代	集中论者		分散论者	
	解决方案	代表人物	解决方案	代表人物
1800 年			新拉纳克	罗伯特·欧文
1850 年			萨尔泰 布尔纳维尔 桑莱特港	泰特斯·萨勒特 乔治·凯德伯利 威廉·利弗
1900 年			花园城市运动	埃本尼泽·霍华德
1935 年	拉·维勒·拉迪尔斯	勒·柯布西耶	广亩城市—— 一种新的社区规划	弗兰克·劳埃德·赖特
1955 年	反击"城乡一体化"	奈恩	新城镇运动	芒福德,奥斯本,TCPA
1960 年	城市多样性	雅各布斯,森尼特		
1970 年	城市性	德·沃夫勒		
1975 年	紧缩城市	丹齐克和萨蒂		
1990 年	紧缩城市	国家政府 纽曼和肯沃西 ECOTEC CPRE FOE	市场解决 优质生活	戈顿,理查德森;埃文斯,切歇尔,西米罗伯特森,格林和霍华德

资料来源:《南京民国城市空间段落与现代城市设计衔接之研究》课题组(09YJCZH63)。

(一)城市分散论

所谓城市规划,是人们有意识有计划地对城市进行改造、对城市的发展进行干预,这种改造活动可以追溯到 19 世纪的欧洲和北美洲。工业革命中的新生城镇凌乱而肮脏,因而出现了疏散的规划主张,这便是最早的城市分散论。

霍华德和他的《田园城市》对后来极端的分散派与集中派理论的形成都有着深远的意义,尽管如此,集中派论者还是将霍华德及其追随者们归入到"分散论"的阵营中去。有别于霍华德,分散论更加极端的代表人物应该是赖特,他所构想的"广亩城市"将城市的分散从小社区推演到了每一个家

庭[1]。与霍华德一样,他也憎恨工业化城市及工业资本,但是与霍华德不同的是赖特所希望的不是城镇与乡村的联姻,而是后者对前者的占领与吞并。

相同时期的规划史上另外一个重要的事件是区域规划运动,代表人物有刘易斯·芒福德及美国区域规划协会,其主旨在于把任何的地方性都放到一个更广阔的经济、社会及形貌的背景中去考虑。典型的案例有托马斯·亚当斯对纽约城的规划(1927—1931年)及阿伯龙克比在1945年提出的大伦敦规划方案。

(二)城市集中论

城市集中论最先锋最极端的代表人物应该算是在1960年代为摩天大楼高唱颂歌而备受责骂的勒·柯布西耶。与分散论者的观点不同,柯布西耶认为解决城市问题的途径是提高而不是降低城市密度,而高耸的塔楼将会扩大开阔地的面积并改善交通面积。

1971年英国刊物《建筑评论》出版了名为《城市化》(Civilia,德·沃夫勒)的书,其中提出了对高密度的城市形态的构想,它体现了对"城乡一体化"及分散化规划理念的驳斥与修正。具体的措施有遏制城市扩张及小汽车的发展,促进城市再生,提高城市密度。今天的集中论者依然视《城市化》为一部简述斐然的专著。

简·雅各布斯是1960年代集中派的主要代言人,她主要反对和抨击的都是传统的分散论者,她认为他们所提出的城市改造方案实际上映射了一种自我中心的权威心态。她主张提高城市密度,并深信正是密度造就了城市的多样性。

(三)城市发展的有机集中论

分散论与集中论都是城市规划史上比较极端的理论,两派之间也一直在激烈地争论,然而现实中城市的发展却在沿着折衷主义路线前行,对集中与分散结构振荡的调整及其对城市空间结构进行的优化成为城市空间结构演化中的主旋律。1980年代以后,世界城市中心化、都市化、区域化的局面已经形成,单纯的集中理念或分散原则都很难指导新的规划研究与实践,有机集中的理念应运而生,它汲取了沙里宁的有机疏散的思想、霍华德的田园城市思想、柯布西耶的"光辉城市"思想等,强调社会经济发展与城市空间发展的耦合,注重经济、人文、生态等的协调,以城市可持续发展的原则来指导城市研究与规划设计的实践。朱喜钢在他的专著《城市空间发展论》一书中对有机集中论的特征归纳如下:

(1)有机集中思想的形成背景是现代城市空间结构与形态日益多元化、复杂化以及大都市日益国际化、区域化与网络化,但作为一种空间法则,它同样适用于中小城市空间结构与形态的组织;

(2)有机集中既不是强调城市空间结构与形态的高度集中,也不是主张城市空间的不适当分散,而是认为城市空间必然包含着必要的集中以及适当的分散,但其基本倾向是空间集中而非分散;

(3)有机集中是一种理想的空间状态,对每一个城市而言,将会通过无数次的城市规划以及持续的城市发展来无限逼近这个目标却无法达到终极的目标,因为有机集中的内涵必将随着时代的发展而不断被赋予新的内容;

(4)城市空间演化中的有机集中是一种带有内在的、必然的、客观性的规律[2]。

二、南京百年来城市发展的集中与分散趋势

(一)南京近代城市规划之分散主义倾向

南京城市现代城市规划当起源于 1920 年代的《首都计划》。

1927 年 4 月 18 日,中华民国复都南京后,国民政府命令"办理国都设计事宜",特聘美国著名建筑工程师墨菲和古力冶为建筑顾问,清华留美学生吕彦直(中山陵设计者)为墨菲助手。随后成立首都建设委员会,由孙科负责,并设立国都设计技术专员办公处,由墨菲主持制定南京首都规划,称为《首都计划》,于 1929 年 12 月完成。《首都计划》是近代南京历史上第一个城市规划文件,也是中国最早与最完整的城市规划方案。

从表 1 来看,《首都计划》在时间上早于柯布西耶的拉·维勒·拉迪尔斯城市规划及赖特的"广亩城市"设想,而处于霍华德所引领的花园城市运动之后不久。细读《首都计划》的文件,其中确实秉承了霍华德《花园城市》

的带有分散主义倾向的浪漫主义思想,我们可从相关道路系统及建筑设计的文字中找到证据:

1.《首都计划》之道路系统设计

《首都计划》中"道路系统之规划"的章节中提到:所拟道路为"干道、次要道路、环城大道、林荫大道、内街"五种。可惜相关的道路规划图遗失不见,只能从文字来了解相关的内容。有关环城大道,《首都计划》上是如此表述的"凡优良之都市,多筑环城大道……一方使市民往来不致必经城市中心……一方亦使当地风景,往来者随时得有赏玩之机会。""其界内中部,筑有城垣……得用之以为环城大道,实最适宜。"

2.《首都计划》城市建筑单体及院落设计

《首都计划》中"建筑形式之选择"的章节中对于城市建筑形式的选择与控制有这样的叙述:"总之国都建筑,其应采用中国款式,可无疑义。……并非尽将旧法一概移用,应采用其中最优之点……外国建筑物之有点,亦应多所参与。""务须鼓励平面之发展,而限制高面之发展""且纽约市高大建筑物不良诸点,如障蔽日光之照射,如妨碍空气之流转,如火患时危险之增加,更不难发现与南京也。"

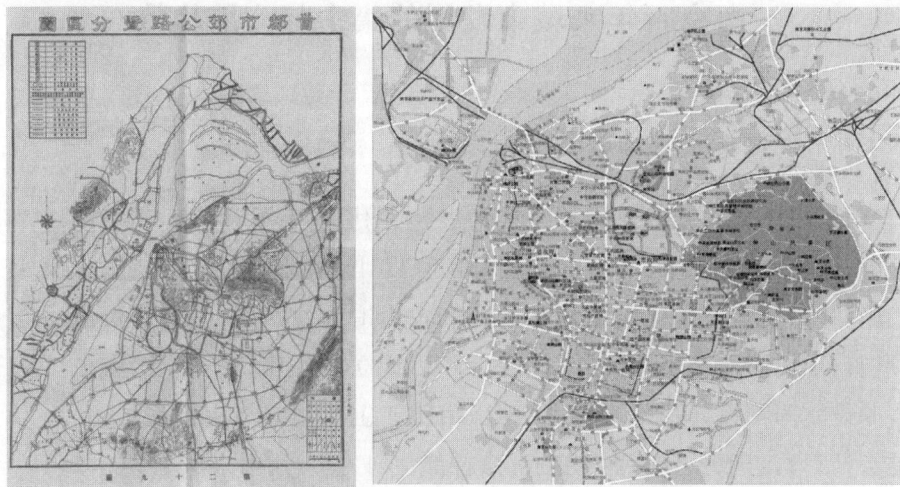

图1　左图为1928年南京公路图;右图为2014年南京地图

资料来源:左图为《首都计划》公路图;右图为南京新版地图。

从上述文字不难看出《首都计划》在城市设计方面分散主义思想,其对纽约高层建筑鳞次栉比的集中主义城市风貌也有所批判。而其中对于采用中国古典建筑形式的理由特别要提到的是"具有伸缩之作用,利于分期建造业也"。所以《首都计划》在制定时对于城市日后的发展以及单个建筑日后的扩张都已有所预见并提前做好准备[3]。

(二)南京当代城市有机集中发展的趋势不可逆转

图 2 上图为昔日新街口;下图为今日南京城

资料来源:网络下载。

　　虽然有关城市集中与分散的争论一直在持续,但是现实情况是:对于城市特别是大城市或特大城市,人们越来越相信集中的、紧缩的发展对于城市的可持续发展会起到更加积极的作用。这种信念应该是来自于集中发展所带来的对城市空间的更加高效的利用,并相应地能够对城郊土地与乡村土地特别是耕地起到保护作用。就南京而言,城市集中化、密集化发展的趋势显而易见。

　　首先,就人口规模来看,1928 年,南京人口数为 497500[3],到 2007 年,常住人口达到 7410000,增长了近 15 倍,早已远远超过了《首都计划》中的预测:"估计南京百年内(1928—2028)之人口,以二百万人为数量"[3]。而今日南京的城市范围与《首都计划》中所规划的城市范围在面积上甚至在区划的形状上面都没有很大的出入(图 1),可以见得人口密度正在以超出预期的速度迅速增长。

　　其次,从城市空间来看,《首都计划》中明确提到都城的建筑"要以采用中国固有之形式",有关建筑物高度的限制,也有如下的阐述:"南京地方辽阔,空地尚多,故关于房屋之高度,应有适宜之限制。务须鼓励平面之发展……"而今日南京城高楼鳞次栉比,虽然规划界有关南京城市建筑高度控制的争论一直也没有停止,但是城市密集化发展的大趋势难以扭转,城市中心新街口一度以来也曾面临着何去何从的两难境地,最终还是成为了典型的高楼林立的大都市中心(图 2)。

　　南京近百年来的发展历史恰好印证了规划界城市集中与分散理论的发展历程,即:城市空间的发展包含着必要的集中以及适当的分散,但其基本倾向是空间集中。

三、城市有机集中发展背景下的南京民国城市空间段落的振兴

(一)今日南京城与《首都计划》

　　早在 1928 年,民国政府制定了《首都计划》,其中包括南京史地概略、南京今后百年人口推测等 27 项内容,附图 59 幅,可以说《首都计划》是中国近现代最早的城市规划书。

哈佛大学教授柯伟林曾经如此评价:"南京是中国第一个按照国际标准、采用综合分区规划的城市……如果南京今天可以称作'中国最漂亮、整洁而且精心规划的城市之一'的话,这得部分归功于民国政府工程师和公用事业官员的不懈努力。"虽然之后城市的发展超出了当时民国政府的预测,但是浏览今日南京城,你会发现《首都计划》对今日南京城的影响是绝对不容忽视的。从宏观的角度来看,今日南京主要道路格局比之当年的《首都计划》并未发生本质性的变化,由以下两张对比图(《首都计划》公路图与新版南京地图)可见一斑。从微观角度来看,城内的民国建筑在现代城市空间中仍然具有使用的功能和相当的活跃度。所以准确地来说民国建筑与街区在今天的南京城并不是所谓的"遗存",而是仍在扮演着无可替代的角色,所以这里我们不妨将它们称为"民国城市空间段落"。

(二)民国城市空间段落保护与利用现状分析

1.南京民国建筑与街区保护与利用现状调研情况

在 2011 年《南京民国城市空间段落与现代城市设计衔接之研究》项目课题组针对南京民国建筑与街区共计 175 个案例[4]所做的调研和评价中,获取了有效数据 145 组,分别从保存完好程度、更新程度、城市活力度三个方面加以评价(表 2、图 3)。

从调研的情况可以得到如下的结论:

南京民国建筑与街区保留原始风貌情况较为理想,其中 86.8% 的建筑整体框架保存完好,建筑的外饰面全部或部分地保留了民国风貌,建筑的室内进行了一定程度的翻新,能够基本保持原貌。

就建筑的更新情况来看,得分在 4~7.9 分的占所有调研对象的 55.8%。建筑的更新程度主要从硬件的更新和使用性质的改变两个方面进行评价,研究对象在更新情况的总体评价是硬件方面有一定程度的更新,使用性质部分改变。

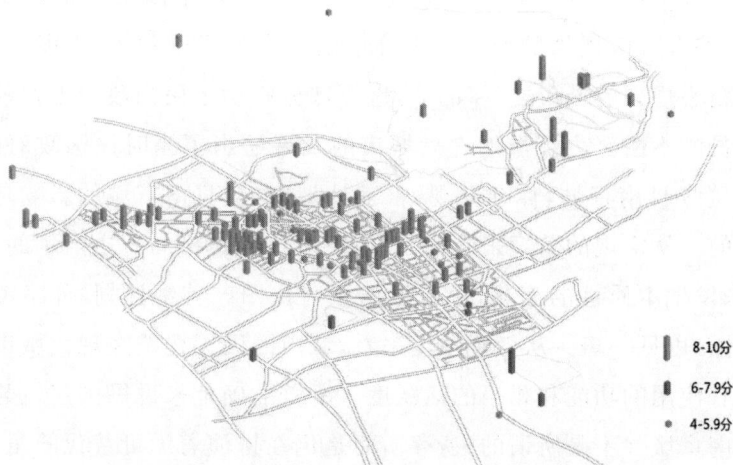

图3　南京主城区民国建筑保护更新评价示意图

资料来源:高莉雯绘。

表2　南京民国建筑保护利用评价汇总表

评价指标	8—10分	6—7.9分	4—5.9分	2—3.9分	0—1.9分
保存完好程度: 反映建筑原貌的保存程度,不考虑在之后的保护利用工作中对建筑的修复、更新等	69个	57个	15个	3个	1个
	占47.5%	占39.3%	占10.3%	占2.1%	占0.6%
更新程度: 反映建筑在建筑的构造、外观、装修以及使用功能方面的改进和变化,并不考虑其老建筑的"保存"情况	24个	44个	37个	26个	14个
	占16.6%	占30.3%	占25.5%	占17.9%	占9.7%
城市活力度: 现代城市中历史建筑的被利用程度及市民对它的认可程度,并不考虑相关硬件的保护更新	46个	38个	39个	22个	0个
	占31.7%	占26.2%	占26.9%	占15.2%	占0%
总评分	8个	99个	38个	0个	0个
	占5.5%	占68.3%	占26.2%	占0%	占0%

资料来源:《南京民国城市空间段落与现代城市设计衔接之研究》课题组(09YJCZH63)。

在城市活力度方面,评分在 6～10 分的占所有调研对象的 57.9%。可见南京民国建筑在现代城市生活中仍然发挥着不可替代的作用,而在市民的心目中,它们并不是古老陈旧的摆设,而是能够融入城市生活的场所与空间。

2.南京民国城市空间段落之"可意向性"分析

"可意向性"是凯文·林奇在《城市意向》中所提出的概念,即有形物体中蕴含的,对于任何观察者都很有可能唤起强烈意向的特性。在这一特殊意义上,一个高度可意向的城市应该看起来适宜、独特而不寻常,应该能够吸引视觉和听觉的注意和参与[5]。

基于物质空间疏散的"可意向性"评价:

城市集中发展最直接的消极后果便是高楼鳞次栉比,因而导致城市户外空间的缺失与城市街道尺度的失调。在今日的南京城,民国城市空间虽然都已成为片段而难成体系,但是其中有一些相对完整的街区被整体保护并更新,这些相对完整的空间段落建筑密度很低,自然与人文环境非常优越,成为了都市密集空间当中的疏散的斑块。

南京长江路民国住宅街区、梅园新村位于今天南京长江路—太平北路片区。在这一区域内,除了住宅街区的遗存,还有诸如总统府、国立美术馆(现江苏省美术馆)、中央大学(现东南大学)、中央饭店(现中央饭店)、国民大会堂(现人民大会堂)等民国公共建筑。今日长江路已经成为以 1912 街区为核心的南京民国风貌保存最完整、民国建筑利用最完善的街区之一。如图,图中绿色的道路是保留了主体框架及民国城市道路特色景观的城市主次干道,这些道路尺度宜人,两旁高大的悬铃木绿树成荫。图中红色圆点示意了该街区内 11 处民国建筑与街区的遗存,在有关建筑保护与利用评价的调研中,总分在 7 分以上的有 8 处,特别是在活力度一项中,有 9 处得分都在 8 分以上(表 3)。图 4 中圆点示意 20 层以上的高层、超高层建筑,可见民国城市空间段落与现代高聚集度城市空间在城市中心地带毗邻、渗透、共处。

表3　民国建筑保护与利用评价表(长江路片区)

编号	地址	原建筑名称 现建筑名称	保护程度 (0.4425)			更新程度 (0.25)		活力度 (0.3075)			总评分
			整体结构框架	外饰面与细节	室内装修	硬件更新程度	使用性质改变	物质空间开放程度	服务对象广泛性	市民认可度	
xw —02	中山东路3号	浙江兴业银行旧址	6.7			4.5		8.8			6.8
		中国银行	10	9.0	1.0	8.0	1.0	10	10	6.4	
xw —03	中山东路1号	交通银行南京分行	5.3			5.0		8.8			6.9
		中国工商银行	10	9.0	1.0	9.0	1.0	10	10	6.4	
xw —04	中山东路	中央饭店	6.7			4.5		9.3			6.9
		中央饭店	8.0	7.0	5.0	9.0	0.0	10	10	7.8	
xw —26	长江路292号	总统府	9.7			5.5		8.6			8.3
		总统府	10	10	9.0	10.0	0.0	8.0	10.0	7.0	
xw —27	梅园新村 17号等	中共代表团办事处	7.0			8.5		7.6			7.6
		梅园新村博物馆	6.0	7.0	8.0	8.0	9.0	7.0	9.0	6.8	
xw —28	长江路1912	长江路住宅区	6.0			10.0		9.0			7.9
		1912文化街区	8.0	4.0	0.0	10.0	10.0	10	10.0	7.0	
xw —20	长江路262号	南京图书馆	7.7			5.5		8.4			7.4
		金陵图书馆	9.0	9.0	5.0	7.0	4.0	8.0	10.0	7.2	
xw —30	长江路264号	国民大会堂	9.7			3.0		8.4			7.6
		人民大会堂	10	10	9.0	4.0	2.0	10	8.0	7.3	
xw —44	长江路266号	国立美术陈列馆	9.7			2.5		8.4			7.5
		江苏省美术馆	10	10	9.0	5.0	0.0	8.0	10.0	7.2	
gl —08	中山路75号	福昌饭店	7.7			7.0		7.2			7.4
		福昌饭店	9.0	6.0	8.0	7.0	7.0	8.0	8.0	5.5	
gl —10	中山路19号	中国国货银行	6.7			6.5		8.0			7.0
		新街口邮政支局	8.0	9.0	3.0	9.0	4.0	9.0	10	5.0	

从表3中我们可以看到,在集聚发展的现代都市之中,低密度的民国空间段落它的活力度丝毫不逊色于高楼林立的集聚空间,而从现场调研的情况来看,它们尺度宜人的街道、青砖青瓦的坡屋顶建筑,还有建筑内部幽静

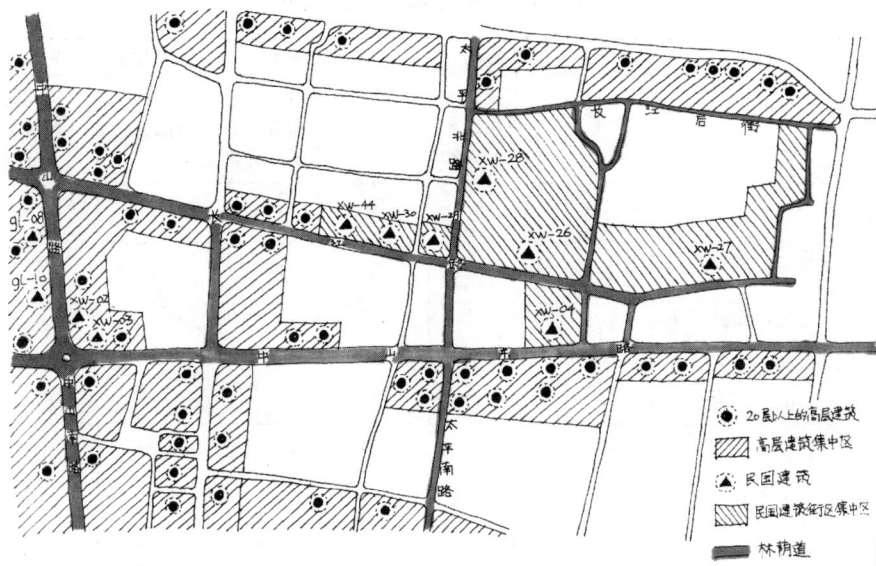

图4 长江路民国建筑与街区分布图

资料来源:夏峻嵩绘。

闲适的特色空间反而成为"可意向性"非常强的城市段落,从这种意义上来说,它是城市中心过于密集的物质空间的疏散斑块。

基于文化疏散的"可意向性"评价:

除了宜人的空间尺度,因为其文化价值而具备的"可意向性"也是其中的重要因素。城市集中发展的含义除了空间的集聚和人口的集中,还包括生活节奏的紧张、过量信息资源的被动接受以及文化泛滥。在这样背景下,作为历史证据的街道空间对于人们建立文化认同感,延续与某个特定场所或个人有关的记忆都具有教育意义。历史街区的文化记忆价值来自于它的场所记忆所带给我们的安全感和庇护感,遗产在某种程度上是一种稳定不变、可见而有的型的历史参照物。它可以减轻人们对变化即不确定的未来的恐惧感[6]。

表 4　市民认可度问卷调查一览表

问卷内容	积极的答案		消极的答案		中立的答案	
	答案次	占该问题全部答案的百分比	答案次	占该问题全部答案的百分比	答案次	占该问题全部答案的百分比
1. 对于 _____ 您熟悉吗？	929	36%	1645	64%	/	/
2. 您知道它是民国建筑遗存吗？	1810	70%	764	30%	/	/
3. 您知道它原先是用来做什么的吗？	1186	46%	1388	54%	/	/
4. 您认为它和南京的整体城市面貌协调吗？	1373	53%	428	17%	773	30%
5. 您喜欢它吗？	1330	52%	194	8%	1050	40%
6. 它使用起来有什么不便吗？	1840	71%	734	29%	/	/
7. 您认为它需要重建或被代替吗？	1984	77%	82	3%	508	20%
8. 您认为它需要修缮吗？	1309	51%	1265	49%	/	/
9. 您认为它是一幢有活力的建筑吗？	1150	45%	361	14%	1063	41%
合计	12911	56%	6861	30%	3394	14%

资料来源：《南京民国城市空间段落与现代城市设计衔接之研究》课题组（09YJCZH63）。

表 4 显示，在有关"市民认可度"的问卷调查中，在全部 2574 份的有效问卷中，九个问题的积极答案次达到了 12911 次，占全部问卷所有答案的 56%，消极答案次为 6861 次，占所有答案的 30%。特别是第五个问题"您喜欢这个建筑吗？"第九个问题"您认为它是一幢有活力的建筑吗？"的积极答案与中立答案之和在所有问卷中占了绝对的优势，而消极答案分别只占了 8% 和 14%。这充分显示了南京市民对现代城市趋于雷同、丧失个性表示担忧，并抵制不断增强的全球文化同质化倾向的同时，对民国建筑的认可度整体呈现积极满意的态度。

所以说城市历史街区的存在，除了可以疏散过于密集的城市空间，它所提供的特别的街道尺度、场所个性更是可以成为都市人紧张疲惫心灵的疏散地。因此，从文化疏散的意义上来说，南京民国历史建筑与街区也具有典型的"可意向性"。

(三)南京民国空间段落对于城市有机集中发展的系统性影响

基于前文的论述,可以得出结论:当今城市的发展趋势不是绝对的集中,而是有机的集中,现代城市沿着有机集中的趋势发展,其中当然会有纷繁复杂的推动机制。在南京,民国历史空间段落无疑对其有机集中发展有着积极的和不可或缺的推动作用,南京民国历史建筑与街区脱胎于1920年代的《首都计划》。《首都计划》就是一份带有分散主义倾向的城市规划书,所以无论是从物质空间还是从文化价值方面,南京民国街区在现代城市中都起到了对于过分集中的有效疏散作用,这种疏散对于现代城市的高度集中发展所起的作用并非个别的,零散的,相反是应该具有系统性的影响(图5)。

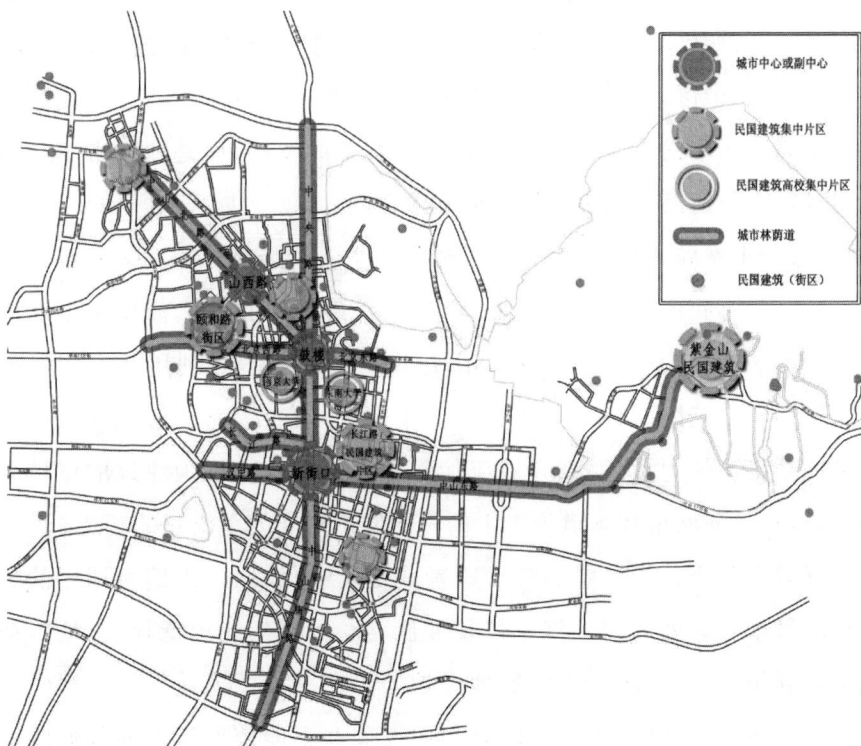

图 5　南京主城区民国建筑与街区分布总图

资料来源:翁达来、高莉雯绘。

(1)南京城市主要道路框架保留了民国时候的格局。今天的城市干道诸如中山北路、中山南路、汉中路、中山东路、北京西路、北京东路其实是沿用了民国城市道路系统,并没有大的改变。南京民国的城市道路是以两边绿树成荫的法国梧桐而著称,虽然交通压力的增加使得城市道路一再拓宽,而每年春天树上落下的毛絮也给很多人带来了困扰,但是夏天的繁叶茂所带来的清凉以及以落叶悬铃木为标志的民国特色使得南京对于这种街道景观树种一再坚持,因而在今天的南京主城区仍然处处可见法国梧桐唱主角的林荫道。

(2)民国建筑集中的片区成为了当代城市空间的重要组成部分。其中包括颐和路民国住宅区,长江路梅园新村、1912街区等,高校校园如南京大学、东南大学等,紫金山民国建筑聚集区,以上片区在城市生活的居住、娱乐、文化、教育、旅游等各方面都成为带有强烈的"可意向性"的城市空间。这些力图采用"中国固有之形式"的低密度的历史建筑和带有宜人尺度的空间段落在高度集聚的大都市中并没有阻碍城市的发展,而是和城市中心如新街口、鼓楼、山西路一起成为活跃的都市空间。

(3)处于主城周边地区的民国建筑有待进一步保护与开发。在调研中发现,鼓楼区、玄武区的民国建筑数量多、保护好、利用率高,而位于主城周边例如栖霞区、江宁区、下关区的民国建筑街区的保护与利用状况相对较差。如果期望南京民国城市空间不仅仅作为片段存在,而能够成为城市有机疏散的系统化的力量,那么今后应加强主城区周边的民国建筑的保护与利用工作,并加强城市林荫道为主干的民国城市空间的系统化的塑造。

全球城市在今日的发展趋势毋庸置疑是集中化,但是人们所期望的集中发展所带来的好处诸如小汽车依赖度低、公交完善、能源低耗、土地资源最高效地利用、绿色空间被无限制地保护等等在城市的急速发展过程中受到了巨大的挑战,所以一味地无限制集中发展并不能使城市走向我们所期待的方向,只有相对的、有机的集中才能使城市达到真正良性的发展。南京作为中国华东地区重要的都市,集中发展的趋势毋庸置疑,而城中民国遗留的街道与建筑至今仍得到了保留与相当程度的利用,基于上面的调查和研究，我们看到，它们将逐渐成为一个整体，更加系统地成为南京城市有机集中发展的积极推动力量。

结　语

芒福德说："城市可以显现出断裂生长、局部死亡和自我更新的现象。"[7]从《首都计划》到今日之南京，城市历经了战火、政变以及革新，正如芒福德所说，民国建筑与街区是当年完整的城市结构经过断裂、局部死亡以及自我更新而留存于城市的空间与历史段落。它们在这个现代化的都市中静谧而不孤独，精致而尊严依旧，显得弥足珍贵。他们见证着百年来这个城市分散——集中——有机集中的发展历程。

当今城市已走上了有机集中发展的道路，有机集中的发展趋势来自于现代城市多元而纷繁复杂的生态、人文及经济背景。处于城市核心地带的历史空间段落可以疏散由于过分集中而造成的密集压抑的物质空间，也可以提供带有安全感和庇护感的心灵疏散场所。南京民国城市空间段落由于其产生的背景、历史的渊源等种种情况在今日南京得到了比较完善的保护和利用，在城市有机集中的发展背景之下起到了有机疏散的作用，成为城市中兼具物质空间与历史文化特色的非常珍贵的空间段落。在今后的城市发展中，应进一步加强对处于城市相对外围地带民国建筑与街区遗存的保护和利用，使得民国空间段落的有机疏散作用在现南代京城市发展的过程中体现得更加完整更加系统。

参考文献

[1] 迈克·詹克斯. 紧缩城市——一种可持续发展的城市形态[C]. 周玉鹏，译. 北京：中国建筑工业出版社，2004：13—34.

[2] 朱喜钢. 城市空间集中与分散论[M]. 北京：中国建筑工业出版社，2002：90.

[3] 国都设计技术专员办事处. 首都计划[M]. 南京：南京出版社，2006：17—20，66.

[4] 苏则民. 南京城市规划史稿[M]. 北京：中国建筑工业出版社，2008：342—347.

[5] 凯文·林奇. 城市意向[M]. 方益萍，何小军，译. 北京：华夏出版社，2001：7.

[6] 史蒂文·蒂耶斯德尔. 城市历史街区的复兴[M]. 张玫英,董卫,译. 北京:中国建筑工业出版社,2006:15—16.

[7] 刘易斯·芒福德. 城市文化[M]. 宋俊岭,译. 北京:中国建筑工业出版社,2009:332.

◎ 作者简介:夏峻嵩,东南大学建筑学院博士生;

翁达来,南京农业大学土地管理学院讲师。

新型城镇化视角下的人民公社规划评析

◈ 徐嘉勃　赵立元　王兴平

前　　言

2008 年,《中华人民共和国城乡规划法》代替了施行近 20 年的《中华人民共和国城市规划法》成为城市规划的主干法和基本法,标志着乡村规划在法定规划中的重要性有了前所未有的提升。

大跃进、三年困难时期、文革、上山下乡,这些时代标志明显的词汇界定了中国历史上一个极为特殊的年代,人民公社正是在这样一个时代兴起、成长(当然也在同一时代衰落,尽管人民公社直到 1985 年才彻底退出历史舞台,但早在文革结束前便已褪去了原有的热潮)。建国初期,由于基础资料的严重缺乏,城市规划尚且在一片空白上开展,规划工作者对乡村规划的认识几乎为零,与今天大量丰富详实的现状基础资料不同,"一五"计划中少而粗略的数据是当时规划师唯一的资料来源。建国初期的规划理论知识大部分来源于苏联,但苏联无论是自然条件还是人口、经济状况都与中国存在巨大的差异,由于学习过程中缺少批判精神,死板套用苏联规划模式造成了不少现实问题,中国人急需要一套具有自身特色,契合中国的自然环境和人口规模的规划模式。1958 年开始出现的人民公社规划便是在短时期内大大推动了规划发展的重要方式,尤其是在此过程中对乡村规划的深入研究和大量实践,可以说拉开了新中国乡村规划的序幕,对于今天的乡村规划具有重

要的借鉴意义。

本文从城乡规划方法的角度出发对人民公社规划进行评析,简单梳理人民公社及其规划短暂的历史周期,挖掘人民公社规划的指导思想、规划方法来源,重新认识中国传统"大同"哲学对人民公社规划潜移默化的影响,以及国内外当时的区域规划方法,特别是苏联的大农场规划和中国建国初期的联合工厂选址规划对公社规划方法的借鉴作用,在此基础上分城市和乡村两个地域类型对人民公社的规划手法进行对比,理清农村和城市由于生产、生活方式不同而在公社规划过程中产生的差异,最终客观审视人民公社规划在理念、方法上实现的突破和存在的不足。

一、人民公社规划的背景

(一)兴起的缘由

人民公社的兴起具有多重原因。华揽洪先生在《重建中国——城市规划三十年》一书中将人民公社的起点归结为兴修水利:建国初期农民通过农村合作社的方式实现土地和生产工具的集体所有制,从而达成了更合理的耕作方式,显著提升了农业产量。但是,要确保丰收,特别是预防自然天气的变化,需要更多的人力工程,其中一项重要的工作便是改良土壤灌溉,建水库并贯通几十个合作社的水渠系统,而这项浩大的工程远远超出了家族、朋友和邻里互助网络的限度,甚至也超出了一个或多个合作社的能力,国家的力量又远远不能在短时期内覆盖广阔的疆土,这就需要众多合作社集中人力物力去兴建水利工程,合作社随即开始走向更大的联合体——人民公社。

人民公社产生的另一个重要的动力则是资源分配的需求:为了满足公社成员日常生活需要及实现共产主义目标,重大基础设施如公路、桥梁等的建设,公共资源与公共设施如学校、医院、诊所等的布局,都需要在大范围内重新统筹考虑;生产资料也亟需集中重新分配以提高生产效率,小作坊与大工厂如何选址,甚至最初的生态安全工程——植树造林也需要以更大的区域尺度进行安排,这一切都促进了更大范围的力量集中[1]。

此外,当时国家的城镇发展策略也是推动人民公社产生的重要动力。1953年,毛主席提出"城市太大不好,要多搞小城镇",这项主张伴随着第一个五年计划的实施催生了一大批新兴的工矿业小城镇,同时也使乡村的发展开始受到关注;1956年,国务院常务会议决定指出:"根据工业不宜过分集中的情况,城市发展的规模也不宜过大。今后新建城市的规模一般控制在几万至十几万人口的范围内"。在此期间正值大跃进轰轰烈烈开展,民众"过剩"的热情开始投入乡村地区,从这个时期开始,国家的发展重心在很长一段时间内都置于乡村。1966年随着"文革"的开始和上山下乡运动的开展,大批的青年力量和知识分子也投入乡村,乡村开始全面进入人们的视野,可谓新中国乡村规划的第一个春天。

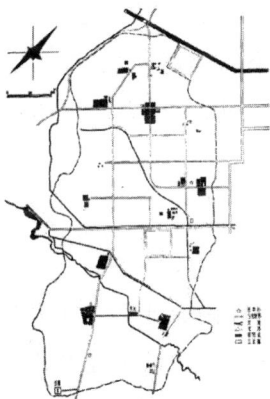

图1 西安郊区东风人民公社规划[2]

资料来源:西安建筑工程学院.西安市东风人民公社规划[J].建筑学报,1958(12).

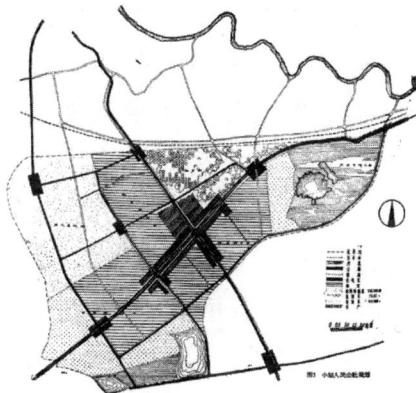

图2 天津小站人民公社规划[3]

资料来源:天津大学建筑系小站规划组.天津市小站人民公社的初步规划设计[J].建筑学报,1958(10).

正是在这样的多重动因下,人民公社应运而生,并迅速以星火燎原之势推广至全国。由于国家工业体系的快速发展和社会主义基本制度的迅速建立,秉承了"先农村,后城市"的政策实施惯例,数千个农业合作社的大规模联盟在全国各地的农村诞生。每一个公社整合了过去20~30个合作社,由一个指挥部负责统筹管理经济、行政、教育及军事等各项事务,同时负责其所在区域的规划。有些规模较大的人民公社占地可达几十平方公里。在如此大的范围内要建立完善的灌溉系统,首先要考虑公路和铁路等基础设施,

同时为了获得更大产量,还需要对土地进行重新分配,土地整理随之带来居民住宅的重组及其他农用建筑的扩大,并新建了小学、工厂、学校及医院等公共设施,同时,为了将 1956 年的《农业发展十二年规划》落实在空间上,每个人民公社都开始制定自己的发展计划及空间规划。

(二)"人民公社"词源

"公社"一词最早来源于法国的巴黎公社(法语:La Commune de Paris)。1958 年,河南省嵖岈山卫星人民公社首次在国内使用"人民公社"的名称,并被其他地区所借鉴,1958 年 8 月,毛泽东视察河南省新乡七里营时赞扬了"人民公社"的叫法,进一步推广了"人民公社"这一名称。1959 年,毛泽东在听取《嵖岈山卫星人民公社的试行简章(草案)》汇报时,进一步肯定了"人民公社"的说法,并明确了其含义,"人民公社这个名字好,包括工、农、商、学、兵,管理生产,管理生活,管理政权。公社的特点是,一曰大,二曰公"。

二、人民公社规划手法

1958 年 10 月中央政府在关于《中华人民共和国农业部关于开展人民公社土地利用规划工作的通知》中要求地方各省市进行"以土地利用为主的全面规划工作",主要内容包括"平整土地、划分耕作区、整理排灌系统、并大田块、整修道路、建立新村及深耕深翻等,达到农田水利化、农村园林化、沟地川台化、坡地梯田化、荒山荒坡绿化,彻底改变农村旧有面貌"[4]。上述要求对于人民公社规划应当编制的主要内容进行了明确的引导,这一总体规划原则的理论依据主要来源于三个方面:其一是基于农业现代化与规模种植的苏联大农场规划理论,其次是始于工厂联合选址需求的近代区域规划理论,最后则是辩证唯物主义和人民至上思想指导下的共产主义理想生活构建。

(一)苏联集体农庄经济制度

建国初期,苏联对中国从理论知识到具体建设进行了全方位支援,尽管到 1958 年中苏关系已经出现裂痕,但国家建设的路径安排仍然在模仿着苏联的计划经济模式。而人民公社"并小为大",集中力量的做法也来源于苏联"一五"计划中农业规划大规模机械农业和功能分区的理念:为实现国家工业化进行剩余积累,通过将小农庄合并成大型集体农场,推动现代化耕作方法的普及,包括机械化生产及采用化肥;以实现规模经济,共同享有土地、农产品及生产设备[5]。

(二)近代区域规划理论

根据1953年的中苏协定,在接下来一段时期内,苏联将援助中国进行156项重点工程的建设,这些工程不仅推动了国民工业体系的快速建立,大量工厂的布局选址需求,尤其是一些大型企业的联合选址,需要各地在宏观上总体统筹土地资源,由此催生了新中国最早的区域规划。人民公社规划也在统筹耕地资源、人口、劳动力及配套公共设施方面,借鉴了这种区域规划的思想。

(三)共产主义与人人平等

传统的宗族、礼制、风水思想在这一时期被当作"封建时代"的糟粕而被摒弃,"人定胜天"成为当时的主流思想,全国各地开始了轰轰烈烈的平坟地、烧家谱、破宗祠、砸寺庙的破四旧运动,同时开展了大规模的土地平整、大造水库和河道疏浚取直工作,以解决农地紧张和农业作业便利问题。无产阶级同志关系取代血缘关系,劳动人民至上的阶级斗争思想取代原有的礼制等级与纲常秩序,在可见的规划当中这种人民之上与人人平等的观念便体现为公建设施的丰富及住宅均好性的提升。

三、人民公社规划的实践

人民公社规划与当时许多其他政策一样,先在农村尝试,取得成功后开始在城市推广。尽管很多人民公社规划后期陷入空想,流于形式,但这些规划都是在20世纪60年代国家经济最困难的时期进行的,对当时在贫困线上挣扎的广大中国人而言,具有旗帜性的意义。而规划本身在思想理论、工程技术、建筑设计及管理模式等方面都有诸多可取之处。而沈阳北关区的

红旗人民公社规划则是在早期城市实践中颇具典型性的案例。

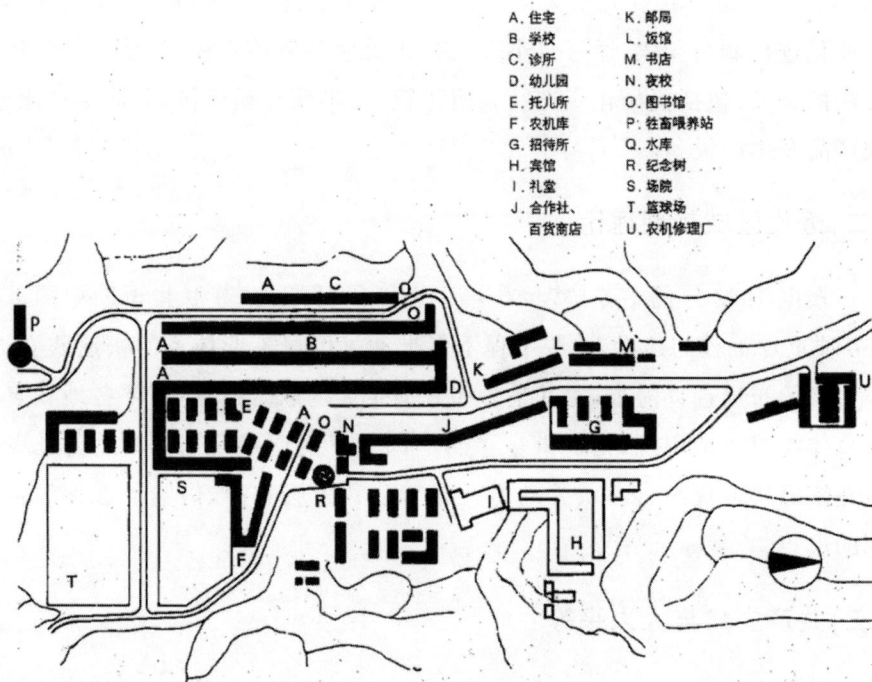

A.住宅 K.邮局
B.学校 L.饭馆
C.诊所 M.书店
D.幼儿园 N.夜校
E.托儿所 O.图书馆
F.农机库 P.往畜喂养站
G.招待所 Q.水库
H.宾馆 R.纪念树
I.礼堂 S.场院
J.合作社、 T.篮球场
 百货商店 U.农机修理厂

图3 大寨新村整体规划

资料来源:华揽洪. 重建中国——城市规划三十年(1949—1979)[M]. 北京:三联出版社,2006.

(一)缩小城乡差距的成功实践——大寨新村整体规划

大寨改造前是一个贫瘠的丘陵山区,要实现人民公社的理想生活,首先要改善地形条件使其适应生产,由于当地易发大雨山洪,修建好的挡土墙多次被冲毁,一直经过连续多年的改造,至1959年,大寨的生产条件和人均收入才有了较大提高。1953年建立初级社时,大寨制定了《十年造地规划》,出于经济条件的考虑,当时的人本着"先治坡,后治窝"的想法,将生产放在首位,先进行生产条件改造和必须的生产资料购置,对住宅和先进的生产、生活资料则随后投入。因此,大寨人在极为恶劣的自然条件下依靠人工完成了农田、村庄和水利工程的改造和建设,并在后期逐步配建了大量为集体服务的公共设施[6]。

公社规划尽管存在间距、住宅多样性等方面的缺陷,但是,在功能上很大程度地实现了缩小城乡差距的目的,特别是在享受社会和文化服务方面使乡村与城市具有了同等的便利,使城乡不仅在物质条件方面,更在生活方式上与城市缩小了差距。这一点对于今天的乡村规划也具有重要的借鉴意义。

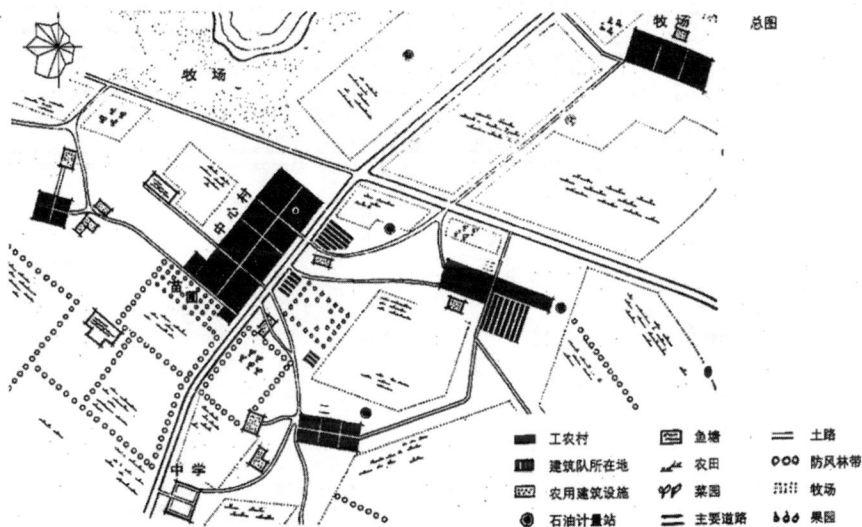

图4 "红卫星"工农村中心村规划平面

资料来源:华揽洪. 重建中国——城市规划三十年(1949—1979)[M]. 北京:三联出版社,2006.

(二)产居结合的早期典范——大庆"红卫星"工农村规划

与大寨不同,大庆不是在一片贫瘠的山区起步,有一定的建设基础和经济基础。大庆之所以成为全国学习的典范,不仅是因为它使中国摘去了"贫油落后"的帽子,更是因其被称为农工结合和城乡结合典范的规划模式,大庆开启了工业活动、农业生产和社会服务有序集中到小城镇的先河,即所谓的"农工城市"或"工业村"。

大庆的规划是在大庆油田的创建过程中产生的,尽管已有一定建设基础,但其建设正值1959年国家经济的困难时期,因此与大寨一样,先建居住区还是先搞生产也是大庆面临的选择。最后人们采取了就地取土建房,边

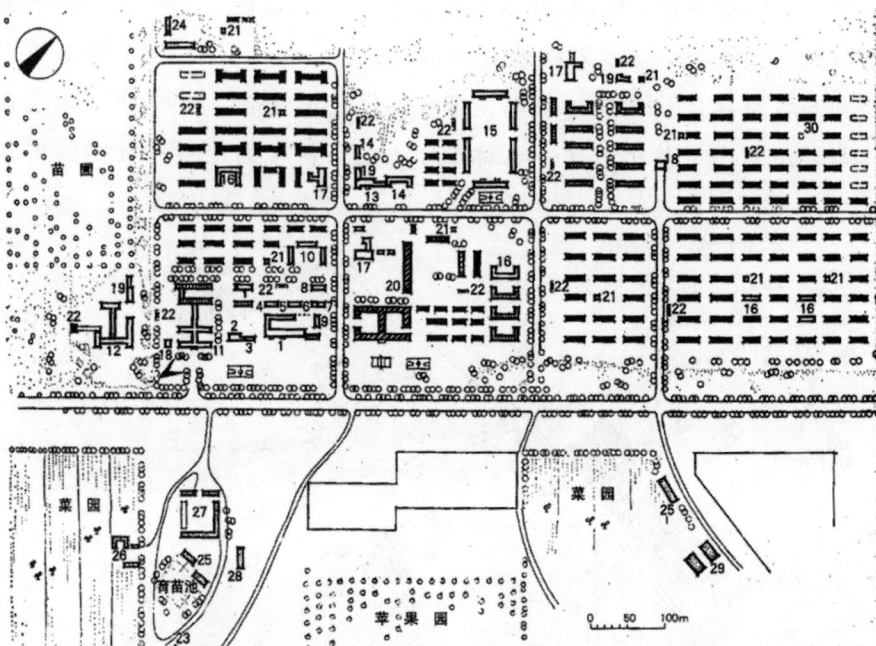

图 5　"红卫星"工农村规划总图

资料来源:华揽洪．重建中国——城市规划三十年(1949—1979)[M].北京:三联出版社,2006.

生产边改善居住条件的做法,从事生产的人同时成为建设先遣队,利用生产空闲将临时搭建的帐篷区改造成"干打垒"小村镇,随着地方的进一步发展及先遣队家属的到来,村镇进一步配建了幼儿园、小学、食堂等设施,人口也随之增加。为了解决日常必需品特别是粮食的供应,人们采用了开辟周边处女地的方式来减少运输成本,不仅解决了粮食的来源问题,也使没有固定职业的先遣队成员家属有事可做,他们开始从事垦荒、耕种及养殖等工作,村镇周边由此出现了大量农田,农工结合就此产生。这样的模式最后形成了数个小村庄围绕一个大的核心村庄共同组成所谓的"生活基地",最终形成了生产与居住相结合的村镇模式,相当于一个城市居民区,而且住宅、公共服务设施和生产活动距离更近,结合更加紧密。

(三)人民公社在城市中的推广——沈阳市北关区红旗人民公社规划

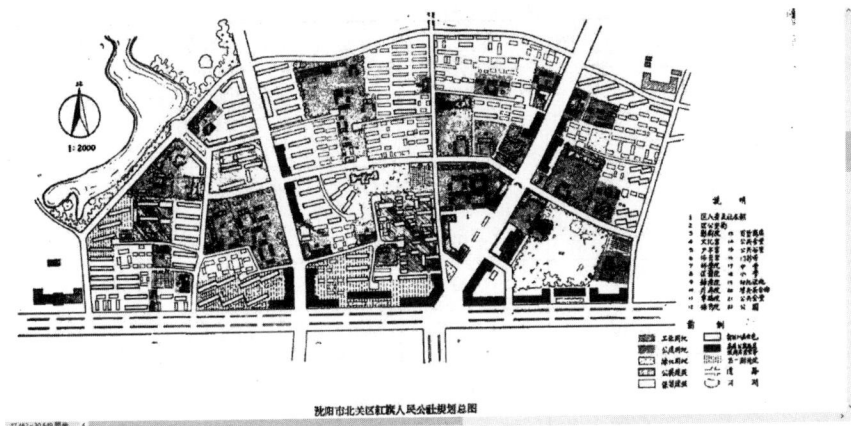

图6 沈阳市北关区红旗人民公社规划总图

资料来源:王新哲.大寨的建设历程及新农村规划[J].城市规划学刊,2011(3):103—110.

从1958年中共八大二次会议开始,由于农村人民公社在短短几个月内的大范围实践,当时的领导人对人民公社制度寄予了极高的期望,人民公社开始进入城市。1958年9月沈阳在原有街道基础上建立了全市第一个城市人民公社——北关区红旗人民公社。公社规划遵照当时关于建设人民公社的思想核心——逐步有序地将工、农、商、学、兵组织成一个公社从而构成中国社会的基本单位,在规划中强调一定的功能完整性及自给自足的特性不同于农村人民公社以农业生产为主的特点,城市人民公社建设多围绕工业生产展开,由于已有一定的城市建设基础,多以改造、功能调整为主。红旗公社建设早期重点满足生产发展和原先的家庭妇女就业,通过调整已有建筑的功能满足当前的公社发展需求,使原有的街道有序过渡到人民公社,经过第一阶段的发展,再逐步满足约10年后实现共产主义的远景发展要求[7]。

从规划编制的用地平衡表来看,从单纯的城市街道到人民公社,最重要的变化是使其具有作为国家社会"基本单位"的功能完整性,因此,规划重点

进行了各类公建用地及绿地、道路广场的补充,缩减了居住用地总量,按规划期末 20000 人口配建公共设施这一在规划中按科学的比例配置公建用地、绿化及道路广场的做法一直延续至今。

表1　红旗人民公社现状及规划用地数据表

项目	现状		规划	
	数量(公顷)	百分比%	数量(公顷)	百分比%
工业用地	3.25	7.40	3.24	7.45
居住用地	30.32	69.00	20.10	46.00
公建用地	4.60	10.50	10.45	24.90
行政机构	1.96	——	1.38	——
文化教育	1.12	——	5.00	——
卫生保健	0.10	——	1.42	——
商业服务	1.40	——	0.82(不包括设在住宅者)	——
儿童设施	0.03	——	1.83(同上)	——
绿化用地	1.60	3.50	2.58	5.95
道路广场	4.23	9.60	7.23	16.60
总计	44.00	100.00	43.60	100

资料来源:陈兆铺. 沈阳市北关区红旗人民公社规划——沈阳市第一个的街道公社[J]. 建筑学报,1958(11).

结　　语

时至今日,尽管人民公社早已淡出历史舞台,个别地方仍然保留了当时的一些做法。河北省晋州市周家庄便是一个保留了人民公社记工分、统一分配形式的村庄,该村沿袭了 1953 年制定的"干多少活、记多少分"的"定额管理",但与当时人民公社"大锅饭"的做法不同,实行按劳分配的'三包一奖'生产责任制。截止到 2011 年底,全社 10 个生产队,4508 户,13138 人,生产队人均分红常年高于晋州农民人均收入水平,此外,周家庄不仅本村无人外出打工,还吸引了临近乡镇人口到此就业。而早在 1982 年,周家庄就开始出现农村社会保障的雏形,在整个公社开始推行养老津贴、五保福利制度及中小学全面免费等福利措施。

受到当时基础资料及技术手段的限制,以及规划师经验、知识的局限,人民公社规划在空间布局、使用效率及人性化方面都有诸多不尽人意的地方,同时,各地不分现实条件,机械套用成功范例的建设模式甚至是物质形态,不仅没有带来生活质量的提升反而造成众多不便。此外,数千个人民公社都编制了自己的规划,但没有区域规划的统筹,这些规划的简单拼合在一定程度上造成了重复建设,产生了极大的浪费。在建设过程中所采用的强力征服自然的手段,从今天的生态和谐角度来评价也不尽合理。但是从生产和生活水平的提高所取得的成果来看,人民公社规划依然体现了当时中国城乡规划的最高水平。

人民公社规划后期大多陷入空想,流于形式,由于过分强调公共生活,家庭空间被极度压缩,不仅公共设施集中设置,家庭厨房也被公社食堂取代,家庭生活基本不复存在,颠覆了中国传统理念一直以来以家庭或宗族为社会基本单元的管理方式,自然难以被接受。不过,人民公社规划具有特殊的时代背景与政治愿景,在困难时期快速满足了当时迫切提高国民生活质量的需求,与当时许多其他政策一样,先在农村尝试,取得成功后开始在城市推广。这些规划都是在上世纪 60 年代国家经济最困难的时期进行的实践,对当时在贫困线上挣扎的广大中国人而言,具有旗帜性的意义。而规划本身在思想理论、工程技术、建筑设计及管理模式等方面亦存在一定的可取之处,在协调区域资源、缩小城乡差距、提升乡村地区公共服务水平及促进农村土地再集中、合理流转等方面也有值得思考之处。

参考文献

[1]华揽洪.重建中国——城市规划三十年(1949—1979)[M].北京:三联书店,2006.

[2]西安建筑工程学院.西安市东风人民公社规划[J].建筑学报,1958(12).

[3]天津大学建筑系小站规划组.天津市小站人民公社的初步规划设计[J].建筑学报,1958(10).

[4]温铁军.中国新农村建设报告[M].福州:福建人民出版社,2010:117.

[5]维基百科:第一个五年计划(苏联).2014—03—13. zh. wikipedia. org/zh—cn/第一个

五年计划(苏联).

[6]王新哲.大寨的建设历程及新农村规划[J].城市规划学刊,2011(3):103-110.

[7]陈兆镛.沈阳市北关区红旗人民公社规划——沈阳市第一个的街道公社[J].建筑学报,1958(11).

◎ 作者简介:徐嘉勃,东南大学建筑学院博士生;

赵立元,东南大学建筑学院博士生;

王兴平,东南大学建筑学院教授。

江西安义梓源鸭嘴垅村的近现代规划与当代传承

⊕ 袁　菲　葛　亮

前　　言

留存至今的江西南昌安义鸭嘴垅村梓源熊氏聚落，是民国时期规模浩大的"新生活运动"的发源地，也是当时江西省主席暨"新运"执行长官熊式辉的家乡。在 1930 年代初期轰轰烈烈的乡村建设运动中，基于"万家埠实验区"的建设而成为当时乡村现代化建设的模范；在 1940 年代抗击日寇、重建家园的社会背景中，恰逢整体规划、全面建设的机遇而喜迎新生；在 1950 年代新中国的建设恢复期，继往开来，逐步改善。如今整个村落山环水拥，田园萦绕，从 20 世纪初至今的近百年发展建设，脉络清晰可循，呈现出迥异于一般乡土聚落的发展历程和村庄面貌。在当前城乡统筹、和谐发展的社会主义新时代，通过对梓源村落的历史文化遗产进行审慎修复和合理有序利用，以及对村落周围山水自然环境的整合梳理和观光游览等服务设施的提升，扶助梓源村落逐步实现渐进式保护与发展目标，不仅作为近代江西乡村建设实验运动的历史典范和保存完整的当代标本，更应成为当代江西美丽乡村和谐人居的文化生态示范区。

一、梓源鸭嘴垅村概况

江西省南昌市安义县万埠镇桃花村梓源鸭嘴垅是一处熊姓血亲村落，

位于安义县城东约 20km 的南安一级公路以南 1.2km 处,距南昌市区约 40km。村前是西山梅岭山脉延端,千亩松杉竹带郁郁葱葱,村旁有两汪水库,澄澈潋艳。

图 1   从村南山岗巨石上俯瞰梓源鸭嘴垅村

资料来源:作者拍摄。

(一)村落的近现代变迁

1930 年代以前的梓源鸭嘴垅村,就和赣北大地上许许多多的乡土村落一样,依山枕水、聚族而居、耕读传家。但是在风雨摇曳的国内革命战争时期,这个普通的小村落,作为国民党陆军上将熊式辉的家乡,却经历了"新运动"、"全毁坏"、"新规划"和"再建设",而呈现出迥异于一般乡土聚落的发展历程和村庄面貌。

从 1931 年任江西省主席起,熊式辉主赣十年[1],确定"救济农村,稳定农村"重要方略,创建"农村试验区",推行新生活运动。新生活运动是蒋介石于 1934 年 2 月在南昌倡行的,它以传统"礼义廉耻"为基础,从日常生活的衣、食、住、行入手,对全民实施生活规范教育,故也常被称为生活改造运动。在具体措施上,新生活运动倡行整齐清洁、简单朴素,提倡国货,抵制日

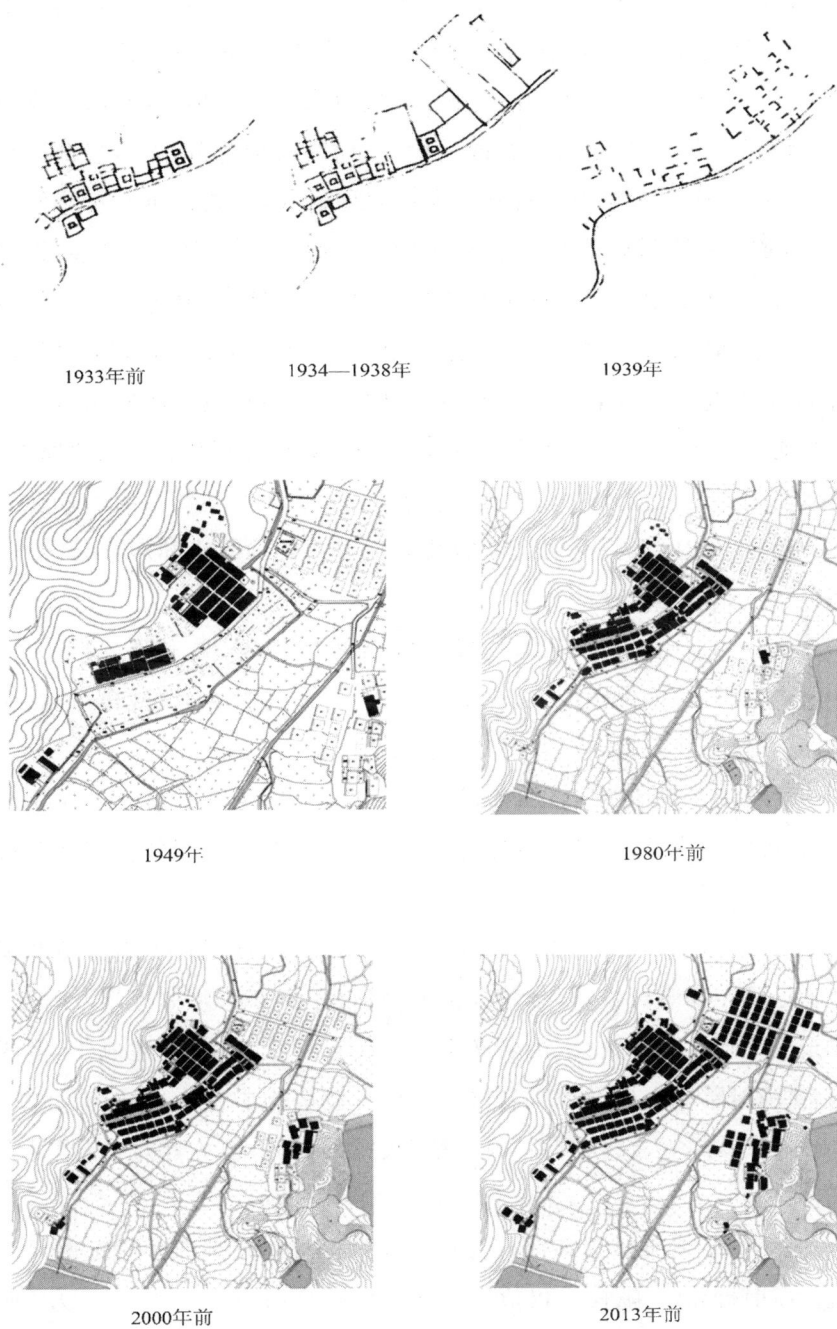

1933年前　　　　　1934—1938年　　　　　1939年

1949年　　　　　　　　　　　　　　1980年前

2000年前　　　　　　　　　　　　　2013年前

图 2　梓源鸭嘴垅村聚落历史演变分析图

资料来源:作者绘制。

货,以及加强民众军事训练、提高民众精神面貌的"三化"(生活军事化、生活生产化、生活艺术化)中心任务。南昌是江西省会,是工农红军的诞生地,1930年代初江西成为革命的中心和苏维埃政府的所在地,因此南昌成为蒋介石"剿匪"的第一线,蒋特意在南昌设立行营,长期坐阵,亲自督战。1934年2月19日,蒋介石在南昌行营扩大纪念周讲演,正式宣布发起新生活运动。7月成立新生活运动促进总会,主持全部新运事宜,蒋介石任会长,熊式辉、邓文仪分任正副主任。每年的2月19日,被国民政府各级行政部门定为新生活运动纪念日。在国民党统治中国的22年间,新生活运动时间长达15年,涉及国家社会生活的方方面面。江西是新生活运动的发源地和执行较好的地方。1930—1940年代的中国,在由传统向近现代转型的道路上,新生活运动表达了改造中国社会的美好愿望,是对旧的、传统落后的社会生活方式的扬弃,是对新的、文明高尚的社会生活方式的呼唤和启蒙,具有一定的全民宣传和社会教育意义。

1934年3月在安义鸭嘴垅村成立"万家埠实验区"[2],修路建桥、兴办学堂,开始早期农村现代化探索,包括农业改良、农村教育、农村合作、农村民众运动、农村公共设施和社会保障事业等。

1939年日寇入侵安义,鸭嘴垅村民南迁泰和、遂川等地。1945年日寇投降,村民回归故里,全村房屋焚毁殆尽,村民无以安身,只能搭建茅草房避风遮雨。

1946年,熊式辉回乡省亲,目睹村庄破败残状,遂亲自出面帮助乡亲们以地契抵压在源源长银行,贷款5亿元,将村庄重新作整体规划,请当时著名建筑设计师禇继祖设计,由名匠里人张传梁等负责施工,建成17幢两层楼房,供当时鸭嘴垅村近200名村民居住。楼房为中西合璧式,有厅堂、卧室、厨房、农具间等,设计新颖、施工精良、排列整齐、蔚为壮观,在当时农村实属罕见。

1949年,国民党败退在即,金圆券大幅贬值,熊式辉抓住时机催促族人还贷。新旧折算,一幢楼房仅值铜钱24吊,折合时价银元一块。故当地笑传这个位于鸭嘴垅的民国山庄是"17块银洋建起来的全国首个新农村"。

图3　1940年代整体规划建造的新式农居

资料来源:作者拍摄。

图4　村落中央的熊氏宗祠

资料来源:作者拍摄。

图 5　民国时期新式农居图

资料来源:作者拍摄。

图 6　解放后村民自建民宅

资料来源:作者拍摄。

图 7　2010 年以后集中建设的新居点

资料来源：作者拍摄。

（二）村落当前留存状况

熊氏宗祠位于村中央，可容纳几百人。该祠始于鹏博（今朋塘）分支时兴建，1933 年重修，有熊式辉手书石刻"梓源荆派"匾额嵌于宗祠大门上端，现宗祠基本保存完整。

日寇侵袭后，由熊式辉协助"17 块银洋"建起的 17 幢新式农居，分列于宗祠左右，至今仍为村民居住。

解放后至 1980 年代，村民仿造洋楼制式陆续修建的 25 幢民宅，在街东顺延排布，与乡野绵延相连。

2010 年代集中建设的新居点，在进村道路东侧整齐成团，高敞明亮，呈现新时代新农村面貌。

整个村落山环水拥，田园萦绕，自然环境优美，历史要素丰富。从 1930 年代到 2010 年代的逐步建设，脉络清晰可读，完整而真实的展现了一方热土的历史变迁。

二、村落建筑空间与社会环境现状调查

(一)村落建筑空间现状调查

对村落建筑空间的调查和评价主要从建筑(始建)年代、建造结构、建筑高度、建筑质量、建筑风貌、历史遗存要素等六个方面展开。

表1 建筑(始建)年代调查表

类目	1949年前	1950—1979	1980至今	总计
建筑面积(㎡)	8370	6263	31256	45889
百分比	18.24%	13.65%	68.11%	100%

资料来源:作者自制。

表2 建筑风貌评价表

类目	一类风貌 (文保单位)	二类风貌 (建议历史建筑)	三类风貌 (传统风貌建筑)	四类风貌 (与传统风貌有一定冲突的其他建筑)	五类风貌 (与传统风貌严重冲突的其他建筑)	总计
建筑面积(㎡)	7238	854	8164	3843	1539	45889
百分比	15.77%	1.86%	17.80%	61.22%	3.35%	100%

资料来源:作者自制。

表3 历史遗存要素汇总表

类别	内容
文保单位(3处)	熊式辉故居,梓源民国示范村,顾竹筠墓
建议历史建筑(2处)	仰公小学旧址,熊员香民居/熊国印/熊长狗民居
传统风貌建筑	解放后至1980年代陆续建造的具有时代和地方特色的民居
乡土庙祠(3处)	白马公庙,三老官庙遗址,康老官庙遗址
古井(3口)	熊式辉故居旁方井,民国建筑群西北侧方井,村口广场圆井
古树(30余棵)	樟树,梓树等
巨石(多处)	村南半山上,村子后山上

资料来源:作者自制。

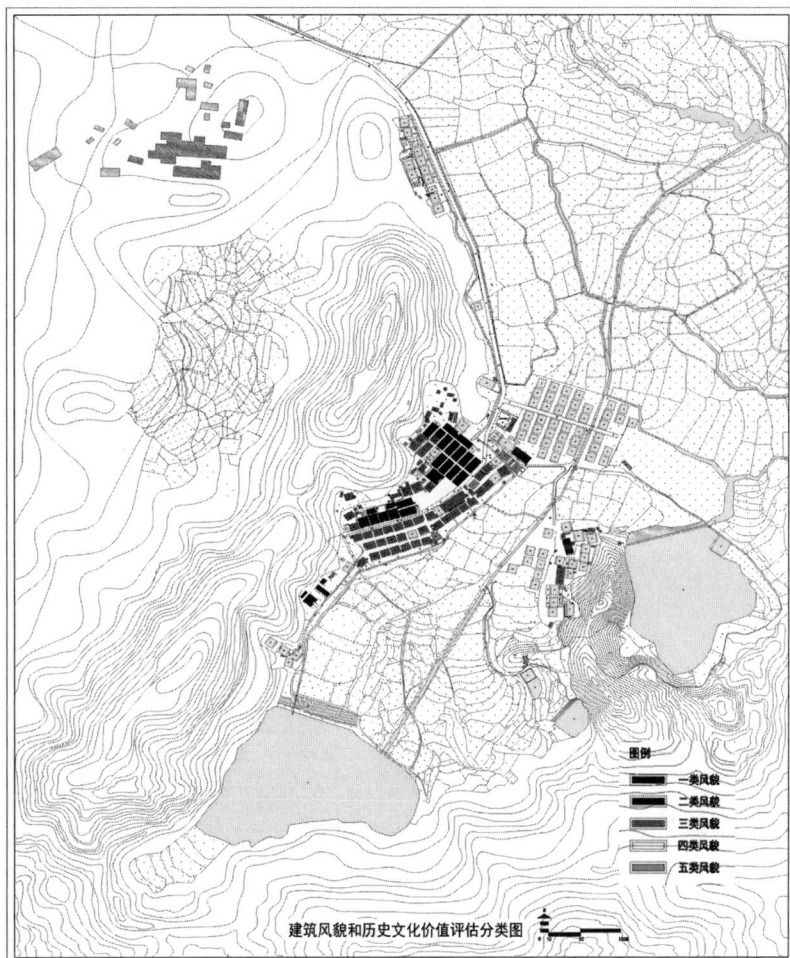

图8　建筑风貌评价图

资料来源：引自《江西安义梓源民国村保护与整治设计图集》。

（二）村落社会环境现状调查

鸭嘴垅村现有基本农田 750 亩、林地 1560 亩。现有常住人口 726 人；其中农业人口 650 人、非农人口 76 人；熊姓人口 689 人，其他杂姓人口 37 人。主要劳动力的 80% 外出务工，主要从事铝合金加工、销售、制作等业[3]。

文物古迹及历史环境要素分布图

图例

文保单位

建议历史建筑

传统风貌建筑

现存庙

古树

巨石

古井

古庙遗址

水系

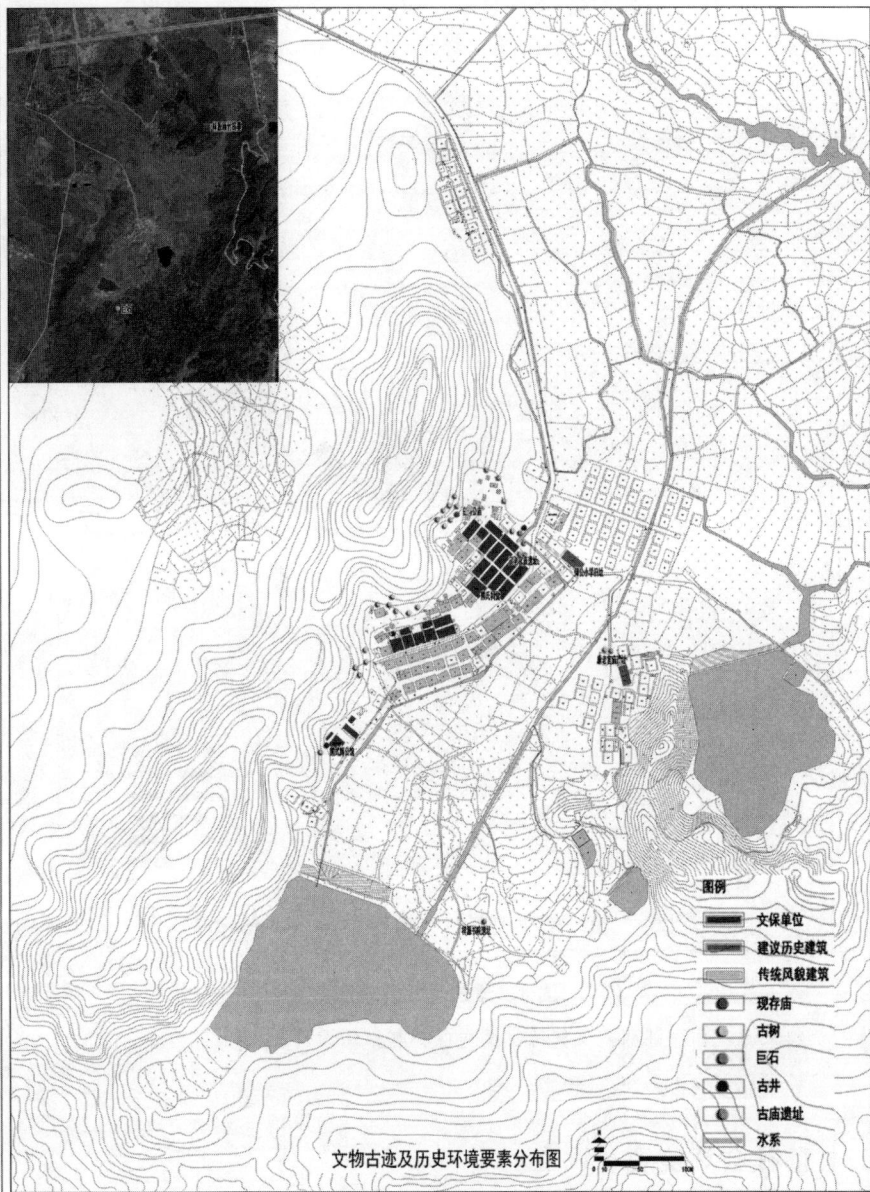

图 9　历史遗存要素分布图

资料来源：引自《江西安义梓源民国村保护与整治设计图集》。

三、梓源鸭嘴垅村历史文化价值评述

留存至今的梓源鸭嘴垅村,它的形成、发展和演变,根植于极为特殊的历史背景,并受到重要历史人物和事件的影响——这个原本在封建专制统治下,以自然农业为基础的南昌郊野乡村,在中国 19 世纪末至 20 世纪中叶社会发展变革的时代狂澜中,在 1910 年代"新文化运动"思想启蒙和 1920年代"乡村建设"的民族自救运动影响的社会背景下,由于国共两党对农村地区发展方略的竞相角逐,成为 1930 年代国民党"乡建实验"的典范,相继经历了"新生活运动"、"日寇侵袭烧毁"、"整体规划、重建家园"的特殊规划建设,而呈现出迥异于一般乡土聚落的发展历程和村庄面貌。

(一)历史价值

依托鸭嘴垅梓源熊村而建的"万家埠实验区"的乡建运动,是 1930 年代江西乡村建设中极具代表性的社会改良实验,通过兴办教育、改良农业、提倡合作、巩固自治、移风易俗、整治村容等措施,以求复兴日趋衰弱的农村经济,开创了中国农村现代化的走向和主要内容,极大促进了山乡近代新式基础教育的普及,是江西早期农村现代化建设的典范。

(二)建造技艺

留存下来的鸭嘴垅村梓源熊氏聚落 1940 年代历史建筑群,真实而完整地展现了梓源村民抗击日寇、重建家园的坚强意志和家族聚合精神。其枕山拥水的选址布局、就地取材的乡土生态,反映了对传统人文科学("风水"观)的合理继承;其整齐划一的建筑排列,合理卫生的空间划分,沟渠水道的整体施工,反映了当时社会政治经济背景下,整体规划和建造技术的现代性和科学性,对当时的城乡社会具有极大的先进性。

(三)社会价值

解放后至 1980 年代主街东侧陆续修建的 25 幢住宅,参照 17 幢洋房式样,门廊柱式、阳台扶栏,均有彼时神韵,只不过受财力物力所限,建筑材料

无甚考究,石块、青砖、红砖、土坯砖等,皆因时就地,唯材而用,充分发挥乡土砖石土木材料吸湿排潮、通风导流、保温隔热等生态特性,于朴素实用中呈现别样景致;2000年以后的新居点,避开历史建筑而另外择址,集约建设。反映了当代发展建设对历史的尊重,对乡土的继承,对血脉的延续,对当前全面建设美丽乡村,促进和谐社会发展,具有示范意义。

四、村落保护与可持续发展策略

(一)抢救特色民居,改善一般民居

对现存最具特色和代表性的十余幢经典民居开展抢救维修和文化策展,鼓励与文化展示相结合的适度利用。包括:对村中一般民居(解放后至今陆续修建的民居)的整治改善和环境提升,鼓励村民在政府引导下参与旅游经营,如特色餐饮、住宿接待等。

(二)有序控制整体,分期渐进推进

合理控制整个村落及周边环境,有序引导未来更新建设活动,制订分期分区整治开发计划,实现保护与开发的良性互动,包括:(1)制定生态环境保护控制措施,维护梓源村落及周边山水田园环境的生态完整性。(2)在村落建设用地范围内划定核心保护范围和建设控制地带,严格控制更新建设活动。(3)审慎对待新居点建设活动,主导思路是"补齐即成区块、限制对外扩展;新建商住建筑、兼营旅游设施"。(4)建立动态的、随需求不断成长的文化旅游服务功能。

(三)整治物质环境,提升文化品质

物质性建成环境的整治,从"建筑风貌、绿化景观、道路交通、市政设施、接待设施"五个方面进行全面和有针对性的引导。积极利用乡土历史文化资源,促进本地文化品质的全面提升。

1.建筑风貌

特别关注特色建筑修缮及其与周边建筑协调,除加强肌理空间整合、立

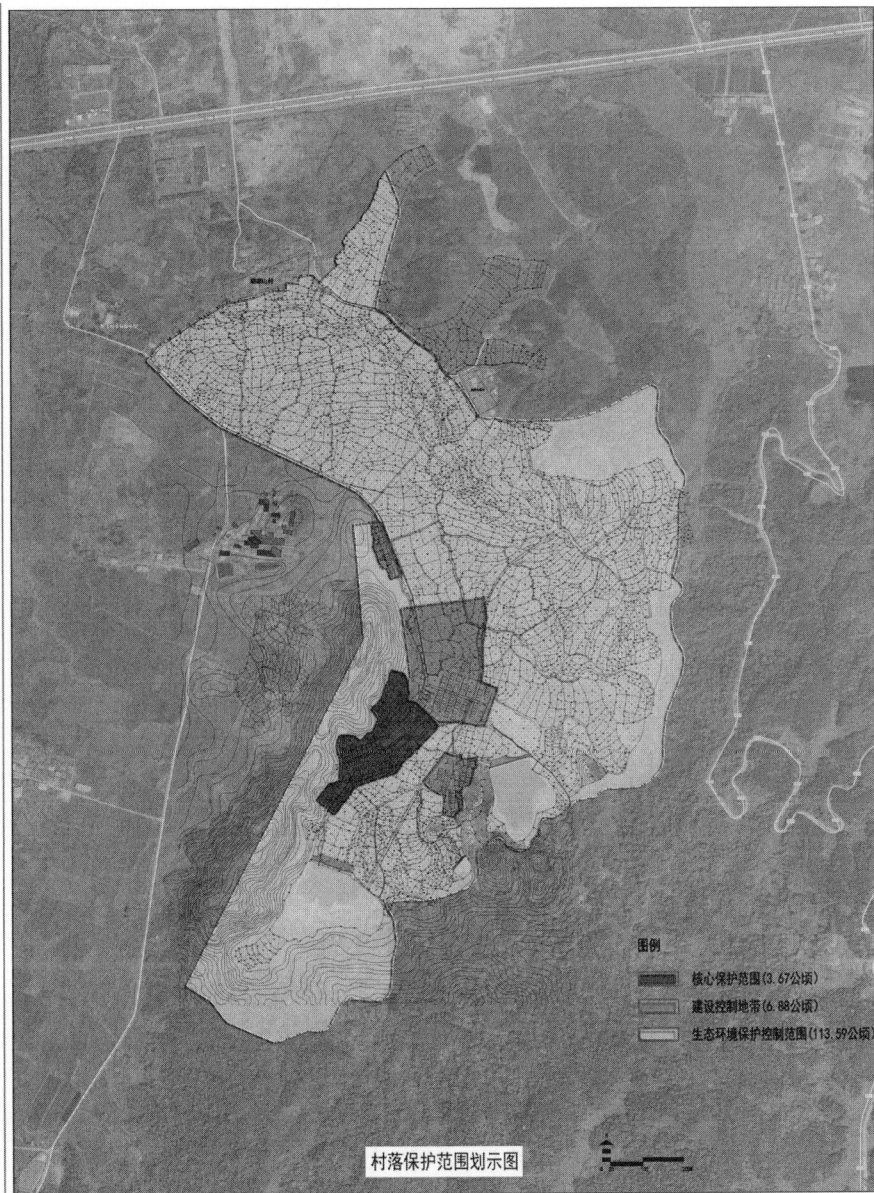

图 10　村落保护范围划示图

资料来源：引自《江西安义梓源民国村保护与整治设计图集》。

面整治设计外，还要重点考虑屋顶、屋面、门窗、墙体、传统装饰的修缮和
整饰。

仰公学会

修缮措施

① 恢复原有墙体的样式,包括砖的颜色、砌法

② 破坏比较严重,进行维修整治,恢复原有样式

③ 破坏比较严重,进行维修整治,恢复原有样式

④ 对平台进行改造,使其与建筑协调

⑤ 二层平台门和楼板破坏严重,修缮整治

⑥ 破坏比较严重,进行维修整治,恢复原有样式

⑦ 封檐板浸水局部腐朽,需维修改善檐口屋瓦

⑧ 屋顶损坏,维修整治

⑨ 二层结构损坏,维修整治

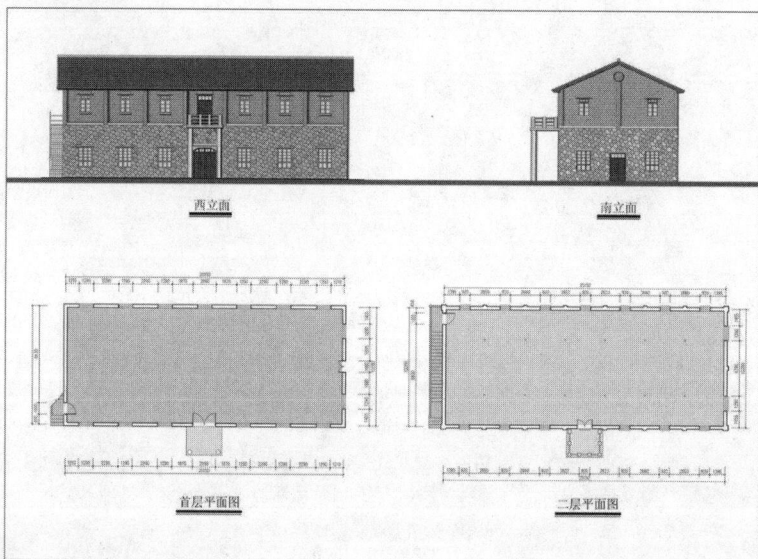

西立面　　　　　　　　　　　南立面

首层平面图　　　　　　　　　二层平面图

江西安义
梓源民国村保护与整治设计

重点建筑修缮设计——仰公学会
29

熊氏祠堂

祠堂现状较为良好，墙体结构完整，随局部有框架外墙体保存较好、窗体框架大部分遭到损坏、木作框架破损，需要修补完善、屋顶及屋面铺瓦尚完好，室内吊顶混局部恢复历史风貌。

修缮措施

① 墙体结构完好，去掉表层抹灰，恢复原始砖墙材质风貌。

② 窗框架较好，表面有些破旧；保留框架，修缮破旧部分，补刷油漆。

③ 屋顶尚好，少量瓦片松散，檐口、屋脊有少许破损。

④ 墙体部分破损，被改动，但基本风貌还在；刮掉原有墙面重做。

⑤ 破损严重，几乎不能利用，严重破坏风貌；按风貌要求重新设计。

⑥ 部分室内柱破坏严重，按照原有风格整修。

⑦ 窗框架基本完好，局部破损；保留框架，摘除多余构件，修缮破旧部分。

⑧ 窗框架基本完好，局部破损；保留框架，修缮破旧部分。

⑨ 檐口、屋脊有少许破损；需修。

⑩ 墙体部分破损，开窗处被改动，需整修。

⑪ 墙体部分破损，被改动，但基本风貌还在；刮掉原有墙面全面整修。

⑫ 室内吊顶结构完整，部分被改动，需局部整修。

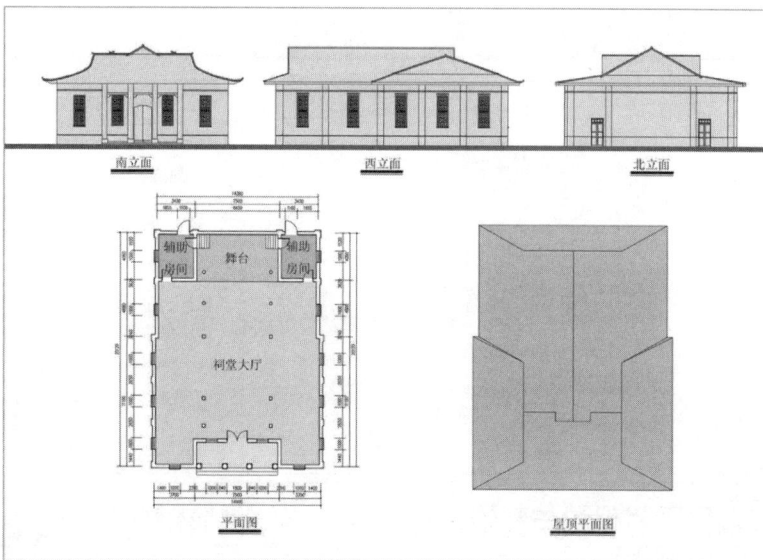

南立面　　　　　　西立面　　　　　　北立面

辅助房间　舞台　辅助房间

祠堂大厅

平面图　　　　　　　　　　屋顶平面图

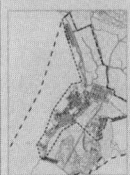

建筑现状保存较为良好，墙体和门窗现局部有损坏外整体保存较好，檐口和楼板的部分木原构损坏严重，需修缮整治。

修缮措施

1. 框架尚好，局部被破坏，按风貌要求修复窗台。
2. 楼板层结构损坏严重，需局部更换。
3. 屋顶尚好，少量瓦片松散，屋脊有少许破损。
4. 窗棂坏严重，按原有样式及形式恢复。
5. 二层吊顶损毁严重，需更换部分构件。
6. 檐口损毁严重，恢复原有风貌。

7. 质量和框架较好，修复损毁窗框。
8. 屋顶内部结构损坏，更换构件，修缮屋面。
9. 整体保存较好，更换腐朽的构件。
10. 窗体框架保存较好，局部有些破旧，更换玻璃。

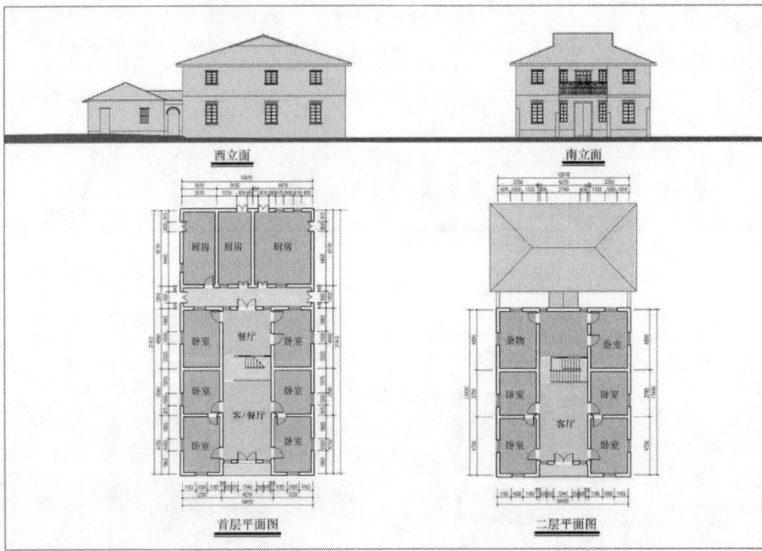

图 11　重点建筑修缮——仰公学会、熊氏宗祠、熊汗青宅

资料来源：引自《江西安义梓源民国村保护与整治设计图集》。

2.绿化景观

着重对村口空间、街巷空间、溪渠空间、坪场空间、信仰空间、眺望远景等,进行景观绿化设计,最大限度地体现村庄历史文化底蕴和风貌。

3.道路交通

道路及停车场的设计尺度宜小不宜大;车行交通应在景区外围接驳换乘慢速交通进入;景区内部以步行和环保电瓶车交通为主;道路选线结合地形,少占耕地良田;路面路基尽可能就地取材和使用传统材料,减少对乡野环境的冲击。

4.市政设施

各类设施布置尽可能保持原有的地形地貌,管线敷设方式应以地下埋设为主;以建筑组团为单位设置集中的室内式强弱电配电箱;历史建筑应制定火灾应急预案和扑救措施。

5.接待设施

旅游六要素"吃住行游购娱"都需要相应的服务设施作为承载空间,并细化为不同的特色或等级,满足不同消费需求。优先布局最基本的接待设施:餐饮和住宿。

6.文化提升

将民俗精华、地方工艺、传统文化等内容与建筑场所的功能利用有机结合并发扬传承。形成有特色的文化展示、特色餐饮、商务会议、节庆活动,以及不同特色度假产品,促进本地文化品质的全面提升。

(四)分析乡土元素,重视细节设计

1.传统建筑屋面

梓源村落传统屋面用青灰仰合瓦铺设,不用筒瓦或琉璃瓦。解放后的建筑屋面用红色小瓦仰合铺设;传统屋面样式有双坡悬山顶和歇山顶,有的歇山屋面上开有阁楼窗;乡村建筑一般在主房后设置附属用房,本地有四种主房和附设房的屋面相接关系,在对历史建筑修缮时,应遵照传统的屋面样式、用材,及连结方式。

2.建筑立面做法

梓源乡土住宅建筑的南向正立面一般为两层三开间,主要有四种基本

图 12　本地传统屋面样式

资料来源：引自《江西安义梓源民国村保护与整治设计图集》。

样式：(1)中间开间大门上部为内凹阳台。(2)中间开间整体内凹，一层入口区后退，二层为阳台。(3)南立面墙体后退，两根直柱上下贯通，二层设贯长阳台。(4)南立面墙体平直，一层正中开门，二层开 3 个或 4 个窗。在这四种基本立面样式下，由于墙面材料的不同而呈现出丰富的效果。

3. 传统墙面砌筑

梓源村落历史建筑常见的墙面材料为：石块、青砖、红砖、土坯砖，和稻草土渣抹面等，墙体砌筑方式也有一定规律可循：有全石砌成、砖砌、土坯砖砌等，也有综合多种材料逐次砌筑而成，较坚固的石材一般用在建筑下部勒脚处或者墙面转折处。

4. 建筑门窗样式

住宅大门均开在建筑南向正立面的一层正中位置。长方形门框样式简洁，门上过梁有石质、木质、砖砌发券等；门板为双扇对开，外侧常安设矮门。

住宅窗式更为简洁，多为长方形窗洞。窗上的过梁有石质、木质、砖砌发券等；窗板为木质，花格简单。

5.传统地面铺装

约 700m 长的村中主街,延续历史上一溜长条石居中的传统做法,两侧路缘采用稍短的条石嵌边,其余部分用碎石满铺。条石下设排水沟渠和相关管线设施。

村中巷道是指建筑整齐排列后形成的宅间通道,应当延续和完善传统的街巷排水体制:可用单排条石纵铺,下设沟渠,也可设明沟于巷道一边;较小的巷道可中间铺石块引道,两侧嵌碎石或保留自然植被;建筑基座的散水,边缘使用条石砌筑,其余部分可用碎石或青砖嵌铺。

6.特色矮墙做法

矮墙在乡村环境中十分常见,可用来界定空间,又不阻挡视线和阳光。在梓源村落中推荐的矮墙做法主要有:块石矮墙、乱石矮墙、青砖矮墙、土坯矮墙等,并鼓励在墙体上部或近旁种植绿化,构成自然亲和的环境。

五、村落建成环境的修缮与整治

(一)村口:印象深刻的大树王国

村口是进入村落的第一场所。这里,多棵参天古树形成一个天然棚架,凉爽宜人。

根据村口区域 10 幢建筑的评估,对其中 3 幢进行修缮,7 幢进行整治,拆除 2 处搭建;对进村道路和广场完善地面铺砌,并整理村口古井台环境,在村口巨石上书写"梓源"二字,添置能够体现村庄氛围的农机具和构筑物,塑造"三棵树下"的村口公共空间特色。

(二)宗祠:历史纪念与活动场所

宗祠是整个村落的核心,该区域也是民国时期的会场和操场所在,熊式辉家旧宅也曾位于宗祠西侧区域。

规划对宗祠建筑进行全面修缮,对宗祠前区场地和排水沟渠进行整理,形成村庄活动的中心广场;在广场北部区域,通过对熊氏旧宅的墙基、柱础的遗址提示设计,向人们展示传统赣北民居的格局;宗祠对面的石砌仓库修

图 13 村口改善效果图

资料来源:引自《江西安义梓源民国村保护与整治设计图集》。

图 14 主街修缮效果图

资料来源:引自《江西安义梓源民国村保护与整治设计图集》。

缮后,用作文化展示空间。

(三)主街:随波流淌的时光记录

主街在历史发展的不同阶段承担了不同的作用:在村落早期是民居与田野的分隔,中期是新旧建设的分界线,现在是主要的功能性道路。

规划对主街进行整修,梳理和适当扩宽路侧水渠,以潺潺的流水增加主街的趣味和活力;沿街增设地灯、壁灯等照明设施;对沿街的民居建筑进行逐栋修缮设计。

(四)场所:乡土聚居环境的全面营造

在村落东西设晒场(打谷场),还原村民农事活动的场地,也为传承乡土民俗,开展节庆活动提供小型场地。

在村内择地开辟小型溪畔水塘,还原安义地区传统村落聚居的水塘生活空间,如,在外围区域开辟"修"、"齐"、"治"、"平"四塘,寄予传统中国耕读传家,修身、齐家、治国、平天下的理想志向;在民国建筑集中区域设置"礼"、"义"、"廉"三塘,和"耻"字碑,不仅与新生活文化训导相应和,也是对传统文化的再认知。

(五)利用:文化传承与生活延续

文物建筑,如熊式辉故居,和建国以前集中建造的民国式样住宅,经过修缮后可作为博物馆、展览馆。

解放后陆续建设的民居建筑:保留其外观特色,内部改善设施,延续居住功能;或者用作社区公共文化服务设施;或者根据旅游需求,用作旅馆、餐饮等商业用途。

原仰公小学分校建筑:建议修缮后通过环境布展,形成"中国近代乡村教育"历史文化陈列馆,同时兼作文化休闲接待设施。

根据对历史事件和地方文化的研究,可以利用村落内的公共场所和小型开放空间开展丰富多彩的民众竞赛、节日庆典等文化活动。

图 15 规划总平面图

资料来源：引自《江西安义梓源民国村保护与整治设计图集》。

图 16   整体鸟瞰效果图

资料来源：引自《江西安义梓源民国村保护与整治设计图集》。

六、村落保护与发展目标

按照规划设计，有重点、分阶段的推进保护与利用工作，安义梓源鸭嘴垅村力争在 3～5 年内，成为南昌近郊特色文化村落、当代江西"美丽乡村、和谐人居"示范区，和国内知名的海峡两岸文化交流共建基地。

参考文献

[1]刘燕云. 关于熊式辉督赣时期的江西保学[J]. 江西教育学院学报（社会科学版），

2001,22(5):62—65.

[2]游海华.早期农村现代化的有益探索——民国江西万家埠实验区研究[J].福建师范大学学报(哲学社会科学版),2004(3):34—40.

[3]国家历史文化名城研究中心.江西安义梓源民国村保护与整治设计[Z],2013.

◎ 作者单位:袁菲,上海同济城市规划设计研究院国家历史文化名城研究中心;

葛亮,上海同济城市规划设计研究院国家历史文化名城研究中心。

回族聚落特征解析

◆ 齐一聪　张兴国　马　卉　贺　增

前　　言

聚落是人类时空进化中反映自身财富与价值的实体遗产,在历史的变迁、文化的碰撞、政治的干预、经济的影响下聚落这种变化方式载满了族群居民的智慧。当下经济生产模式加快,人民生活质量提高,但生活环境却受经济发展的严重挑战,研究聚落智慧的作用模式显得更加重要,也更加坚定。同时,聚落的文化多样性研究也是对于本土文化发展的推进,这直接或间接影响区域内文化、经济的发展,为民族间的和平发展和以文化为主体的经济模式起到推动作用。

回族是中国的少数民族中的重要分支,不仅是族群数量的优势,更是中国传统历史发展中有力的支撑。回族群落从唐朝发展至今,跌宕起伏的经历使其蕴藏者隐形的能量体系,这种体系直接或间接的存在于聚落关系中。不同的区划环境中的同一空间表达方式;城市中心区资本高度集中的社区"反发展"保留以及适应社会发展的不断自我更新都是回族聚落的外在智慧表达,故而对其的研究也就显得亟不可待,希望通过对回族聚落客观解析对区域内文化建设、生态发展和健康经济的发展起到积极作用。

331

一、回族聚落的特征解析

回族聚落的历史沿革跌宕起伏,在唐与元年间受到政府的鼓励与支持但在明清时期却被压制在社会的底层,但其却一直保持着虔诚的宗教信仰与初衷一直延续至今,其中聚落关系中复杂的区域社会体系在博弈内外矛盾、兼济族群发展中为保证其发展做出巨大的贡献。

(一)"入乡随俗"的地域演进

伊斯兰教早在唐朝通过丝绸之路的海路传入中国,最初盘踞在今泉州、广州等地,《萍洲可谈》载:"广州番坊,海外诸国人居住,置番长一人,管勾番公事,专切招邀蕃商。"当时政府为方便管理这些外来的藩客从而建立了藩坊,并在藩坊安排藩主统一安排与管理海外人员的生活和宗教事务,这是回族聚落"围寺而居"的早期模型。回族聚落在形态融合上呈现"入乡随俗"的发展趋势,具体表现在聚落空间和建筑风格的形态演变上。

通过对西安回民街和宁夏同心清真大寺回族社区的空间形态解析,可以清楚的辩证回族聚落地域融合关系。西安回民聚居区的形成最早可上溯到唐代,西安回民街平面布局受礼制、哲学、宗教所左右,遵循方正严整的方格里坊空间布局,坊中建寺,演绎出一种多元化的独特场所——回坊,据史书记载:"西安省城内回民不下数千家,城中礼拜寺共七座。西安回民大半从事耕种、畜牧及贸易经营,颇多家道殷实及曾任武职大小官员及当兵科举者""省城节署左右前后以北一带,教门烟户数万(千)家,几居城之半。教堂经楼高矗云天,气势雄壮。绅富三分之一,乐业安居,自成风俗。"在城内形成七寺十三坊的格局[1],如图1、图2。随着新的聚落空间格局的形成,里坊形制在空间上的发展就必然受到城市道路的限制,很可能被城市道路分划成若干个部分,促使里坊内部人群的地缘因素的增加。原来用来联系附城邑寨的道路变成了里坊间进行空间分割的框架,这就促使初期里坊内存在的血缘关系进一步淡化,从而导致里坊的相对独立性进一步削弱[2]。因此,这种聚落形态也随之经历了由相对独立的封闭性寺坊转变为开放性象征社区的发展历程,并形成独特性的"依寺而居,依坊而商"的街坊模式,现在回

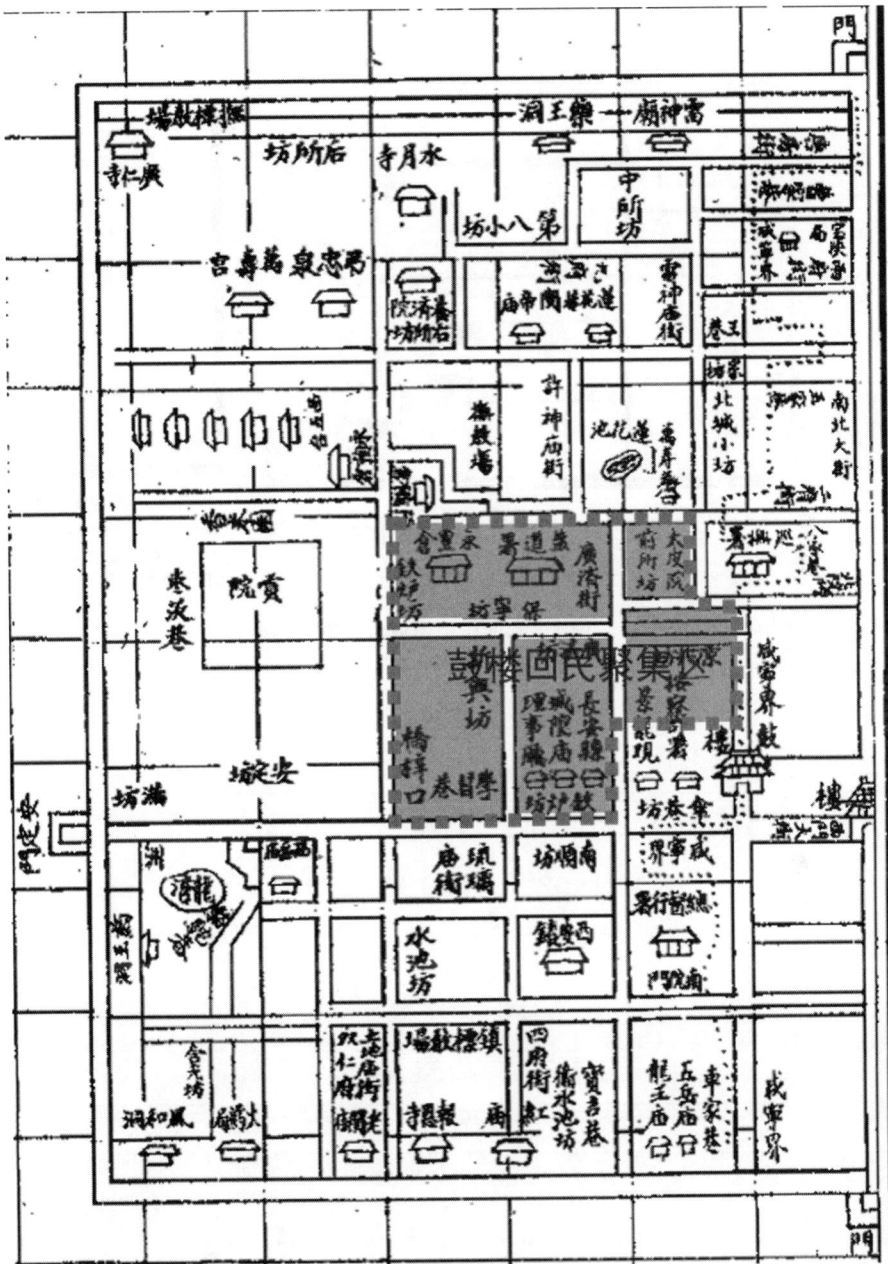

图 1　清嘉庆回坊区位图

资料来源：作者根据清嘉庆《长安县志》地图改绘。

图例：
城市主轴街道
园坊内改造商业街
坊内次级道路
主要动线节点
传统小巷

西安回民坊道路级网示意图

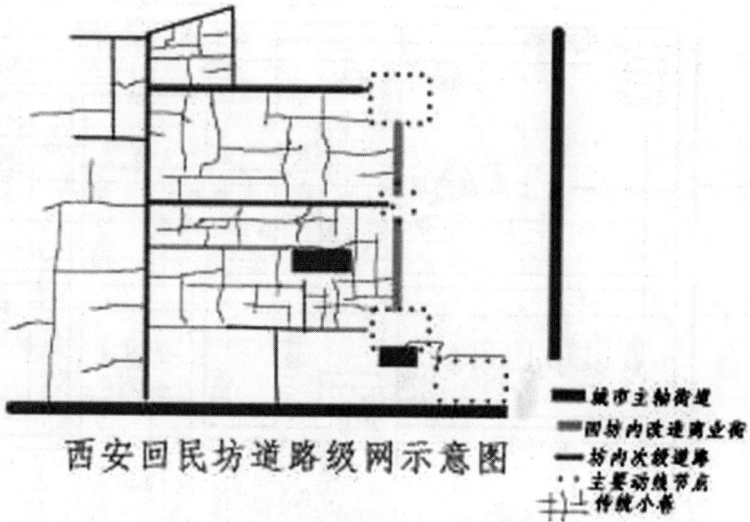

图 2　先回民街街道层级图

资料来源：均为作者自绘自制。

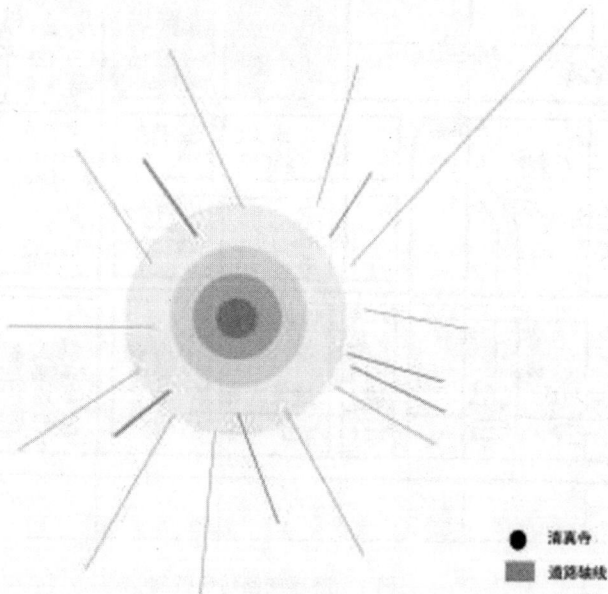

图例：
● 清真寺
■ 道路轴线

图 3　同心清真大寺社区道路轴线

资料来源：作者自绘自制。

民街的空间格局依然保持着受到政治和城市规划影响的状态,为方格网状的回坊。宁夏回族自治区同心县围寺而居的回坊空间形态衍生、发展的历史背景和机制与西安鼓楼回民聚集区有着明显区别。明初回民才大量入居,到清末其聚集区才形成相对稳定的规模,据光绪《平远县志》载:"惟毛居士井、红城水皆汉民,县城、豫旺城汗回杂处,其余村堡悉回部。"围寺而居这种平面布局形式在此拥有更多自主性和随意性,自由的布局形式并不等于没有组织的布局,从周边道路肌理可以得出一种向心秩序,以礼拜寺为中心的同心圆结构模式,形成围寺而居,如图3。

在不同的区划环境中,回族聚落所呈现的不同空间模式都体现"围寺而居"的"入乡随俗"组织方式,在其求稳定求发展的演进中建筑风格风貌的变化也是另一有力佐证。因为回族聚落的组织方式多为围寺而居,故而聚落中心的清真寺就成了回族聚落的中心,其风貌的演变也是重要的研究切入点。如表1和图4,最早的泉州清真寺还具有明显的阿拉伯地区建筑风格,发展到明末清初时风格已然是本土的中国传统风貌,清真寺在中国发展过程中完成了风格、装饰、空间,结构体系方面的地域转化,是一种取其精华、去其"糟粕"的方式。

表1 中国清真寺历史风貌变迁文献例证

	广州怀胜寺	泉州圣友寺	同心清真大寺	西安化觉巷清真大寺
史料记载	1.《重建怀胜寺碑记》记载:"白云之麓,坡山之隈,有浮图焉。其制则西域,灿然石立、中州所未睹、世传字李唐迄今"。 2.南宋岳珂之《史》"后有堵坡,高入云表,式度不比它塔,环以甓为大址,累而增之,外圈加灰饰,望之如银笔"。	十六世纪的中文文献赞美其:"一柱千云,并紫帽峰而作对,七级凌日,参开元塔以为三"。	1985发现房梁正中刻有"阿弥陀佛"字样,后经证实发现是元末遗存的喇嘛庙改建为清真寺,根据寺内维修石碑记录分别在明万历、清乾隆、光绪年间修建	寺内有一幢明嘉靖五年[1526]国子监李时荣撰写的碑文说:"北宋靖康二年[1127],金灭北宋之年]曾对原有清真寺进行维修"

续表

	广州怀胜寺	泉州圣友寺	同心清真大寺	西安化觉巷清真大寺
建造年代	唐贞观年间,元至正十年重建,清康熙三十四年重修,	北宋大中祥符二年至三年	元末明初	初建与唐,但现存建于明朝
建筑风格	阿拉伯伊斯兰风格	阿拉伯伊斯兰风格	中国传统建筑风格	中国传统建筑风格
细部装饰	伊斯兰拱券并装饰阿拉伯文字,且光塔顶置有金鸡	伊斯兰拱券并装饰阿拉伯文字、蜂窝状与放射状图案	阿拉伯文字,木雕与砖雕,但不出现人物、动物图案	阿拉伯文字,中国传统彩画、木雕与砖雕,但不出现人物、动物图案
院落空间	后经证实只有光塔为原建。院落空间据口述史无轴线对称	整体建造,无院落空间,但有一定的轴线关系	具有院落关系与轴线	整体院落空间为轴线对称
结构形式	砖石体系	砖石体系	砖木体系	木构体系

资料来源:作者自制。

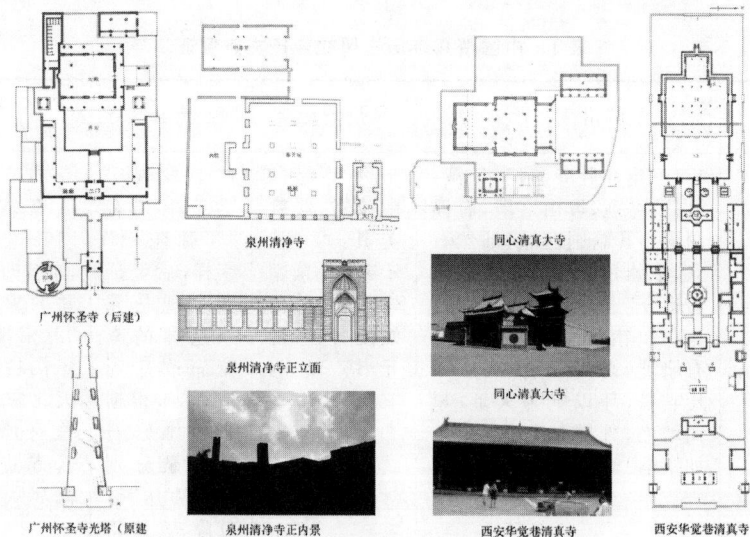

图 4　中国清真寺历史风貌变迁图片例证

资料来源:作者自绘自制。

(二)空间分布的同一化溯求

回族在中国发展的脉络里受人口变迁、地理、政治、经济、文化等多方面的影响,从而呈现空间上的"大分散、小聚居"形式,而在小聚居集合过程中的同一性是除了信仰一致的其他条件所形成的,这些影响基本分为族群血亲、贸易往来、政治区划、教派分离等四种关系。族群血亲是根据血缘和亲属关系为主导的方式将其组织起来,宁夏纳家户清真寺社区是典型的代表,《陕西通志》记载:"元朝初贵族瞻思丁,纳速拉丁子孙甚多,为'纳''速''拉''丁'四姓,居留各省,故宁夏有纳家户,长安有拉家村,今宁夏纳氏最盛。";贸易往来是以商业往来和经济发展扩张为组织模式的集中,其中西安华觉巷回民街就是典型的以商业模式组织的聚落关系,根据唐代诗文、《太平广记》和《资治通鉴》等文献对蕃客住唐生活的记述,在长安东、西两市尤其西市,阿拉伯、波斯人开设的"胡店"和"胡邸"颇多,销售着西亚、非洲的象牙、犀角、香料、珠宝和药材等[3];政治区划因素多发生在清末河州地区的回乱时期,清朝政府派左宗棠压制回乱成功,左宗棠对安置回民地方有三个选择标准:"一要荒绝地亩,有水可资灌溉;二要自成一个片段,可使聚族而居,不和汉民相杂;三要是一片平原,没有多大的山河之险,距离大道不过远又不过近,可便管理。"[4]由于畏惧清朝政府的制裁较多的回族都迁居大川山谷躲避镇压,今天宁夏的西海固南部山区回族群落就是历史例证之一;教派分离导致了族群关系的体制内对立,中国伊斯兰教在封建制度与天地君亲师的特有社会中产生了官宦制度①,其中以尕德林耶、虎夫耶、哲赫忍耶、格底目四大教派为主,由于对于伊斯兰教不同的认识与见解使得教派分离从而导致了聚落关系发生改变,如现宁夏同心县的村庄就多以某一官宦门派为主而聚集,同时在亲属与血缘关系中也多以一教派信仰为主。

---

① 官宦制度,门宦是中国历史上对于在中国伊斯兰教中苏菲派别的一种制度称谓,即"门宦制"清初产生于河洲、循化等地(今甘肃省临夏回族州、夏河县以及青海同仁县地区)。"门宦"据史料加载很有可能是"门阀""宦门"的前两个字组合而成,最早出现在清光绪二十三年(1897 年)河洲知州杨增新的《呈请裁革回教门宦》的呈文中,他写道:"甘肃之回教门宦,隐然与封建制度也。"

（三）围寺而居空间形态

回族聚落的空间肌理是教民之间依靠强大的宗教联系沿带状或是同心圆的形式聚集居住在清真寺周围——形成回族典型"围寺而居"的空间聚落形态。伊斯兰教是中国回族穆斯林认同本民族的宗教信仰、社会制度、世俗生活等而排斥其他一切异族文化的民族心理源泉。从古到今，伊斯兰教成为中国回族穆斯林民族性的文化底蕴，是外教人理解这个民族特性的一把钥匙。以伊斯兰文化为主导的回族文化是全体回族居民文化认同的基点，培养了社区居民对回族文化的高度认同[5]。因此，回族教坊制度下的群众关系和睦融洽，邻里之间交往交流密切，社区内部凝聚力强、犯罪率低。正是因为这种积极的影响和强烈的存在感，当地回族群众自发或是不自发的围绕在清真寺的周围，逐渐形成了"围寺而居"的居住模式。这种回族教坊是回族社会基层的宗教社区，除具有普通社区的特征外，还更多地依靠共同宗教文化的维系，是回族在大散居、小聚居中保持本民族群体传承的一种社会组织形式[6]。这种向心性不仅仅表现在周围居住的回族居民上，在回坊空间内的周围农田修种、道路设计表现为一种"趋向"的形式，如图5、图6。回坊中心的吸引力说明了当地回族对信仰的虔诚和对这种"围寺而居"空间形式的认同和归属情绪。"围寺而居"的空间形态在一定程度上促进了当地精神文明建设与区域和谐发展，安抚并改善社区内的自我思想，增强回族民众间的关系促进融洽的氛围。

这种围寺而居空间形态的聚落表达方式共同点都是以清真寺为中心的。而造成清真寺重要的因素主要有三个方面共同组成，第一是宗教"认主独一"核心想想，清真寺作为"主"存在的象征，被所有教民朝拜。就是清真寺在教民心里及其重要的观念，使其都想与寺发生某种联系，这种内在的精神向往就不自觉的表达为外在的营建模式，从而形成了围寺而居；第二是，长期封建主义与君集中影响下出现的官宦制度，是要求教民对于教主绝对的听从与崇拜，这是一种具有强烈个人色彩的制度方式，教主将自己渲染为主的使者，并对清真寺具有绝对的领导权。这种特有制度出现在清末资源匮乏、经济落后的西北，是当地上层回族通过准确的底层族群社会心理剖析来扩充资本累积与政治势力的一种手段；第三是因为清真寺是伊斯兰教的

图 5　同心清真大寺周边道路肌理图

资料来源:作者自绘自制。

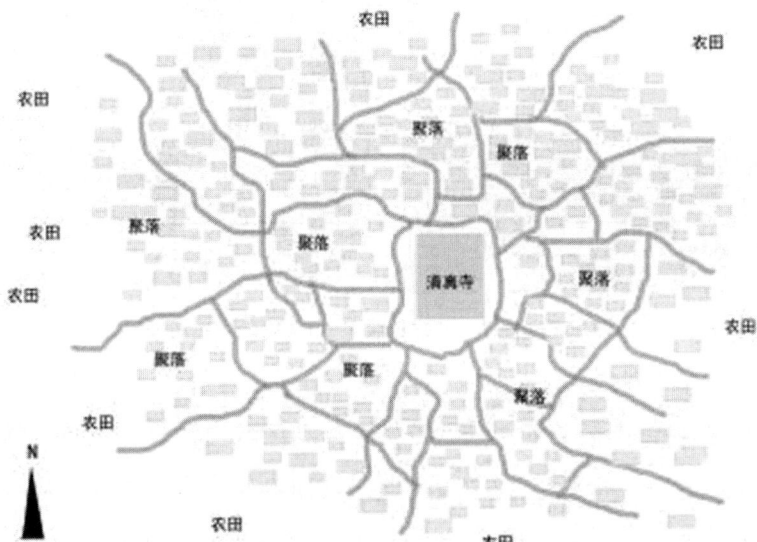

图 6　回族聚居区的围寺而居意向图

资料来源:作者自绘自制。

重要的功能场所,是社区中礼拜、教育、交流、贸易往来等一切重要事务的核心空间,也是教民日常生活中不可或缺的重要组成部分。

（四）社区功能的有机更新

　　回族社区更新与城市更新的初衷有所区别，回族社区是因为宗教用地不能满足时空累计的族群基数而扩张，而城市是因为经济、政治、边界的扩张而导致的更新。正如马克思所说的："人们自己创造自己的历史，但是他们并不是随心所欲地创造，并不是在他们自己选定的条件下创造，而是在直接碰到的、既定的、从过去承继下来的条件下创造。"[7]回坊的发展是伴随着聚居区内回族人口的增长同步进行。回族社区一般以清真寺为中心，在一定影响范围内可以接受和容纳当地的回族进行礼拜等宗教活动，但当人口增长的幅度大大超过了清真寺所能容纳的限度，社区中心出现过度拥挤的情况时，另一处清真寺会以募捐的形式再建立起来，以此分散原清真寺的人口聚集压力。

图7　古尔邦节清真寺聚礼

资料来源：作者自绘自制。

　　按照这种方式，随着回族社区的扩大推动区域内清真寺数目的增长，传播和普及教义的区域扩展，吸引更多的回族加入并再次扩大社区规模，社区的功能也愈发趋于完善。在这之中，清真寺这类的宗教中心不仅仅是宣讲教义、传播思想的单一场所，更多的是作为一种公共集聚、提供基础设施的场所，穆斯林的节日聚礼是规模盛大的典礼，此时清真寺将承载全部人再次庆祝的功能，如图7。社区的智慧生长弥补了因人口增长导致的社区配置不足的缺点，提升了社区的居住品质更凸显了宗教在社区中的中心理论。回坊空间发展的这一阶段，与沙里宁提出的"有机疏散"城市规划理论核心思想十分相似，不仅满足了居民日常生活的需要，有效地缓解了人口增长所带来的公共服务设施和配套设施不足的问题,而且营造了一个适宜生活的和谐社区,提高了居民的生活质量[8]。如宁夏永宁的纳家户回族社区,《永宁县军事志》:"位于永宁县城西的纳家户,是杨和乡的一个回民聚居村,原名纳家闸,因村东有汉延渠大水闸而得名,又称纳闸桥,明嘉靖初年,纳家户开始兴盛,嘉靖三年(1524 年)始建纳家户清真寺,原名清真大寺,后人因其寺坐落于纳家户,而称纳家户清真寺。"后由于社区内回族人口增长,逐步形成了以清真寺为中心的二级功能区和三级功能区,这种以清真寺为中心的、随着社区人口增长而形成的回族聚居区域是典型回族"围寺而居"的同心圆模式,如图 8、图 9。

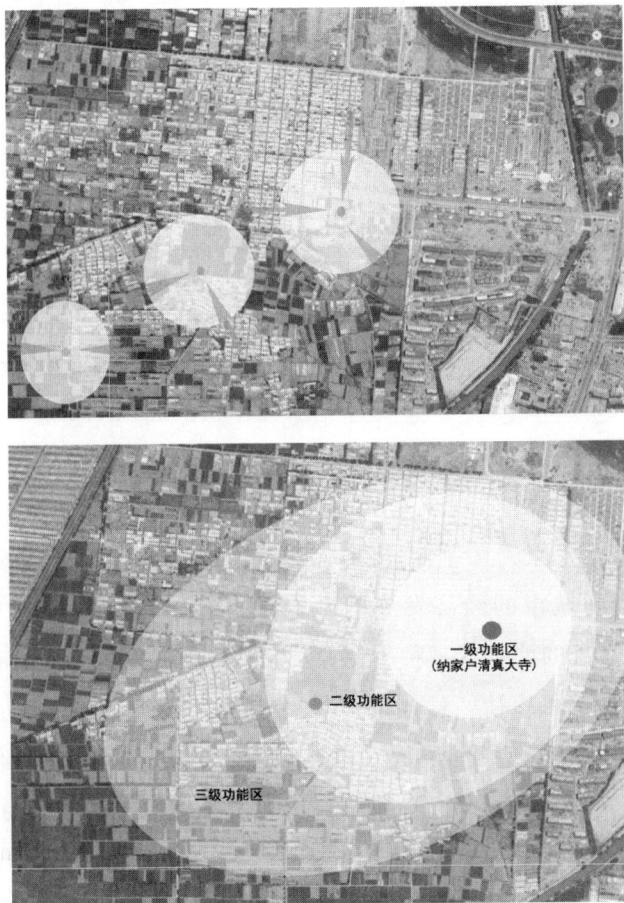

图 8 纳家户清真寺分布与功能层级

资料来源:作者自绘自制。

（五）多缘交织社区的复杂平衡

回族聚落的社区组织模式较为复杂,是以信仰缘为主导的地缘、业缘、血缘杂糅方式形成的完整体系,在一个成熟的社区中,社区人与社区自然环境、社区建筑设施、社区组织、社区文化制度、社区思想意识(价值观、世界观等)都已经结合为一个有机体[9]。这体系在历史演变过程中更加的稳定,社区居民因为共同的宗教目的建立了一个体系的婚丧嫁娶制度,整个模式趋向于平衡(如图9、图10),在整体的社会结构演进中呈现以下几个状态:(1)

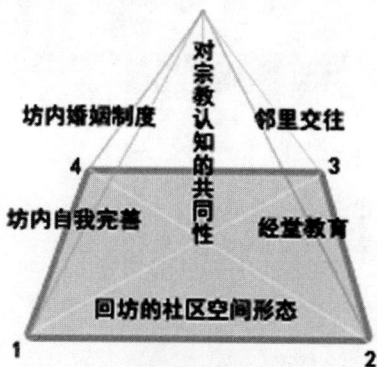

图 9　回族社区构建机制分析

资料来源:作者自绘自制。

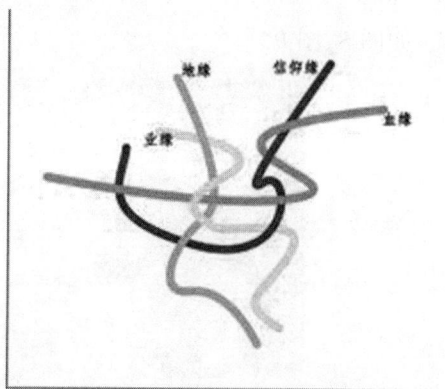

图 10　回族聚落社会交织关系

资料来源:作者自绘自制。

反发展模式,最直接的体现就是城市中心区的现在回族聚落,其中北京牛街、西安回民街、太原清真寺、广州光塔路等片区都是延续至今的回族社区,它们并没有受到城市的经济发展的影响没有被席卷入房地产开发的行列中,而是独善其身的博弈着某种平衡,在与圈地运动的角斗中取得了阶段性的胜利,这取决于回族社区稳固的区域社会框架。(2)兼达众生,区域内的社会慈善机构由清真寺扮演,富人通过"乜贴"的方式将剩余价值转移到清真寺,清真寺在通过帮助和扶持穷人的基础上将资本平衡与转移,保持了族群的稳定发展与供求关系,且帮助对象不分族群内外,是民族团结的象征,这种制度的实行也是早期社会主义实践的重要例证之一。此类现象是宗教对人潜意识的洗礼和精神层面的正确引导,古兰经提到"今世造福和帮助他人的大能者,主将在后世为他建造一座离自己最近的清真寺",因为这样的宗教言论从而保持与建构了区域社会结构的慈善体系。(3)调节平衡,因为社区内部的经济纠纷和矛盾调解都在清真寺进行,阿訇会通过族群内部公认的方式解决事情,尽量使得双方达成共识,而在外部矛盾产生时,所有的族群保持一致对外的态势,这是宗教和历史的双重作用结果。

(六)因势利导的人居建设

回族同胞在自身的人居环境建设中有自己独特的方式,以宁夏为例,干旱缺水,冬季寒冷,族群大多盘踞在南部山区,在选址上尽量靠近水源,保证微气候的舒适和生活用水的供需,如图11;而且借用高差地形,将清真寺建造在高处,建构教民的视线通廊,安抚民心,如图13;因经济发展闭塞,建筑材料使用生土加麦草的夯筑形式,第一通过材料黏性加强整体强度,如图12,第二抵抗冬天寒冷的室外环境与春秋季较大的风沙;墙体尽量夯筑连通成组团结构,类似于蜂窝的形式,可以抗震也可以节省材料和人工,如图14;民居形式多样,有高房子、窑洞、寨堡、围院民居,高房子是聚落达到一定规模时候,阻碍边缘户主对于清真寺景观视线的要求从而升高住宅的一种手段,如图15;窑洞是冬暖夏凉,借用地势,生态、经济的民居形式,广泛适用于黄土高坡地区,如图16;寨堡是出于防御目的一种民居形式,第一是因为清朝政府对于回乱的残暴压制,第二是历史上宁夏府镇一直处于九边重镇的重要防御区划内,第三是因为清末民初西北地区土匪横行,如图17。据《永宁县军事志》记载,"明代末期,纳家户已形成规模,筑有城池,四周有寨墙,有东西南北,大门楼,城四角有角楼,城四周有护城河,通向西门外的王瞳庄有秘密地道连接,东门外还有马四寨及烧坊、油坊等,隶属杨和堡,市井颇为繁盛。"围院回族民居,一般是官宦与富商的民居形式,此种形式至今保留较少,现存实例为宁夏吴忠马月坡故居,其装饰精美、雕梁画栋,满足了历史中上层回族人士的审美与文化诉求,如图18、图19。

图 11 同心清真大寺选址环境平面图

资料来源：作者自绘自制。

图 12 回族民居建筑材料

资料来源：作者自绘自制。

建筑高度扩张前清真寺可视领域

图 13 同心清真大寺视线通廊

资料来源：作者自绘自制。

图 14 同心喊叫水乡回族聚落

资料来源：作者自绘自制。

图 15 同心阿印克大寺附近高房子民居

资料来源：作者自绘自制。

图 16　同心河西镇某窑洞

资料来源:作者自绘自制。

图 17　同心桃山村周家堡寨

资料来源:作者自绘自制。

图 18　马月坡寨子木雕艺术表现

资料来源:作者自绘自制。

图 19　马月坡寨子砖雕技艺

资料来源:作者自绘自制。

结　　语

　　回族聚落在时空演进中的智慧体现不仅是外在物质结构的积累,也是精神层面的体系建构。在时代的边缘、经济的大潮中回族聚落也面临着危机重重的状况,迄今为止的现代化是以现代民族国家为单位逐步展开的。在一个多民族国家里,现代化过程是以主导民族为中心逐步扩展到一些少数民族的社会变迁过程[10],如何延续和演进民族聚落文化是责任问题也是现实意义。通过对实际案例的剖析,希望针对回族这一弱势文化族群的健康发展起到积极作用,也为回族聚落文化遗产保护引发相关思考,为区域间稳定民族关系、推动生态城镇化甚至于国家的现代化建设提供理论依据与奠基。

参考文献

[1]杨文炯．明清时期国家与社会关系转型境遇下的回族社区——以历史上西安回族社区文化变迁为视点[J]．黑龙江民族丛刊(双月刊),2006(5):91.

[2]王鲁民,韦峰．从中国的聚落形态演进看里坊的产生[J]．城市规划汇刊,2002(2):51.

[3]马通．丝绸之路上的穆斯林文化[M]．银川:宁夏人民出版社,2000:2—13,42.

[4]秦翰才．左文襄公在西北[M]．上海:商务印书馆,1946:78—79.

[5]李吉和．现代城市民族社区功能探析——以武汉市回族社区为例[J]．中南民族大学学报(人文社会科学版),2006(1):27.

[6]周传斌,马雪峰．都市回族社会结构的范式问题探讨——以北京回族社区的结构变迁为例[J]．回族研究,2004(3):35.

[7]马克思恩格斯选集:第1卷[M]．北京:人民出版社,1872:603.

[8]花倩．西安旧城区回坊空间的发展研究[D]．西安:西安建筑科技大学,2011.

[9]张鸿雁,白友涛．大城市回族社区的社会文化功能——南京市七家湾回族社区研究[J]．民族研究,2004(4):42.

[10]束锡红,刘光宁．回族社区变迁与回族社会现代化实践[J]．宁夏大学学报(人文社会科学版),2002(3):38.

◎ 基金项目:本论文受国家"十二五"科技支撑计划(2013BAJ03B00)、宁夏回族自治区科技攻关计划(2011—411—0083)与国家级大学生创新实验资助项目(131074925)资助。

◎ 作者单位:齐一聪,重庆大学建筑城规学院;

张兴国,山地城镇建设与新技术教育部重点实验室;

马卉,宁夏大学土木与水利工程学院;

贺增,宁夏大学土木与水利工程学院。

后 记

　　2014年5月10—11日,"第六届城市规划历史与理论高级学术研讨会暨中国城市规划学会城市规划历史与理论学术委员会年会"在福建泉州热烈召开。作为中国城市规划学会城市规划历史与理论学术委员会会刊的"城市规划历史与理论"系列,既是每届城市规划历史与理论研讨会的论文集,同时也是中国城市规划学会的学术成果。

　　在《城市规划历史与理论》付梓之际,谨代表学术委员会衷心感谢各方人士的支持。感谢会议的主办单位中国城市规划学会、东南大学建筑学院,协办单位福建省城市规划学会、福建省泉州市城乡规划局的大力支持。

　　感谢王鲁民、张松、何依、田银生、张京祥等学者对会议征集论文的审查、推荐和建议,保证了该书中所载文章的学术性和代表性。

　　感谢东南大学建筑学院的研究生们,如吴泂、高幸、贺志华、富晓强、田园、吕金程、许皓、陈晗和毕书卉等同学,他们从会议筹备、论文征集到论文校对、与论文作者联系等,均给予了认真的工作和帮助。

　　感谢城市规划历史与理论学术委员会各位委员和所有撰稿作者。当然,由于本书篇幅和主题所限,部分稿件未能收入书中,敬请作者谅解。

　　最后,感谢东亚文化之都·泉州建设发展委员会、泉州市社会科学界联合会和厦门大学出版社对于本书的出版给予了大力的支持。

　　由于编者在认识和工作上的不足,书中不妥之处,望不吝批评指正。

董　卫　李百浩　王兴平

2015年4月13日